Dieter Franke

# Sequentielle Systeme

## Binäre und Fuzzy Automatisierung mit arithmetischen Polynomen

Mit 61 Abbildungen und 31 Tabellen

vieweg

Die Deutsche Bibliothek – CIP-Einheitsaufnahme

**Franke, Dieter:**
Sequentielle Systeme: Binäre und Fuzzy-Automatisierung mit
arithmetischen Polynomen; mit 31 Tabellen / Dieter Franke. -
Braunschweig; Wiesbaden: Vieweg, 1994

ISBN-13: 978-3-528-06527-0     e-ISBN-13: 978-3-322-83947-3
DOI: 10.1007/978-3-322-83947-3



Umschlaggestaltung: Klaus Birk, Wiesbaden

# Vorwort

Zu den zentralen gegenwärtigen Herausforderungen der am Informationsbegriff orientierten Regelungs- und Automatisierungstechnik gehören die diskreten Steuerungen. In gewisser Hinsicht steht diese Systemklasse den durch Abtastung kontinuierlicher Prozesse entstehenden zeitdiskreten Systemen nahe: Beiden gemein ist die zeitlich sequentielle Abfolge der Systemzustände, was durch den Oberbegriff „Sequentielle Systeme" treffend charakterisiert wird. Dennoch gibt es zwei bedeutsame Wesensunterschiede, die einer einheitlichen Gesamtschau scheinbar im Wege stehen: Zum einen sind diskrete Steuerungen – anders als klassische zeitdiskrete Systeme – nur diskreter Werte aller Steuer-, Zustands- und Ausgangsgrößen fähig. Die größte praktische Bedeutung haben die *binären Prozesse* erlangt, diskrete Systeme also, deren sämtliche Variablen nur je zweier Werte fähig sind. Man hat es nicht mehr mit numerischen Variablen zu tun, sondern mit *logischen* Variablen. Der zweite Wesensunterschied zwischen klassischen Abtastsystemen und diskreten Steuerungen betrifft die Art der Taktung. Abtastsysteme unterliegen in der Regel einem konstanten, durch die Abtastperiode gegebenen Zeittakt. Dagegen wird ein diskretes Steuerungssystem häufig durch die in ihm spontan auftretenden Ereignisse getaktet; es wird so zu einem *ereignisdiskreten System*. Diese prinzipiellen Unterschiede wurden seither als so gravierend erachtet, daß sich eigenständige Methoden der nichtnumerischen Datenverarbeitung für die Analyse und Synthese diskreter Steuerungen herausgebildet haben. Ihre theoretische Basis wird vor allem von der Diskreten Mathematik, der Automatentheorie und der Netztheorie bereitgestellt.

Das vorliegende Buch hat seinen Ursprung in der manchem Leser vielleicht gewagt erscheinenden Frage, die ich mir vor einigen Jahren stellte: *Kann man methodenorientierte Analyse und Synthese diskreter Steuerungen auch ohne das spezielle Instrumentarium der Diskreten Mathematik betreiben?* Oder konkreter formuliert: Kann man Boolesche Funktionen als die rechten Seiten der Zustandsgleichungen eines endlichen binären Automaten mit gewöhnlichen arithmetischen statt Boolescher Rechenoperationen äquivalent wiedergeben und so eine engere Verwandtschaft zwischen diskreten Steuerungen und klassischen Abtastsystemen aufdecken?

Dabei stieß ich nahezu zwangsläufig auf arithmetische Polynome, eine Beschreibungsform Boolescher Funktionen, die in völlig anderem Zusammenhang, nämlich in der Booleschen Zuverlässigkeitstheorie, seit Anfang der 60er Jahre verwendet wird. In dem vorliegenden Buch wird diese Beschreibungsform erstmals als Ansatz in steuerungs- und regelungstechnisch interpretierten Automatenmodellen gewählt, und es werden Elemente einer rein arithmetischen Systemtheorie der diskreten Steuerungen entwickelt.

Gegenüber Booleschen Ausdrücken haben arithmetische Polynome unter anderem den Vorzug, daß ihr Definitionsbereich über die binären Variablen 0 und 1 hinaus auf beliebige Zwischenwerte ausgedehnt werden kann. Dies eröffnet eine interessante Querverbindung zur Fuzzy Logik und *Fuzzy Regelung*, über die im letzten Kapitel dieses Buches berichtet wird.

Arithmetische Polynome zur Darstellung Boolescher Funktionen erweisen sich somit unerwartet als „missing link" für ganz verschiedene Aufgabenfelder der heutigen Prozeßautomatisierung:

- Beurteilung der Verfügbarkeit ausfallgefährdeter Mehrkomponenten-Systeme (Gegenstand der Booleschen Zuverlässigkeitstheorie, nicht des vorliegenden Buches).
- Klassische lineare und nichtlineare Abtastsysteme, soweit die Nichtlinearitäten vom multilinearen Polynomtyp sind.
- Binäre Steuerungen, insbesondere auch mit Rückkopplungsstruktur.
- Fuzzy Logik und Fuzzy Regelung.

Das Buch ist seiner Natur nach eine Originalarbeit, die einen unkonventionellen Beitrag zur aktuellen Fachdiskussion in der Automatisierungstechnik leisten möchte. Auf die Textgestaltung nach didaktischen Gesichtspunkten wurde Wert gelegt. Daher kann das Buch gut in der Lehre eingesetzt werden, sei es als Ergänzung des üblichen Stoffs über zeitdiskrete Regelungen, sei es als Begleittext zu Lehrveranstaltungen über Binäre und Fuzzy Prozeßautomatisierung. Es wendet sich an Interessenten einer methoden- und modellgestützten Automatisierungstechnik an den Hochschulen und in der industriellen Praxis.

Zu den Voraussetzungen gehört kaum mehr als eine gewisse Vertrautheit mit den Zustandsraumverfahren für lineare Abtastregelungen. Über Boolesche Schaltalgebra werden nur Grundkenntnisse, über Automatentheorie so gut wie keine Kenntnisse vorausgesetzt. Die textbegleitenden Beispiele sind praxisnah und doch so einfach gehalten, daß sie sich ohne weiteres in eine Lehrveranstaltung integrieren lassen. Das in dem Buch präsentierte Material ist keineswegs bereits vollständig entwickelt. Viele Fragen sind noch offen, und der eine oder andere Leser mag durch die Lektüre angeregt werden, den hier gewählten Zugang aufzugreifen und in eigenen Arbeiten zu vertiefen.

Die Grundidee und Teilaspekte des Manuskriptes habe ich auf internationalen Fachtagungen zur kritischen Diskussion gestellt und dabei aufmerksames Interesse vorgefunden. Wichtig war mir die Einschätzung einiger führenden Fachleute. Besonders danke ich Herrn Prof. Dr.-Ing. H. Unbehauen für wertvolle Ratschläge und für die Ermutigung, mit einem so konzipierten Manuskript an die Fachöffentlichkeit zu treten. Verbunden bin ich auch den Herren Prof. Dr.-Ing. D. Bochmann, Prof. Dr.-Ing. J. Lunze und Prof. Dr.-Ing. Dr. rer. nat. H. Reinschke für anregenden Gedankenaustausch, der mir half, die hier vorgestellten Ideen in das Umfeld bekannter Ansätze einzuordnen. In meiner Arbeitsgruppe haben dankenswerterweise Frau Dr.-Ing. A. Sandweg-Kohmann, Herr Dr.-Ing. K. Frick und Herr Dr.-Ing. M. Knoop das Manuskript kritisch durchgelesen und mir etliche Korrekturhinweise gegeben. Frau H. Eskau gebührt Dank für das sorgfältige Erstellen der Reinschrift und Frau Schwarz für das Anfertigen der Tabellen und Zeichnungen. Dem Vieweg Verlag schließlich danke ich für die angenehme Zusammenarbeit und die zügige Fertigstellung des Buches.

Hamburg, im Februar 1994                                                            Dieter Franke

# Inhaltsverzeichnis

# 1 Einführung und Übersicht

Begriffe wie "Binäre dynamische Systeme", "Sequentielle Steuerungen", "Ereignisdiskrete Systeme" charakterisieren einen Themenkreis im Grenzgebiet zwischen klassischer Systemtechnik und moderner Informationstechnik, der im Zentrum der gegenwärtigen Entwicklung der Automatisierungstechnik steht. Einschlägige Anwenderprobleme kommen aus Bereichen wie

- Steuerung von Transport- und Stückgutprozessen,
- Maschinensteuerung in der Fertigungstechnik,
- Chargenprozesse der Verfahrenstechnik.

In all diesen Fällen liegen zumindest anteilig dynamische Systeme vor, die mit Mitteln der klassischen *kontinuierlichen* System- und Regelungstheorie modelliert werden könnten, also durch gewöhnliche oder partielle Differentialgleichungen. Charakteristisch für diese Systemklasse ist jedoch ein diskontinuierlicher, *zeitlich schrittweiser* Betrieb. Die einzelnen Schritte können dabei nach einem vorgegebenen Zeittakt ablaufen oder nach einem Takt, der von den Prozeßvariablen selbst erzeugt wird. Auch Mischformen dieser beiden Varianten kommen vor.

Nun ist der schrittweise Betrieb auch ein Wesensmerkmal der klassischen zeitdiskreten Systeme, die durch Abtastung aus kontinuierlichen Systemen entstehen. Im Unterschied zu diesen *Abtastsystemen* sind die in diesem Buch interessierenden *diskreten Steuerungen* durch einen *diskreten Wertevorrat jeder Prozeßgröße* gekennzeichnet, also durch eine starke Amplitudenquantisierung. Ein zeitlich schrittweise arbeitendes System mit diskretem Wertevorrat aller Systemgrößen heißt *Automat*. Wegen ihrer herausragenden technischen Bedeutung interessieren wir uns hier ausschließlich für *binäre* Automaten, diskrete Systeme also, deren Größen nur je zweier Werte fähig sind.

An betont einfach gewählten Beispielen dynamischer Systeme soll in den Abschnitten 1.1, 1.2 und 1.3 zunächst veranschaulicht werden, wie je nach Fragestellung und Verwendungszweck ein zeitkontinuierliches Modell, ein zeitdiskretes Modell oder ein Automatenmodell angemessen sein kann. Das Anliegen dieser Einführung ist nicht eine Wiederholung der Theorie zeitkontinuierlicher und zeitdiskreter Systeme, die hinlänglich bekannt ist. Vielmehr sollen beispielorientiert Unterschiede und Gemeinsamkeiten festgestellt und die wesentlichen Merkmale im Vergleich zum Automatenmodell herausgearbeitet werden. Im Abschnitt 1.4 wird der in diesem Buch vorgestellte neue Zugang zur Analyse und Synthese diskreter Steuerungen in das Umfeld bekannter Ansätze und Methoden eingeordnet. Dies schließt auch eine Übersicht über die Gliederung des Buches ein.

## 1.1 Zeitkontinuierliche Systeme

Die klassische Systemdynamik und Regelungstechnik befaßt sich mit der Analyse und Synthese von Systemen, deren Steuergrößen, Ausgangsgrößen und innere Zustandsgrößen kontinuierliche Funktionen der Zeit sind. Sofern nur Speicherglieder mit ortsunabhängigen, also konzentrierten Parametern auftreten, führt die mathematische Modellbildung auf ein System von gewöhnlichen Differentialgleichungen, die mehr oder weniger stark untereinander verkoppelt sein können [7]. Sie ergeben sich durch Formulieren der physikalischen Gesetzmäßigkeiten, die dem jeweils konkreten System zugrundeliegen. Häufig führt das Aufstellen von Bilanzgleichungen direkt zum mathematischen Gleichungsmodell.

Ein einfaches Beispiel, das später unter einem anderen Blickwinkel erneut aufgegriffen werden soll, ist der Füllvorgang eines zylindrischen Tanks nach Bild 1.1. Das Abflußventil bleibe für unsere Betrachtung geschlossen (Chargenbetrieb). Im Bild 1.1 bezeichne

$\qquad$ $u(t)$ $\qquad$ die Ventilstellung,
$\qquad$ $q(t)$ $\qquad$ den Flüssigkeitsstrom und
$\qquad$ $x(t)$ $\qquad$ den Füllstand.

Der Behälterquerschnitt sei A. Dann lautet die einfache Bilanzgleichung für dieses Beispiel

$$A \cdot \dot{x}(t) = q(t), \tag{1.1}$$

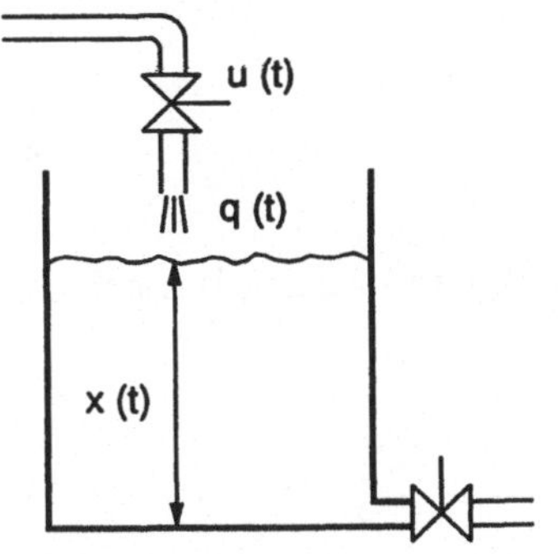


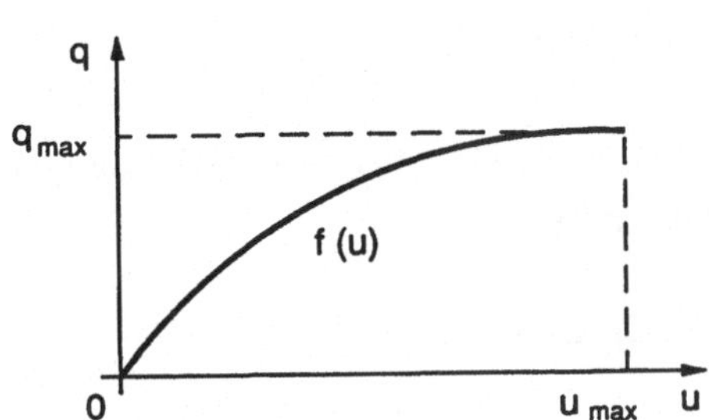


**Bild 1.1**  Flüssigkeitstank

**Bild 1.2**  Ventilkennlinie

wobei wie üblich der Punkt die Ableitung nach der Zeit kennzeichnet. Der Strom $q(t)$ hängt über die Ventilkennlinie von der Ventilstellung $u(t)$ ab,

$$q(t) = f[u(t)], \tag{1.2}$$

so daß das vollständige mathematische Modell lautet:

$$\dot{x}(t) = \frac{1}{A} \cdot f[u(t)], \tag{1.3}$$

mit der Anfangsbedingung $x(0) = x_0$.

Da eine Ventilkennlinie nichtlinear ist, z.B. nach Art von Bild 1.2, wird bereits in diesem einfachen Beispiel das mathematische Modell nichtlinear. Das System wird durch eine einzige Differentialgleichung erster Ordnung beschrieben, weil es nur ein Speicherglied enthält.

Bei einem allgemeinen zeitkontinuierlichen System n-ter Ordnung, das also n konzentrierte Speicherglieder enthält, faßt man die n Zustandsvariablen $x_1(t), ..., x_n(t)$ zum Zustandsvektor $x(t)$, die p Steuergrößen $u_1(t), ..., u_p(t)$ zum Steuervektor $u(t)$ und die q Ausgangsgrößen $y_1(t), ..., y_q(t)$ zum Ausgangsvektor $y(t)$ zusammen. Das mathematische Modell eines derartigen Systems wird dann durch eine vektorielle Zustandsdifferentialgleichung der Form

$$\dot{x}(t) = f[x(t), u(t)] \tag{1.4}$$

und eine vektorielle Ausgangsgleichung der Form

$$y(t) = g[x(t), u(t)] \tag{1.5}$$

beschrieben [4], [7], [18]. Um die Lösung von (1.4) eindeutig zu machen, ist noch der Anfangszustand

$$x(t = 0) = x_0$$

anzugeben, aus dem heraus die Systembewegung startet. Im Beispiel des Flüssigkeitstanks im Bild 1.1 ist dies der Anfangspegel $x(0)$.

Eine wichtige Systemklasse, die als Spezialfall in der allgemeinen Zustandsdarstellung (1.4), (1.5) enthalten ist, bilden die linearen Systeme. Bei ihnen sind die rechten Seiten von (1.4) und (1.5) linear in $x$ und $u$:

$$\dot{x}(t) = A\,x(t) + B\,u(t), \tag{1.6}$$

$$y(t) = C\,x(t) + D\,u(t), \tag{1.7}$$

mit konstanten Koeffizientenmatrizen $A$, $B$, $C$ und $D$ von passender Dimension. Der bei weitem überwiegende Teil der verfügbaren Analyse- und Syntheseverfahren der Regelungstechnik gilt dieser Systemklasse. Man denke etwa an die fundamentale Bedeutung der Eigenwerte $\lambda_1$, ..., $\lambda_n$ der Matrix $A$ für das dynamische Verhalten dieser Systeme.

Wenn auch die Klasse der linearen Systeme vergleichsweise klein ist, so war ihre gründliche Erforschung doch vor allem deshalb geboten, weil nichtlineare Systeme bei nicht zu großer Auslenkung aus einem festen Arbeitspunkt mit guter Näherung durch ein lineares mathematisches Modell beschreibbar sind. So ist etwa die Ventilkennlinie im Bild 1.2 für kleine u-Werte näherungsweise linear mit der Steigung

$$m = f'(0).$$

Unter diesen Voraussetzungen darf die nichtlineare Zustandsdifferentialgleichung (1.3) näherungsweise durch das lineare Modell

$$\dot{x}(t) = K \cdot u(t), \tag{1.8}$$

mit

$$K = \frac{1}{A} f'(0),$$

ersetzt werden.

Als Beispiel eines zeitkontinuierlichen Systems mit örtlich verteilten Parametern werde der im Bild 1.3 schematisch skizzierte Durchlaufofen zur Erwärmung eines kontinuierlich bewegten Materialstromes, etwa eines Metallbandes, betrachtet. Bei diesem energetisch gekoppelten Transportprozeß seien

$l$       die Länge der Heizzone in Transportrichtung,

$u_1(t)$       die verstellbare Transportgeschwindigkeit,

$u_2(t)$       die verstellbare Heiztemperatur und

$x(t,z)$       die zeit- und ortsabhängige Wärmguttemperatur.

Bilanzierungsmethoden, die dem örtlich ausgedehnten Charakter dieses Prozesses Rechnung tragen [9], führen hier auf eine Zustandsdifferentialgleichung der Form

$$\frac{\partial x(t,z)}{\partial t} + u_1(t) \cdot \frac{\partial x(t,z)}{\partial z} = c \cdot [u_2(t) - x(t,z)] , \tag{1.9}$$

also eine partielle Differentialgleichung für die kontinuierlich von Zeit und Ort abhängige Zustandsgröße $x(t,z)$. In den Koeffizienten $c$ in (1.9) gehen neben der Wärmeübergangszahl auch Geometriedaten ein.

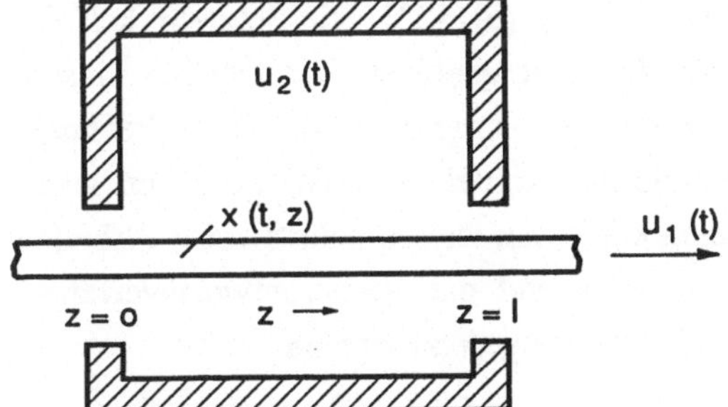


**Bild 1.3** Band-Durchlaufofen

Der ortsabhängige Anfangszustand

$$x(0,z) = x_0(z), \qquad\qquad (1.10)$$

die zeitabhängige Randbedingung

$$x(t,0) = u_0(t) \qquad\qquad (1.11)$$

als Störeinfluß sowie die Ausgangsgleichung

$$y(t) = x(t,\ell) \qquad\qquad (1.12)$$

vervollständigen das mathematische Modell. Wie man aus (1.9) ersieht, ist auch dieses ein nichtlineares, hier speziell bilineares System [8], da ein Produkt aus Zustandsgröße und Steuergröße vorkommt. Auch für Systeme mit verteilten Parametern besteht die Möglichkeit der Linearisierung um einen Arbeitspunkt, sofern die Systemgrößen sich nicht zu weit von diesem Betriebspunkt entfernen [9].

Zeitkontinuierliche Prozeßmodelle sind vor allem dann angemessen, wenn - beispielsweise in einem Regelkreis - die Steuergrößen zeitkontinuierlich verstellt und die Ausgangs- oder Regelgrößen zeitkontinuierlich gemessen werden. In einem derartigen Regelkreis ist auch der Regler ein zeitkontinuierliches dynamisches System, das beispielsweise durch geeignet beschaltete elektronische Operationsverstärker implementiert werden kann.

## 1.2 Abtastsysteme

Mit dem Aufkommen immer leistungsfähigerer Digitalrechner wurde etwa seit Beginn der 60er Jahre die analoge Gerätetechnik mehr und mehr durch die Digitaltechnik abgelöst, deren Vorzüge hinlänglich bekannt sind [1], [5], [23]. Die Schnelligkeit der digitalen Signalverarbeitung macht den Digitalrechner geeignet zum On-line-Einsatz als Regler im geschlossenen Regelkreis. Ein Wesensmerkmal des Digitalrechners besteht darin, daß er Daten nicht zeitkontinuierlich aufnehmen oder ausgeben kann, vielmehr nur schrittweise, also *zeitlich sequentiell*. An dieses schrittweise Arbeiten müssen das mathematische Modell des Prozesses und das Reglerentwurfsverfahren angepaßt werden, soll ein Digitalrechner als Regler eingesetzt werden.

Die Komponenten des Steuervektors $\bar{u}(t)$ sind jetzt nicht mehr wie in (1.4), (1.5) kontinuierliche Funktionen der Zeit, sondern Treppenfunktionen $\bar{u}_i(t)$. Sämtliche Komponenten von $\bar{u}(t)$ können sich immer nur *synchron* nach einem *vorgegebenen Zeittakt* ändern. In aller Regel ist dieser Zeittakt äquidistant und wird durch die *Abtastperiode* T vorgegeben. Es gilt demnach komponentenweise

$$\bar{u}_i(t) = u_i(k), \qquad kT \leq t < (k+1)T,$$

$$k = 0, 1, 2, \ldots,$$

$$i = 1, \ldots, p,$$

also auch für den gesamten Steuervektor

$$\bar{u}(t) = u(k), \qquad kT \leq t < (k+1)T,$$

$$k = 0, 1, 2, \ldots \tag{1.13}$$

Unter dem Einfluß einer derartigen Steuerung sind der Zustandsvektor $x(t)$ und der Ausgangsvektor $y(t)$ in (1.4), (1.5) weiterhin *kontinuierliche* Funktionen der Zeit. Sie werden jedoch nicht als solche meßtechnisch erfaßt und weiterverarbeitet, vielmehr nur im Takt der Abtastperiode T zu den äquidistanten Zeitpunkten 0, T, 2T, ... Es wird also nur punktuelle Information über die Signalverläufe aus dem dynamischen Prozeß entnommen:

$$x(k) := x(kT), \qquad y(k) := y(kT), \qquad k = 0, 1, 2, \ldots \tag{1.14}$$

Um diese punktuelle Information in einem Digitalrechner verarbeiten zu können, werden die abgetasteten Werte während jeweils einer Abtastperiode gespeichert, was erneut zu Treppenfunktionen führt.

Die stets dynamikfreie Ausgangsgleichung (1.5) eines zeitkontinuierlichen Systems läßt sich sofort ins Zeitdiskrete übertragen:

$$y(k) = g[x(k), u(k)], \qquad k = 0, 1, 2, \ldots \tag{1.15}$$

Komplizierter liegen die Verhältnisse im allgemeinen bei der Übertragung der Zustandsdifferentialgleichung (1.4) ins Zeitdiskrete. Die abschnittsweise Konstanz von
$\bar{u}(t)$ nach (1.13) erleichtert zwar diese Aufgabe, es bleibt aber die im allgemeinen
nichtlineare, abschnittsweise autonome Vektordifferentialgleichung

$$\dot{x}(t) = f[x(t), u(k)], \qquad kT \leq t < (k+1)T, \qquad (1.16)$$

mit der Anfangsbedingung

$$x(kT) := x(k) \qquad (1.17)$$

zu lösen, um den aus $x(k)$ unter dem Einfluß von $u(k)$ entstehenden Folgezustand
$x(k+1)$ ermitteln zu können. Wie auch immer, das Ergebnis dieser Zeitdiskretisierung
der Zustandsdifferentialgleichung ist jedenfalls eine *Zustandsdifferenzengleichung* von
der Form

$$x(k+1) = \tilde{f}[x(k), u(k)], \qquad k = 0, 1, 2, \dots \qquad (1.18)$$

mit einem neuen Funktionenvektor $\tilde{f}$.

Für das nichtlineare Modell (1.3) des Tanksystems im Bild 1.1 läßt sich die zeitdiskrete Version deshalb leicht ermitteln, weil die rechte Seite nicht von x abhängt. Sie wird
daher mit u abschnittsweise konstant:

$$\dot{x}(t) = \frac{1}{A} f[u(k)], \qquad kT \leq t < (k+1)T,$$

$$x(kT) := x(k).$$

Integration liefert

$$x(t) = \frac{1}{A} \cdot f[u(k)] \cdot (t-kT) + x(k),$$

also mit $t = (k+1)T$ den Folgezustand

$$x(k+1) = \frac{T}{A} \cdot f[u(k)] + x(k). \qquad (1.19)$$

Die Nichtlinearität f(u), mit der die Steuerung in das kontinuierliche mathematische Modell (1.3) eingeht, bleibt hier auch im zeitdiskreten Modell (1.19) erhalten.

Für die spezielle Klasse der *linearen* Systeme (1.6), (1.7) läßt sich das zeitdiskrete Modell stets in geschlossener Form aus dem zeitkontinuierlichen gewinnen [1], [5], [18], [20]:

$$x(k+1) = \Phi\, x(k) + H\, u(k), \qquad (1.20)$$

$$y(k) = C\, x(k) + D\, u(k). \qquad (1.21)$$

Dabei steht die Matrix $\Phi$ abkürzend für die Transitionsmatrix an der Stelle T,

$$\Phi = \Phi(T) = \exp(AT), \qquad (1.22)$$

und die Matrix H für

$$H = H(T) = \int_0^T \Phi(v)dv \cdot B. \qquad (1.23)$$

Häufig werden in der Literatur im nachhinein wieder die Symbole **A** und **B** in der zeitdiskreten Zustandsdarstellung (1.20) verwendet,

$$x(k+1) = A\, x(k) + B\, u(k), \qquad (1.24)$$

$$y(k) = C\, x(k) + D\, u(k), \qquad (1.25)$$

sofern eine Verwechslung mit den Matrizen aus dem ursprünglichen kontinuierlichen Modell ausgeschlossen werden kann.

Die Überführung eines zeitkontinuierlichen mathematischen Modells mit *verteilten* Parametern in ein zeitdiskretes Modell gestaltet sich aufwendiger als im konzentrierten Fall [16], [17]. Das kann man bereits an dem einfachen Beispiel der Gl. (1.9) ermessen, denn um den Zustand x[(k+1)T,z] darzustellen, hat man für das Abtastintervall

$$kT \le t < (k+1)T$$

im Ortsbereich $0 < z \leq \ell$ die folgende kombinierte Rand- und Anfangswertaufgabe zu lösen:

$$\frac{\partial x(t,z)}{\partial t} + u_1(k) \cdot \frac{\partial x(t,z)}{\partial z} = c \cdot [u_2(k) - x(t,z)], \qquad (1.26)$$

$$x(kT,z) := x(k,z),$$

$$x(kT,0) = u_0(kT) := u_0(k).$$

Das ist in diesem Fall in geschlossener Form möglich, weil dank der Bilinearität Gl. (1.26) im Abtastintervall streng linear ist und konstante Koeffizienten hat.

Um Weitläufigkeiten zu vermeiden, wird die Zeitdiskretisierung von Systemen mit verteilten Parametern hier nicht weitergeführt. Dies ist ein eigenständiges Thema, das seither auffallend wenig Interesse gefunden hat. In diesem Zusammenhang wird auf Arbeiten von M. KNOOP [10], [14] verwiesen, in denen ein neuer Zugang zum Abtastreglerentwurf gerade auch für Systeme mit verteilten Parametern vorgestellt wird, ohne daß hierzu die mühsame Erstellung eines zeitdiskreten Modells erforderlich ist.

Der Band-Durchlaufofen nach Bild 1.3 wurde als Beispiel eines Materialtransportsystems mit (thermischer) Energieübertragung vor allem deshalb gewählt, weil im nächsten Abschnitt gezeigt werden soll, daß Materialflußsysteme auch zu ganz anderen mathematischen Modellen führen können.

Zu den Abtastsystemen sei abschließend noch angemerkt, daß genau genommen zur *Diskretisierung* der Zeit eine *Quantisierung* der Funktionswerte hinzukommt. Sie ist bedingt durch die Analog-Digital-Umsetzung der Meßwerte $y(k)$ vor der digitalen Meßwertverarbeitung im Rechneralgorithmus. Der Quantisierungseffekt bedeutet streng betrachtet eine Nichtlinearität. Jedoch sind die Quantisierungsstufen der heutigen Rechner so fein, daß dieser Effekt praktisch keine Rolle spielt und in der gängigen Literatur über Abtastregelungen üblicherweise vernachlässigt wird.

## 1.3 Automaten

Der soeben angesprochene Aspekt der Quantisierung leitet unmittelbar zu der Systemklasse über, die Gegenstand dieses Abschnitts und des vorliegenden Buches insgesamt ist. Es handelt sich um dynamische Systeme, die die zeitlich sequentielle Arbeitsweise mit den Abtastsystemen gemein haben. Darüber hinaus sind diese Systeme aber durch eine deutliche Quantisierung der Funktionswerte charakterisiert.

Diese Quantisierung kann zweierlei Ursachen haben. Im ersten Fall sind alle Systemgrößen von Hause aus nur endlich vieler Werte fähig. Beispielsweise werden digitale elektronische Schaltkreise so betrieben, daß nur zwei verschiedene Signalpegel in Form elektrischer Spannungen auftreten. Diesen beiden Signalpegeln ordnet man die *logischen Variablen* 0 und 1 zu und spricht von einem *binären System*. Dynamische Systeme, die zeitlich sequentiell arbeiten und deren Systemgrößen nur endlich vieler Werte fähig sind, heißen *Automaten*. Die Automatentheorie ist eine eigenständige Disziplin innerhalb der Informatik. Ihr traditioneller Anwendungsbereich liegt vorwiegend im Studium digitaler elektronischer Systeme und Rechenanlagen.

Genauer betrachtet sind die Signale in digitalen elektronischen Schaltkreisen keineswegs nur bestimmter Werte fähig. Vielmehr handelt es sich um kontinuierliche Zeitfunktionen, die nicht sprungförmig von einem Wert auf einen anderen umgeschaltet werden können. Umladevorgänge nehmen endliche Schaltzeiten in Anspruch, die unter Umständen zu einem Fehlverhalten führen können, wenn sie beim Entwurf ignoriert werden.

Der eben genannte Aspekt leitet zu der zweiten angekündigten Ursache stark quantisierter Signale über. Bei vielen Aufgabenstellungen der Prozeßautomatisierung ist man weder an den genauen kontinuierlichen Zeitverläufen von Prozeßvariablen noch an Abtastwerten interessiert, sondern lediglich am Erreichen bestimmter *Schwellwerte* oder Endpositionen. Ist ein solcher Wert erreicht, wird ein Schaltvorgang ausgelöst, der einen neuen Teilprozeß in Gang setzt usw.

Betrachten wir als einfaches Beispiel erneut den Flüssigkeitstank im Bild 1.1. Im Abschnitt 1.1 wurde er zeitkontinuierlich modelliert, im Abschnitt 1.2 als Abtastsystem. Nun sind bei einem Füllvorgang aber nur zwei ausgezeichnete Werte des Füllstandes $x$ von Belang: Zu Beginn ist $x = 0$ (Tank leer), und am Ende des Füllvorgangs ist $x = h$ (Tank voll). Das Erreichen des vorgeschriebenen Niveaus $h$ kann durch einen Sensor erfaßt und zum Auslösen eines Schaltvorgangs verwendet werden, im vorliegenden Beispiel zum Abschalten des Stellventils.

Sind einerseits nur die beiden Werte $x = 0$ und $x = h$ der Zustandsgröße von Bedeutung, so kommt man andererseits auch mit nur zwei Werten der Steuergröße $u$ aus, nämlich $u = 0$ (Ventil geschlossen) und $u = u_{max}$ (Ventil voll aufgedreht, Bild 1.2).

Angesichts dieser Zweiwertigkeit sowohl der Steuer- als auch der Zustandsgröße ist es naheliegend, diese Größen durch dimensionslose binäre Variable neu darzustellen:

$$u = \begin{cases} 0\,, & \text{Ventil geschlossen,} \\ 1\,, & \text{Ventil offen,} \end{cases}$$

$$x = \begin{cases} 0\,, & \text{Behälter leer,} \\ 1\,, & \text{Behälter voll.} \end{cases}$$

Die zeitlich sequentielle Arbeitsweise dieses binären dynamischen Systems läßt sich in Tabellenform beschreiben (Tabelle 1.1), da $2^2 = 4$ Kombinationen der x- und u-Werte möglich sind. Die Tabelle erklärt sich im Grunde von selbst und bedarf keiner besonderen Erläuterung. Die Zählvariable k (= 0, 1, 2, ...) charakterisiert ähnlich wie bei einem Abtastsystem die sequentielle Arbeitsweise des Systems. Dennoch besteht ein entscheidender Unterschied: Mit der Variablen k werden nämlich nicht Zeitschritte konstanter Länge T gezählt, sondern Schritte in der Abfolge von *Ereignissen*: Ist $x(0) = 0$ und wird die Steuergröße $u(0) = 1$ aufgeschaltet (3. Zeile in Tabelle 1.1), so wird der Folgezustand $x(1) = 1$ erreicht. Sobald dieses Ereignis eintritt, wird auf $u(1) = 0$ umgeschaltet (2. Zeile in Tabelle 1.1), womit der Folgezustand unverändert bleibt. Wie Tabelle 1.1 ausweist, ist durchaus nicht jede Eingangskombination (u(k), x(k)) zulässig. Die vierte Zeile ist zu streichen, da das Ventil bei vollem Behälter natürlich nicht geöffnet werden darf. Derartige Restriktionen spielen bei binären dynamischen Systemen eine außerordentlich wichtige Rolle, weshalb darauf später genauer einzugehen sein wird.

Die sequentielle Abfolge binärer Steuersignale und der durch sie ausgelösten Ereignisse beim Flüssigkeitstank läßt sich grafisch über der Zeitachse veranschaulichen (Bild 1.4). Die Steuergröße $\bar{u}(t)$ hat wie bei einem Abtastsystem die Gestalt einer Treppenfunktion. Im Unterschied zum klassischen Abtastsystem ist sie jedoch nur der binären Werte 0 und 1 fähig, und die Umschaltungen erfolgen nicht im Takt einer Abtastperiode, sondern ereignisabhängig. Ein derartiges Ereignis tritt hier im (wo auch immer gelegenen) Zeitpunkt $t_1$ auf, in dem der Zustand $x = 1$ gemeldet wird. Speichert man in jedem der ereignisgesteuerten Schritte den binären Wert der Zustandsvariablen x, so erhält man auch für sie eine Treppenfunktion ($\bar{x}(t)$ im Bild 1.4).

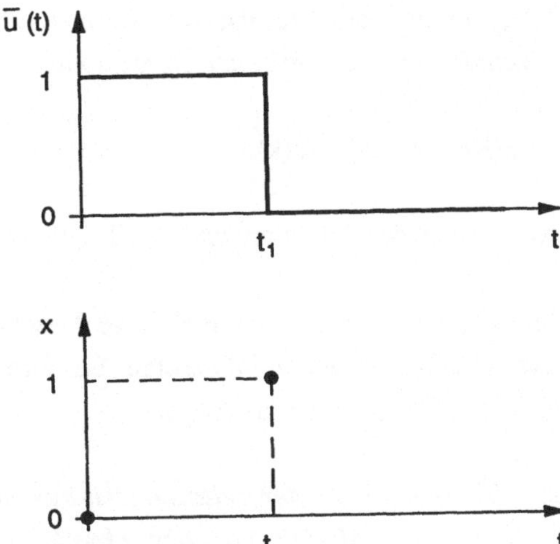

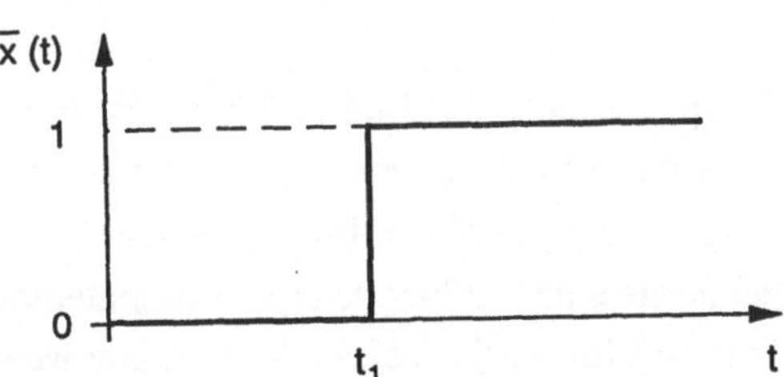

**Tabelle 1.1**

Der Flüssigkeitstank als binäres System

| $u(k)$ | $x(k)$ | $x(k+1)$ |
|:---:|:---:|:---:|
| 0 | 0 | 0 |
| 0 | 1 | 1 |
| 1 | 0 | 1 |
| ~~1~~ | ~~1~~ | nicht definiert |

**Bild 1.4**

Ereignisdiskrete Steuerung des Flüssigkeitstanks

Die *Schalttabelle* 1.1 vermittelt eine funktionale Beziehung der Form

$$x(k+1) = f[x(k), u(k)], \tag{1.27}$$

die stark an die Zustandsdarstellung (1.18) eines nichtlinearen Abtastsystems erinnert. Da jedoch x und u jetzt keine numerischen Variablen, sondern logische Variable sind, ist es üblich, die Funktion f in (1.27) mit den Mitteln der *Booleschen Schaltalgebra* [28], [33], [34], [38] darzustellen. Im vorliegenden einfachen Beispiel handelt es sich offensichtlich um die ODER-Verknüpfung (Disjunktion):

$$x(k+1) = x(k) \lor u(k), \tag{1.28}$$

wie erwähnt unter Ausschluß des Wertepaares $x(k) = u(k) = 1$.

Völlig äquivalent hätte man die Aussage der Tabelle 1.1 aber auch unter Verwendung *gewöhnlicher arithmetischer Operationen* darstellen können,

$$x(k+1) = x(k) + u(k), \qquad\qquad\qquad (1.29)$$

wovon man sich leicht anhand der Tabelle 1.1 überzeugt.

Vergleicht man die ereignisdiskrete Beschreibung des Flüssigkeitstanks nach (1.28) bzw. (1.29) mit der zeitdiskreten Beschreibung (1.19), so fällt ein außerordentlich wichtiger Unterschied ins Auge:

*Der Übergang von der zeitdiskreten zur ereignisdiskreten Beschreibung befreit das mathematische Modell von den physikalischen Parametern des zugrundeliegenden dynamischen Prozesses.*

So spielen in (1.28) und (1.29) weder der Behälterquerschnitt A noch die nichtlineare Ventilkennlinie f(u) eine Rolle. Daher bleiben diese Beziehungen auch dann gültig, wenn beispielsweise infolge von Ablagerungs- oder Abnutzungsprozessen die Ventilkennlinie sich verändert. Das Automatenmodell erweist sich somit als außerordentlich "robust" im Vergleich zur klassischen Modellierung. Die Darstellung (1.29) hat darüber hinaus den Vorzug, sogar *linear* im Sinne gewöhnlicher Algebra zu sein.

Mittels ereignisdiskreter Modellierung gelingt es offenbar, *ganze Systemklassen* unabhängig von Parametern und Nichtlinearitäten durch die gleiche sequentielle Zustandsgleichung zu beschreiben. Darauf hat auch J. LUNZE [93], [94] im Zusammenhang mit der *qualitativen Modellierung* dynamischer Systeme hingewiesen.

Aus der Schalttabelle 1.1 läßt sich noch mehr ableiten als nur die binäre Prozeßbeschreibung nach (1.28) bzw. (1.29). In Verbindung mit Bild 1.4 ergibt sich vielmehr auch die *aufgabengemäße binäre Steuerstrategie*:

$$u(k) = \begin{cases} 0, & \text{falls } x(k) = 1, \\ 1, & \text{falls } x(k) = 0. \end{cases}$$

In der Sprache der Booleschen Algebra ist dies die Negation,

$$u(k) = \overline{x(k)}. \qquad\qquad\qquad (1.30)$$

Gl. (1.30) beschreibt nichts anderes als ein *Rückkopplungsgesetz*, einen *binären Regler* für den binären dynamischen Prozeß (1.28). Wie in der klassischen Regelungstechnik kann man durch Einsetzen der Reglergleichung (1.30) in die Prozeßgleichung (1.28) die Gleichung des *geschlossenen binären Regelkreises* anschreiben:

$$x(k+1) = x(k) \lor \overline{x(k)}, \tag{1.31}$$

was nach den Rechenregeln der Booleschen Algebra hier gleichbedeutend ist mit

$$x(k+1) = 1.$$

Dieses Ergebnis ist auch im Bild 1.4 ablesbar. Das Beispiel ist natürlich sehr einfach gewählt, aber auf diese Weise soll veranschaulicht werden, daß Begriffsbildungen der klassischen Regelungstechnik sehr weitgehend auf binäre sequentielle Systeme übertragbar sind.

So wie für (1.28) das algebraische Äquivalent (1.29) angegeben werden konnte, läßt sich auch der Regler (1.30) als äquivalente algebraische Beziehung anschreiben. Wie aus Bild 1.5 hervorgeht, kann man beliebig viele Funktionen u = f(x) konstruieren, die die Negation (1.30) korrekt wiedergeben. In digitalen elektronischen Schaltungen werden *schaltende* Funktionen (im Bild 1.5 gestrichelt) verwendet, um bei der Signalverarbeitung stets klar definierte binäre Signalpegel zu garantieren. Für eine Modellvorstellung zur Analyse und Synthese binärer ereignisdiskreter Systeme ist man jedoch nicht zwingend auf derartige schaltende Funktionen angewiesen. Auch die stetige Funktion im Bild 1.5,

$$u(k) = 1 - x(k), \tag{1.32}$$

die sogar *linear* in x ist, gibt die Negation (1.30) äquivalent wieder.

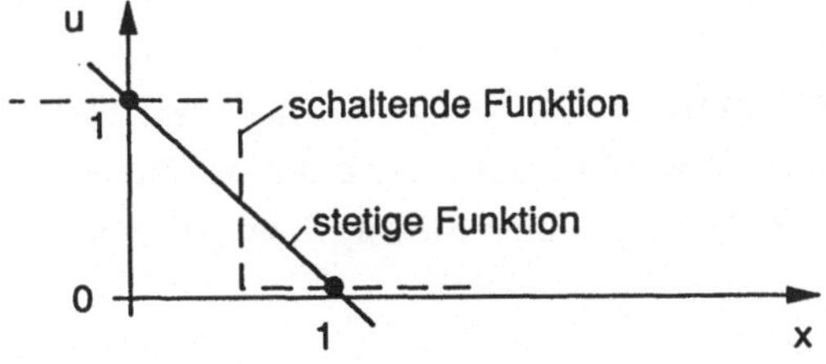


**Bild 1.5** Verschiedene Implementierungen der Negation (1.30)

Setzt man die Reglergleichung (1.32) in die Prozeßgleichung (1.29) ein, so erhält man *ohne Boolesche Algebra*, allein mittels gewöhnlicher arithmetischer Operationen, die Gleichung des geschlosenen binären Regelkreises in der Form

$$x(k+1) = x(k) + 1 - x(k) = 1,$$

in Übereinstimmung mit dem vorherigen Ergebnis.

Das Beispiel eines energetisch gekoppelten Transportprozesses nach Bild 1.3 wurde im Abschnitt 1.1 zeitkontinuierlich und im Abschnitt 1.2 zeitdiskret modelliert. Auch im Bild 1.6 ist ein Transportprozeß schematisch dargestellt. Er unterscheidet sich in folgenden Punkten von der Anordnung nach Bild 1.3:

-   Statt eines kontinuierlichen Bandes werden nun *Stückgüter*, z.B. Werkstücke, transportiert.

-   An die Stelle eines kontinuierlichen Transports tritt ein *schrittweiser* Transport derart, daß die Werkstücke jeweils für eine gewisse Zeit an bestimmten örtlichen Stellen "einrasten", damit dort entweder fertigungstechnisch (z.B. bohren, fräsen, schweißen, siehe Bild 1.6) oder auch verfahrenstechnisch (z.B. erwärmen [74]) auf sie eingewirkt werden kann.

Bei einem derartigen Transportvorgang geht mit der *zeitlich* sequentiellen Arbeitsweise ein *örtlich* schrittweiser Prozeß einher. Um ihn zu kennzeichnen, sind die als binäre Variable modellierten Zustände im Bild 1.6 indiziert. Der Index steht für die ortsfeste Stelle, an der sich das Werkstück gerade befindet. Ein derartiger "Fließbandprozeß" [28] wird demnach durch binäre Zustandsgleichungen der folgenden Form beschrieben:

$$\begin{aligned}
x_1(k+1) &= u(k),\\
x_2(k+1) &= x_1(k),\\
x_3(k+1) &= x_2(k), \qquad k = 0, 1, 2, \ldots
\end{aligned}$$

(1.33)

Darin charakterisiert u den Binärwert des am Eingang der Transportstrecke wartenden Teiles. Sofern dieses wartende Teil frei gewählt werden kann, etwa durch Entnahme aus einem Materiallager, kommt ihm die Bedeutung einer Steuergröße zu. Mit ihr kann die Art der Beschickung der Transportstrecke direkt beeinflußt werden. Beispielsweise bedeute

$$u, x_i = \begin{cases} 0, & \text{Werkstück mit geringer Wandstärke,} \\ 1, & \text{Werkstück mit größerer Wandstärke.} \end{cases}$$

Häufig ist etwa per Aufgabenstellung bekannt, daß am Ende der Transportstrecke Teile der Sorten "0" und "1" in einem bestimmten mittleren Mengenverhältnis angefordert werden. Dann ist eine zyklische Beschickung der Transportstrecke zweckmäßig, um unnötig große Zwischenlager zu vermeiden.

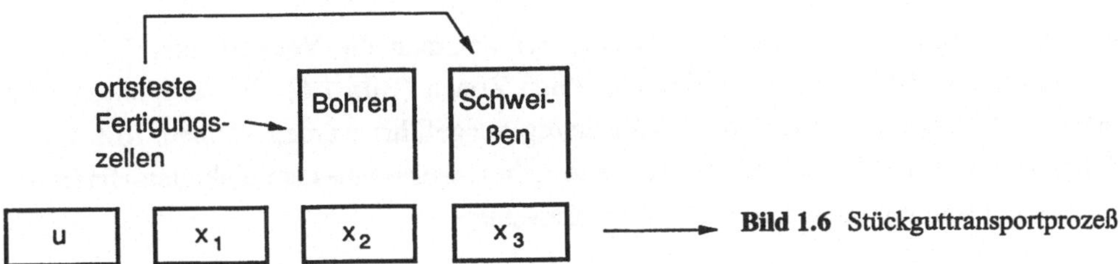


**Bild 1.6** Stückguttransportprozeß

In (1.33) werden mit der Variablen k wie seither die zeitlichen Schritte gezählt, die nicht äquidistant sein müssen, wie sogleich näher erläutert wird. Zuvor bietet sich noch eine Vektor- und Matrizenschreibweise der Gln. (1.33) an, so wie dies in der klassischen Zustandsraummethodik üblich ist:

$$x(k+1) = A\, x(k) + b\, u(k), \qquad (1.34)$$

mit

$$A = \begin{bmatrix} 0 & 0 & 0 \\ 1 & 0 & 0 \\ 0 & 1 & 0 \end{bmatrix}, \qquad b = \begin{bmatrix} 1 \\ 0 \\ 0 \end{bmatrix}. \qquad (1.35)$$

Die in (1.34) durchzuführenden Rechenoperationen (Addition und Multiplikation) sind ebenso wie in (1.29) und (1.32) gewöhnliche arithmetische Operationen.

Was nun das zeitlich sequentielle Abarbeiten der Zustandsfolge { x(k)} in (1.34) betrifft, so sind zwei Möglichkeiten zu unterscheiden, nämlich die *zeitdiskrete* und die *ereignisdiskrete* Arbeitsweise.

Wird das System zeitdiskret betrieben, so kann man den in (1.34) mit k indizierten Schritten einen *vorgegebenen Zeittakt* zuordnen, beispielsweise mit konstanter zeitlicher Schrittweite T (Der Begriff "Abtastperiode" wäre hier abwegig, denn es wird ja nicht der Wert irgendeiner kontinuierlichen Zeitfunktion abgetastet). Diese Zeit T setzt sich aus zwei Anteilen zusammen (Bild 1.7): Der reinen Transportzeit $T_1$ zum schrittweisen Weitertransport der Teile und der Verweilzeit $T_2 = T - T_1$. Im unteren Teilbild ist der Verlauf der kontinuierlichen Transportgeschwindigkeit v(t) wiedergegeben, der daran erinnert, daß kontinuierliche Systemdynamik im Spiel ist. Wie aus den oberen Teilbildern hervorgeht, sind die Binärwerte von u und $x_i$ stets nur in den Verweilphasen der Dauer $T_2$ definiert. In dem Bild wurde eine willkürliche Binärfolge $\{u(k)\}$ angenommen.

Bei einer zeitdiskreten Taktung nach Bild 1.7 hat man die Verweildauer $T_2$ hinreichend groß zu wählen, damit in den einzelnen Zonen (Bild 1.6) alle fertigungs- oder verfahrenstechnischen Operationen vollständig ausgeführt werden können. Mit dieser Maßgabe unterscheidet sich die sequentielle Arbeitsweise eines zeitdiskreten Binärprozesses nicht von der eines klassischen Abtastsystems.

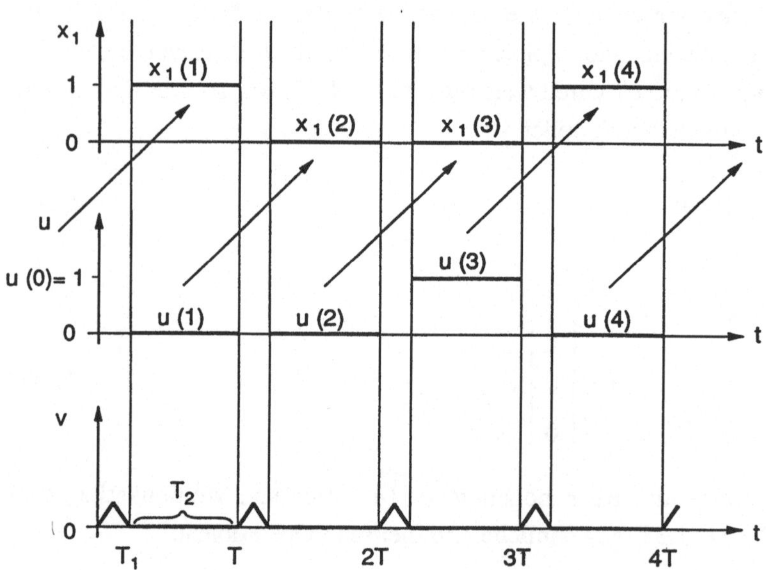


**Bild 1.7** Veranschaulichung der zeitdiskreten Taktung des Stückprozesses ($x_2$ und $x_3$ sinngemäß)

Bei Transport- und Fertigungsprozessen der eben beschriebenen Art ist man häufig an der Minimierung der Durchlaufzeiten interessiert. Es ist dann zweckmäßig, von der zeitdiskreten Taktung zu einer *ereignisdiskreten* Taktung des Prozesses überzugehen. Eine in der binären Steuerungstechnik gebräuchliche und recht anschauliche grafische Darstellung der ereignisabhängigen Schrittabfolge ist der sogenannte *Funktionsplan* [40], [43], [48]. Im vorliegenden Beispiel sind seine wesentlichen Elemente im Bild 1.8 wiedergegeben. Die einzelnen Schritte werden durchnumeriert und die auszuführende Tätigkeit in das zugehörige Blocksymbol eingetragen. Diese Tätigkeiten werden jeweils initiiert, sobald bestimmte Ereignisse eintreten. Diese Ereignisse werden als sogenannte *Weiterschaltbedingungen* am oberen Rand der Kästchen aufgelistet. Man hat sie sich konjunktiv verknüpft vorzustellen.

So wird nach Bild 1.8 der schrittweise Weitertransport in Gang gesetzt, sofern die Starttaste gedrückt war und Bohr- sowie Schweißvorgang vom vorhergehenden Schritt beendet sind. Unmittelbar nach dem Transport beginnen gleichzeitig - durch eine UND-Verzweigung (&) zum Ausdruck gebracht - Bohren und Schweißen, sofern die

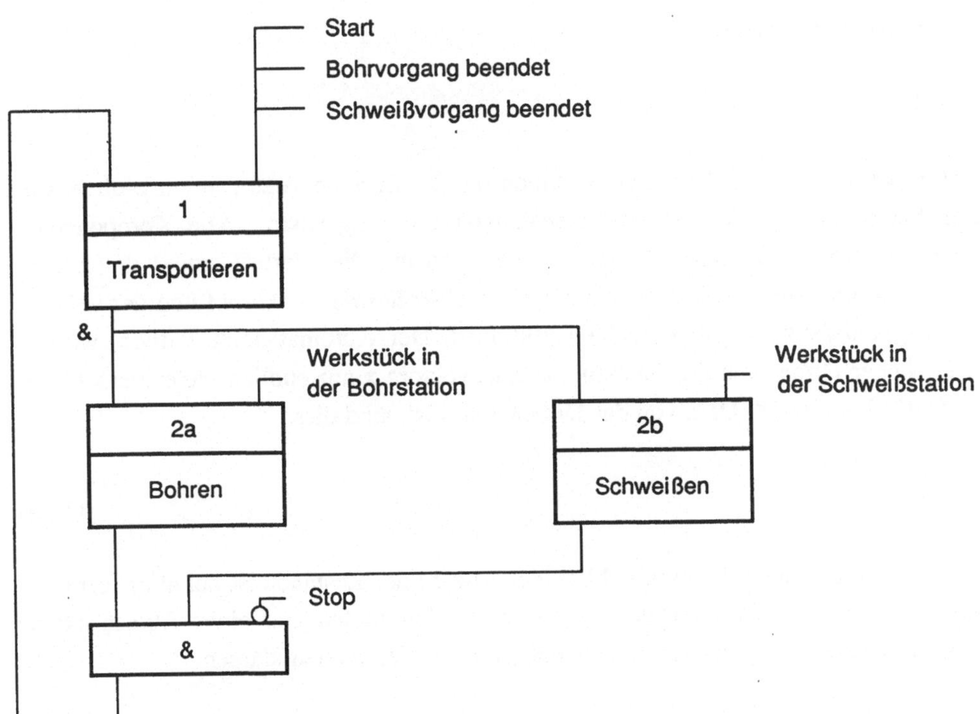


**Bild 1.8** Funktionsplan für die ereignisorientierte Steuerung des Prozesses im Bild 1.6

Weiterschaltbedingungen (Werkstück in der Bohr- bzw. Schweißstation) erfüllt sind. Erst wenn diese beiden Tätigkeiten beendet sind, was nicht gleichzeitig der Fall sein muß, und wenn außerdem die Stoptaste nicht gedrückt wurde (unteres Blocksymbol im Bild 1.8), beginnt der Zyklus von vorn.

Dem Leser mag aufgefallen sein, daß die *örtlich-zeitliche Struktur* dieses Beispielprozesses, die sich in den Zustandsgleichungen (1.33) bzw. (1.34) niederschlägt, unverändert gültig bleibt, ob der Prozeß nun zeitdiskret oder ereignisdiskret betrieben wird. Dies legt den Gedanken nah, bei der Analyse und Synthese binärer sequentieller Prozesse von diesem Unterscheidungsmerkmal einmal abzusehen und Gemeinsamkeiten herauszuarbeiten. Das soll in diesem Buch geschehen. Es hat demnach dynamische Systeme zum Gegenstand, die sich durch die Zustandsdarstellung eines *endlichen binären Automaten*,

$$x(k+1) = f[x(k), u(k)], \qquad\qquad (1.36)$$

$$y(k) = g[x(k), u(k)], \qquad\qquad (1.37)$$

mit dem Anfangszustand

$$x(0) = x_0 \qquad\qquad (1.38)$$

beschreiben lassen. Dabei ist $x$ ein n-dimensionaler Zustandsvektor, $u$ ein p-dimensionaler Steuervektor und $y$ ein q-dimensionaler Ausgangsvektor. Alle Komponenten dieser Vektoren sind binäre Größen, können also nur die Werte 0 und 1 annehmen. Daher sind die Komponenten der vektoriellen *Überführungsfunktion* $f$ und der vektoriellen *Ergebnisfunktion* $g$ Boolesche Funktionen. Der Automat heißt endlich, weil er bei endlicher Dimension des binären Zustandsvektors $x$ nur endlich vieler verschiedener Zustände fähig ist. Da $x$ von der Dimension n ist, sind dies

$$N = 2^n \qquad\qquad (1.39)$$

verschiedene Zustände. Die Endlichkeit der Anzahl der Zustände ist bei aller formalen Verwandtschaft der Zustandsgleichungen eines Automaten und eines Abtastsystems das wesentliche Unterscheidungsmerkmal dieser beiden Systemklassen.

Die Laufvariable k zählt die Taktschritte, womit aus der kontinuierlich ablaufenden physikalischen Zeit diskret fortschreitende Zeitpunkte ausgeblendet werden. Arbeitet der Automat *zeitdiskret*, so heißt er auch "zeitgeführt" [43], in der Automatentheorie auch "synchron". Alle Systemgrößen unterliegen dann einem *gemeinsamen* Zeittakt, der nicht äquidistant zu sein braucht (Bild 1.9).

Wird bei einem synchronen Automaten eine *konstante* Steuergröße gewählt,

$$u(0) = u(1) = u(2) = \ldots = u_s, \tag{1.40}$$

so wird er zu einem *autonomen* Automaten, völlig analog zum Begriff des autonomen Abtastsystems. Im festgelegten Zeittakt (Bild 1.9) wird dann eine Folge von Zuständen,

$$x(0), x(1), x(2), \ldots,$$

durchlaufen. Da es nun aber nur $N = 2^n$ verschiedene Zustände gibt, muß zwangsläufig nach endlicher Schrittzahl ein Zustand erreicht werden, der schon einmal durchlaufen wurde. Von da an durchläuft die Zustandsfolge daher einen *Zyklus*. Zyklisches Verhalten ist ein Wesensmerkmal autonomer endlicher Automaten und oftmals Entwurfsziel beim binären Steuerungsentwurf. In diesem Punkt unterscheiden sich Automaten grundlegend von klassischen Abtastregelungen, bei denen man aus Stabilitätsgründen Zyklen keinesfalls zulassen kann.

$$
\begin{array}{ccccccc}
\left.\begin{array}{l} x(0) \\ y(0) \end{array}\right\} & \begin{array}{c} u(0) \\ \Longrightarrow \end{array} &
\left.\begin{array}{l} x(1) \\ y(1) \end{array}\right\} & \begin{array}{c} u(1) \\ \Longrightarrow \end{array} &
\left.\begin{array}{l} x(2) \\ y(2) \end{array}\right\} & \begin{array}{c} u(2) \\ \Longrightarrow \end{array} & \ldots \\
\\
t = t_0, & & t = t_1, & & t = t_2, & & \\
k = 0 & & k = 1 & & k = 2 & &
\end{array}
$$

**Bild 1.9** Gemeinsamer Zeittakt für alle Systemgrößen beim synchronen Automaten

Ein Beispiel für zyklisches Verhalten eines autonomen endlichen Automaten ist in dem Funktionsplan nach Bild 1.8 erkennbar. Dieser Automat ist autonom, sofern nicht manuell in den Ablauf eingegriffen wird, sofern also die Starttaste gedrückt bleibt und die Stoptaste nicht betätigt wird. Der Zyklus besteht dann im selbsttätigen periodischen Auslösen der Schritte 1 (Transportieren) und 2a/2b (Bohren und Schweißen). Da der Zyklus hier aus zwei Schritten besteht, sagt man, er hat die *Periode* $k_p$ = 2. Offensichtlich kann die Periode eines autonomen Automaten mit N verschiedenen Zuständen höchstens $k_p$ = N sein.

Es muß in diesem Zusammenhang auf einen wichtigen Unterschied zwischen zyklischem Verhalten eines Abtastsystems und eines Automaten hingewiesen werden: Zyklischem Verhalten eines Abtastsystems entspricht stets eine *periodische Zeitfunktion* mit angebbarer Periodendauer. Dagegen bezeichnet die Periode $k_p$ eines zyklischen Automaten keine Zeitdauer, sondern eine Schrittzahl. Da die Schritte im Unterschied zum Abtastsystem nicht äquidistant zu erfolgen brauchen, entsteht in der Regel *keine periodische Zeitfunktion* im üblichen Sinn (Bild 1.10).

**Bild1.10** Beispiel eines Zyklus in einem autonomen Automaten
  $(n = 1, N = 2^n = 2, k_p = 2)$

Arbeitet ein Automat *ereignisdiskret*, so heißt er auch "prozeßgeführt" [43], in der Automatentheorie auch "asynchron". Ein einfaches Beispiel hierfür ist die ereignisdiskrete Steuerung des Flüssigkeitstanks (Bilder 1.1 und 1.4). Bei einem asynchronen Automaten bestimmt nicht ein zentraler Takt das Zeitraster, in dem der Prozeß fortschreitet. Vielmehr bestimmt der Prozeß mit dem Eintreten von Ereignissen diesen Zeittakt selbst. Im Bild 1.4 ist dies das Ereignis x = 1, das an der Stelle $t = t_1$ eintritt. Das Beispiel ist sehr einfach, weil es nur eine Steuergröße und nur eine Zustandsgröße aufweist. Im allgemeinen Fall eines asynchron arbeitenden Automaten mit der Zustandsgleichung

$$x(k+1) = f[x(k), u(k)]$$

mit mehreren Steuer- und Zustandsgrößen kann ein spezifisches Problem auftreten, das bei synchronen Automaten nicht besteht: Bewirkt die gerade anliegende Steuerung u(k) eine Änderung von mehr als einer Komponente des Zustands, unterscheiden sich

also die Binärvektoren $x(k)$ und $x(k+1)$ in mehr als einer Komponente, so hängt die
sich einstellende Zustandsfolge entscheidend davon ab, welche x-Komponente als
erste ihren neuen Wert annimmt. Bei fast gleichzeitigem Übergang mehrerer Komponenten können sich auf diese Weise Zufälligkeiten in der Weiterschaltung des Prozessen einstellen. Man spricht von *Hazards* und *kritischen Wettläufen* [28], [43], [53].
Eine wichtige Aufgabe beim Entwurf digitaler asynchroner Schaltwerke besteht darin,
durch geeignete Codierung derartige Phänomene zu verhindern.

Unter diesem Aspekt werde nochmals der dynamische Prozeß nach Bild 1.6 in ereignisdiskreter, also asynchroner Arbeitsweise betrachtet. In (1.34) sei beispielsweise

$$x(k) = \begin{bmatrix} 0 \\ 1 \\ 0 \end{bmatrix}, \qquad u(k) = 1.$$

Daher wird

$$x(k+1) = \begin{bmatrix} 1 \\ 0 \\ 1 \end{bmatrix}.$$

Beim Übergang vom k-ten zum (k+1)-ten Schritt haben sich also gleichzeitig *alle*
Komponenten des Zustands geändert. Warum können hier die oben erwähnten Zufälligkeiten in der Weiterschaltung des Prozesses nicht auftreten? Die Antwort liegt in
der bereits erwähnten Entkopplung der örtlich-zeitlichen Struktur von der Schaltstruk-
tur (Bild 1.8). Das führt dazu, daß diejenigen Ereignisse, die ein Weiterschalten des
Automaten (1.34) bewirken, nicht als Zustandsvariable in diesen Automaten eingehen.
Insofern kann man (1.34) als "ordnungsreduziertes Extrakt" des Gesamtsystems auf-
fassen, das lediglich die topologische Prozeßstruktur wiedergibt.


## 1.4 Einordnung und Gliederung des Buches

Das im Abschnitt 1.3 angesprochene Gebiet der diskreten Steuerungen hat in theoreti-
scher wie in praktischer Hinsicht bereits eine Tradition. Die Grundlagen der mathematischen Aussagenlogik gehen auf G. W. LEIBNITZ (1646-1716) zurück. G. BOOLE
(1815-1864) entwickelte daraus die Basis für steuerungstechnisches Denken in logi-

schen Wirkungsketten in algebraischer Form, heute als Boolesche Algebra bekannt. Diese Grundlagen wurden weit vor dem Aufkommen digitaler elektronischer Schaltwerke und Rechenautomaten geschaffen! Bereits vor der Entwicklung der elektronischen Datenverarbeitung war die Boolesche oder Schaltalgebra ein unverzichtbares Werkzeug für den Entwurf sequentieller Steuerungen in der Automatisierungstechnik. In dieser frühen Phase wurden binäre Verknüpfungen elektromechanisch mittels Relais- und Schützsteuerungen implementiert. In diesem Zusammenhang entstanden die noch heute gebräuchlichen und bewährten grafischen Darstellungen binärer Steuerungen als "Kontaktplan" und "Funktionsplan" [43]. An die Stelle der Elektromechanik ist inzwischen die weit entwickelte Technik der "Speicherprogrammierbaren Steuerungen" getreten. Auf diesem Gebiet hat sich eine eigenständige, an praktischen Erfordernissen ausgerichtete Literatur herausgebildet (z.B. [40], [41], [48], [49]), die mit vergleichsweise geringem theoretischen Aufwand auskommt.

Parallel zu dieser stark anwendungsorientierten Entwicklung vollzog sich in den letzten Jahrzehnten ein Ausbau der theoretischen Grundlagen, und so entstand aus einer anfänglichen Lehre vom Entwurf und der Vereinfachung von Schaltnetzen das weitverzweigte Gebiet der heutigen *Automatentheorie* [53], [56], [61], [62]. Ihr Anwendungsziel war zunächst die sich rasch entwickelnde digitale Rechentechnik. Mehr und mehr erschließen sich der Automatentheorie jedoch neue Anwendungsgebiete überall dort, wo es gilt, komplexe vernetzte dynamische Systeme zu analysieren und zu entwerfen.

Ein Meilenstein auf diesem Weg war die Arbeit von C. A. PETRI [67], mit der die Entwicklung der Netztheorie ihren Anfang nahm. Sie hat Bedingungs-/Ereignis-Systeme zum Gegenstand, in denen schrittweise Nachrichtenflüsse eine Rolle spielen. Petrinetze sind vom Ansatz her universeller als andere sequentielle Systemmodelle, da insbesondere auch Nebenläufigkeiten und Konkurrenzsituationen modelliert werden können [51], [64], [66], [77]. Bis vor kurzem wurden mit Petrinetzen fast nur Fragen der Modellbildung und Analyse diskreter Systeme behandelt. Inzwischen gibt es jedoch auch Ansätze zur Synthese diskreter Steuerungen [63], [65], [75].

Angesichts der auffallenden formalen Ähnlichkeit zwischen den Zustandsdarstellungen eines endlichen Automaten und eines klassischen dynamischen Systems kann es nicht überraschen, daß immer wieder Vorstöße unternommen wurden, die verschiedenen Systemklassen zu harmonisieren und aus einem einheitlichen Blickwinkel zu beleuchten. Ohne Anspruch auf Vollständigkeit seien hier vor allem die folgenden Autoren genannt, von denen drei bemerkenswerterweise praktisch gleichzeitig schon

Mitte der 70er Jahre wichtige Beiträge lieferten: D. BOCHMANN [53] hat den "Booleschen Differentialkalkül", der als mathematisches Werkzeug seit 1959 bekannt war [52], entscheidend weiterentwickelt, so daß technische Aufgabenstellungen damit angegangen werden konnten. Mit dem Booleschen Differentialkalkül wird der Begriff der *Änderung* Boolescher Ausdrücke faßbar und berechenbar gemacht. Mit ihm gelingt es insbesondere, die Zustandsgleichung eines Automaten formal als *Differentialgleichung* zu schreiben und damit eine Brücke zur klassischen *kontinuierlichen* Systemdynamik zu schlagen (siehe hierzu auch die neueren weiterführenden Arbeiten von R. SCHEURING und H. WEHLAN [75], [76]). Es wird auch auf ein weiteres Werk von D. BOCHMANN und C. POSTHOFF [54] hingewiesen, das leider vergriffen ist, sowie auf [55], [69].

Die Arbeit von F. PICHLER [68] versteht sich als Diskussionsbeitrag zum Aufbau einer mathematisch orientierten Systemtheorie. Basierend auf mengentheoretischen Begriffsbildungen hat sie zum Ziel, ganz unterschiedliche Systemklassen und insbesondere auch endliche Automaten unter dem gemeinsamen Dach der "Input-Output Konstruktionen" einheitlich zu sehen. Das Potential, das in dieser Darstellung gerade auch für Ingenieuranwendungen liegt, wurde möglicherweise noch nicht voll erkannt.

Das Buch von G. WUNSCH [25] zeigt auf, daß analoge Systeme und Automaten unter einem einheitlichen Gesichtspunkt betrachtet werden können, orientiert am Zustandsbegriff. In einer mathematisch nicht zu anspruchsvollen Weise gelingt es hier, diese Einheitlichkeit der Betrachtungsweise darzulegen. Im Mittelpunkt stehen dabei die linearen Systeme.

Nach den zeitgleichen Arbeiten von BOCHMANN, PICHLER und WUNSCH machen wir einen Sprung in die 80er Jahre, in denen meines Wissens erstmals der Begriff der "ereignisdiskreten dynamischen Systeme" (engl.: "discrete event dynamical systems", Abk.: DEDS) auftauchte, insbesondere in den wegweisenden Arbeiten von P. J. G. RAMADGE und W. M. WONHAM [71], [72], [80]. Basierend auf der Theorie der Automaten und formalen Sprachen ist es ein Hauptanliegen dieser Autoren, regelungstheoretische Begriffe und Ideen wie Steuerbarkeit, Beobachtbarkeit, dezentrale und hierarchische Regelung auf ereignisdiskrete Systeme in einer qualitativen logischen Hinsicht zu übertragen. Im Mittelpunkt steht dabei der Begriff des "supervisor", einer überwachenden Regelungseinrichtung. Mit ihr soll sichergestellt werden, daß durch Beobachtung der im Prozeß ablaufenden diskreten Ereignisse derart auf diesen steuernd eingewirkt wird, daß die Ereignisse in einer gewünschten, geordneten Folge ablaufen. Dieses Wunschverhalten wird mit dem wichtigen Begriff "legal trajectory" zum Ausdruck gebracht. Die Verzahnungen dieses Zugangs mit den sequentiellen Automaten und mit der Petrinetz-Theorie sind vielfältiger Natur und noch keineswegs voll erforscht.

Ereignisdiskrete Modelle spielen eine wichtige Rolle auch bei bestimmten Fragestellungen der Wirtschaftswissenschaften, insbesondere des Teilgebietes Operations Research. Das Problem der Optimierung von Maschinenbelegungsplänen bei der Fabrikautomatisierung ließ bereits Anfang der 60er Jahre eine Beschreibungsform entstehen, die sich für große Problemklassen als starkes Werkzeug erwiesen hat: die *Minimax-Algebra* [96], [97], [98]. Sie hat ihren Namen daher, daß die klassischen Operationen der Multiplikation und Addition zweier reeller Zahlen durch die beiden Operationen der Addition und der Maximum- (oder Minimum-) Bildung ersetzt werden. Bemerkenswerterweise werden bestimmte Materialflußprobleme in Produktionsprozessen, die in konventioneller Arithmetik zu nichtlinearen Modellen führen, *linear* in der Minimax-Algebra! Dies hat beispielsweise zur Folge, daß dem *Eigenwertbegriff* in dieser Algebra eine zentrale Bedeutung zukommt.

Generell kann gesagt werden, daß die Grundlagenforschung auf dem Gebiet der ereignisdiskreten Systeme noch am Anfang steht. Charakteristisch für eine derartige Phase ist die intensive parallele Verfolgung ganz verschiedenartiger Ansätze, deren jeweilige Vor- und Nachteile sich erst im Laufe der Zeit herauskristallisieren werden.

In diesem Sinne möchte auch das vorliegende Buch einen Beitrag zur aktuellen Fachdiskussion leisten. Sein Anliegen ist eine *Gegenüberstellung endlicher Automaten und klassischer zeitdiskreter Systeme in regelungsdynamischer Hinsicht.* Neu im Vergleich zur bekannten Literatur ist die Verwendung einer *gemeinsamen Algebra* für die scheinbar so verschiedenartigen Systemklassen. Auf diese Weise gelingt es, sehr viel mehr an Gemeinsamkeiten herauszuarbeiten, als seither vermutlich für möglich gehalten wurde. Das gilt für die Analyse ebenso wie für Techniken der Synthese [57], [58].

Was mit der angesprochenen gemeinsamen Algebra gemeint ist, geht andeutungsweise bereits aus der Behandlung des Tankbeispiels im Abschnitt 1.3 hervor. Mit den Gln. (1.29) und (1.32) wurde exemplarisch gezeigt, *daß es offenbar keiner Booleschen Rechenoperationen bedarf, um Boolesche Funktionen darzustellen.* Man kann vielmehr auf gewöhnliche arithmetische Operationen zurückgreifen. Diese Idee wird im Kapitel 2 näher ausgeführt. Schrittweise wird zunächst für den Fall weniger Variabler und dann für den allgemeinen Fall von n Variablen gezeigt, daß sich jede vollständig definierte Boolesche Funktion *eindeutig* als multilineare Funktion der Variablen darstellen läßt. Diese Funktionen haben den gleichen Aufbau wie die seit 1928 (!) bekannten SHEGALKIN-Polynome [53], [104], jedoch sind die Booleschen Operationen Antivalenz und Konjunktion durch die arithmetischen Operationen Addition und Multiplikation ersetzt. Nach diesem Prinzip lassen sich auch die Überführungsfunktion $f(x,u)$ und die Ergebnisfunktion $g(x,u)$ darstellen, die die rechten Seiten der Automatenzustandsgleichungen (1.36), (1.37) bilden. Auf diese Weise wird eine größere Nähe zwischen Automat und Abtastsystem hergestellt, als dies mit Boolescher Algebra möglich wäre.

Der Vorschlag, die Boolesche Algebra in der skizzierten Weise zu arithmetisieren, ist nicht völlig neu. Die Darstellung Boolescher Funktionen durch arithmetische Polynome ist in der Wahrscheinlichkeits- und Zuverlässigkeitstheorie seit Anfang der 60er Jahre bekannt und hat dort zu vertieften Einsichten bei der Beurteilung der Zuverlässigkeit von Mehrkomponenten-Systemen geführt ([99] bis [103]). Querverbindungen bestehen auch zur sogenannten "Harmonischen Analyse von Schaltfunktionen" [27], [31], [37]. Jedoch wurde seither nicht der Versuch unternommen, arithmetische Beschreibungsformen Boolescher Funktionen als Ansatz in regelungstechnisch interpretierten Automatenmodellen zu verwenden und auf dieser Basis Analyse- und Synthesemethoden für binäre dynamische Systeme zu entwickeln. Dieser Weg wird erstmals mit dem vorliegenden Buch beschritten.

Im Kapitel 3 werden einige spezielle Klassen Boolescher Funktionen $f(x,u)$ in der Reihenfolge zunehmender Einfachheit vorgestellt, bis hin zu den linearen Funktionen in $x$ und $u$. Man beachte, daß Linearität hier im Sinne der gewöhnlichen Arithmetik verstanden wird und nicht im Sinn der traditionellen linearen Automatentheorie! Bereits im Kapitel 3 wird angedeutet, welche Folgerungen sich daraus für das dynamische Verhalten eines Automaten ergeben, wenn die rechte Seite $f(x,u)$ seiner Zustandsgleichung von einer der angesprochenen speziellen Formen ist. Eine Schlüsselrolle des Eigenwertbegriffs kristalliert sich heraus. Neben den vollständig definierten Booleschen Funktionen werden die in den praktischen Anwendungen mindestens ebenso wichtigen unvollständig definierten Booleschen Funktionen besprochen. Es wird gezeigt, wie man die unvollständige Information der Schalttabelle nutzen kann, um zu möglichst einfachen, insbesondere in bestimmten Fällen zu algebraisch linearen Funktionsdarstellungen zu gelangen. Die beschriebene Methode läßt sich als "nichtbinäre Vervollständigung unvollständig definierter Boolescher Funktionen" charakterisieren. In diesem Zusammenhang erweist sich die Klasse der *vollständig* definierten, algebraisch linearen Automaten zwar als recht klein, immerhin gehören aber die wichtigen Stückguttransportprozesse und gewisse Varianten dazu. Wesentlich größer ist die Klasse der *unvollständig* definierten, algebraisch linearen Automaten.

Von daher erschien es angebracht, im 4. Kapitel die algebraisch linearen Automaten etwas eingehender zu beleuchten, vor allem hinsichtlich ihrer Struktureigenschaften. Die Absicht des Kapitels liegt darin, so weit wie möglich Analogien zwischen linearen Abtastsystemen und algebraisch linearen Automaten herauszuarbeiten, aber auch auf Unterschiede hinzuweisen, die sich aus dem binären Charakter der Systemgrößen ergeben. Im Mittelpunkt steht - ganz im Unterschied zur gängigen Literatur über lineare Automaten - der *Eigenwertbegriff.* Auch die wichtigen Struktureigenschaften Steuerbarkeit und Beobachtbarkeit bis hin zum Beobachterentwurf werden behandelt.

Nach diesen Vorbereitungen führt ein geradliniger Weg von den bekannten Regelungskonzepten zeitdiskreter Systeme im Zustandsraum hin zum Entwurf binärer Rückkopplungsstrukturen für algebraisch lineare Binärprozesse im 5. Kapitel. Das Konzept der konstanten algebraisch linearen Zustandsrückführung wird ebenso erläutert wie der Entwurf dynamischer binärer Regler und die modellgestützte Vorsteuerung. Bemerkenswert erscheint bei diesen Vorschlägen vor allem, daß die *Entwurfsverfahren für klassische DDC-Algorithmen (Direct Digital Control) bei Beachtung einiger Besonderheiten direkt auf den Entwurf diskreter Steuerungen für binäre dynamische Systeme übertragen werden können.*

Im Kapitel 6 wird die spezielle Klasse der algebraisch linearen Binärprozesse verlassen. In einem Ausblick wird aufgezeigt, wie man auch für multilineare Automatenmodelle mit arithmetischen Mitteln binäre Rückkopplungsstrukturen entwerfen kann. Zunächst wird eine Methode vorgestellt, die auf eine "globale Linearisierung" in dem Sinn abzielt, daß das rückgekoppelte Gesamtsystem als algebraisch linearer Automat erscheint. Auf diesen sind dann wieder die Begriffsbildungen und Methoden (z.B. Eigenwertvorgabe) aus Kapitel 4 und 5 anwendbar. Weiterhin wird an zwei Beispielen gezeigt, wie man arithmetisch unter Verzicht auf globale Linearisierung aufgabengemäße Steuergesetze entwerfen kann. Eine unkonventionelle Querverbindung zur Direkten Methode von Ljapunow wird hergestellt mit dem Ziel, Zyklen in binären dynamischen Systemen zu erkennen.

Kapitel 7 schließlich verläßt den Bereich binärer Größen und wendet sich den unscharfen (fuzzy) Mengen zu. Die arithmetisch formulierten SHEGALKIN-Polynome eröffnen einen interessanten Zugang zur Fuzzy Logik und Fuzzy Regelung, weil sie ohne weiteres auf beliebige Zwischenwerte aller Variablen aus dem Intervall [0,1] anwendbar sind. Es wird eine sehr einfache Variante der Fuzzy Regelung vorgeschlagen, die unter Verzicht auf die sonst üblichen Operationen "Fuzzifizierung" und "Defuzzifizierung" den Fuzzy Regler direkt aus arithmetischen SHEGALKIN-Polynomen aufbaut. Sein multilinearer Charakter ermöglicht in einfacher Weise eine Kombination des Fuzzy Reglerentwurfs mit klassischen Stabilitätskonzepten, insbesondere der Direkten Methode von Ljapunow. Am Beispiel der Fuzzy Abtastregelung eines Zwei-Tank-Systems wird das Vorgehen erläutert.

Insgesamt erweist sich so die multilineare arithmetische Darstellung Boolescher Funktionen als ein recht universeller Zugang zur Lösung ganz verschiedenartiger Aufgabenstellungen moderner Prozeßautomatisierung. Der benötigte mathematische Formalismus hält sich in Grenzen und lehnt sich eng an die weithin vertraute Welt der kontinuierlichen und zeitdiskreten klassischen Systemdynamik an. Der Stil dieses Buches ist über weite Strecken exemplarisch gehalten. Vollständigkeit der Darstellung ist ebensowenig angestrebt wie mathematische Strenge. Viele Fragen sind noch unbeantwortet und bieten dem interessierten Leser die Möglichkeit zu eigener Betätigung auf diesem faszinierenden Gebiet.

# 2 Ein stetiges algebraisches Äquivalent Boolescher Schaltfunktionen

## 2.1 Schaltfunktionen und ihre Implementierung mit Schaltern

Unter einer *Schaltfunktion* $y = f(x_1, ..., x_n)$ werde im folgenden in Übereinstimmung mit der Neufassung DIN 19226, Teil 3, eine Funktion verstanden, bei der die Eingangsgrößen $x_1, ..., x_n$ und die Ausgangsgröße y nur endlich viele Werte annehmen können, also Schaltgrößen sind. Wegen ihrer überragenden praktischen Bedeutung beschränken wir uns auf *Boolesche* Schaltfunktionen, deren Ein- und Ausgangsgrößen *binäre* Schaltgrößen sind. Wie allgemein üblich werden die beiden möglichen Werte binärer Variabler im weiteren zu 0 und 1 gewählt. Zur Charakterisierung dieses Wertevorrates einer Booleschen Variablen x wird gelegentlich auch $x \in \{0,1\}$ geschrieben.

Die *Schaltalgebra* oder *Boolesche Algebra* stellt gestützt auf Axiome die Rechenregeln zur Verknüpfung binärer Schaltgrößen bereit. Diese Algebra ist seit langem bekannt und in der einschlägigen Fachliteratur ausführlich dargestellt, z.B. in [28], [29], [33], [38]. Hier soll auch deshalb nicht nochmals darauf eingegangen werden, weil dieses Kapitel eine neuere Beschreibungsform Boolescher Funktionen zum Gegenstand hat. Lediglich die wichtigsten Grundverknüpfungen seien kurz anhand ihrer *Schalttabellen* in Erinnerung gebracht (Tabelle 2.1).

Der oben definierte Begriff der binären Schaltfunktion, veranschaulicht durch die soeben aufgelisteten Grundfunktionen, stützt sich auf den speziellen Charakter der Eingangs*größen* und Ausgangs*größen*. Als binäre Schaltgrößen können diese nur zwischen den beiden Werten 0 und 1 hin- und hergeschaltet werden. Über Stetigkeit oder Unstetigkeit der *Funktion* selbst ist damit noch nichts ausgesagt. Dennoch verbindet sich mit dem Begriff der Schaltfunktion nahezu zwangsläufig die Vorstellung von einer "schaltenden" Funktion im unmittelbaren Wortsinn. In der Tat werden Boolesche Schaltfunktionen zur Realisierung mathematisch-logischer Zusammenhänge in der Datenverarbeitung und in der binären Steuerungstechnik seit jeher durch Schalter implementiert. Die in den Anfängen verbreiteten mechanischen Relais- und Schützsteuerungen wurden abgelöst durch die als Schalter eingesetzten Elektronenröhren und diese wiederum durch Schalttransistoren. Jedermann weiß, daß heute hoch integrierte

**Tabelle 2.1** Boolesche Grundfunktionen

Negation einer Booleschen Variablen: $y = \bar{x}$

| x | y |
|---|---|
| 0 | 1 |
| 1 | 0 |

---

UND- Verknüpfung
(Konjunktion):

$y = x_1 \wedge x_2$

| $x_2$ | $x_1$ | y |
|---|---|---|
| 0 | 0 | 0 |
| 0 | 1 | 0 |
| 1 | 0 | 0 |
| 1 | 1 | 1 |

NOR- Verknüpfung
(negiertes ODER):

$y = \overline{x_1 \vee x_2}$

| $x_2$ | $x_1$ | y |
|---|---|---|
| 0 | 0 | 1 |
| 0 | 1 | 0 |
| 1 | 0 | 0 |
| 1 | 1 | 0 |

ODER- Verknüpfung
(Disjunktion):

$y = x_1 \vee x_2$

| $x_2$ | $x_1$ | y |
|---|---|---|
| 0 | 0 | 0 |
| 0 | 1 | 1 |
| 1 | 0 | 1 |
| 1 | 1 | 1 |

Äquivalenz:

$y = x_1 \leftrightarrow x_2$

| $x_2$ | $x_1$ | y |
|---|---|---|
| 0 | 0 | 1 |
| 0 | 1 | 0 |
| 1 | 0 | 0 |
| 1 | 1 | 1 |

NAND- Verknüpfung
(negiertes UND):

$y = \overline{x_1 \wedge x_2}$

| $x_2$ | $x_1$ | y |
|---|---|---|
| 0 | 0 | 1 |
| 0 | 1 | 1 |
| 1 | 0 | 1 |
| 1 | 1 | 0 |

Antivalenz
(Modulo-2-Addition):

$y = x_1 \nleftrightarrow x_2$

| $x_2$ | $x_1$ | y |
|---|---|---|
| 0 | 0 | 0 |
| 0 | 1 | 1 |
| 1 | 0 | 1 |
| 1 | 1 | 0 |

elektronische Funktionseinheiten digitaler Schaltkreise zur Verfügung stehen und daß die Entwicklung hin zur Hochintegration noch längst nicht abgeschlossen ist.

Neben den eben beschriebenen Implementierungsformen Boolescher Schaltfunktionen ausschließlich mittels Schaltern ist eine bemerkenswerte weitere Möglichkeit bekannt: Die Verwendung sogenannter "Schwellwertelemente" [24], [30], [32], [36]. Dabei wird die Boolesche Funktion

$$y = f(x_1, ..., x_n) \tag{2.1}$$

in zwei Teilfunktionen zerlegt. Zunächst wird eine *stetige gewöhnliche* Funktion

$$\tilde{y} = \tilde{f}(x_1, ..., x_n) = \tilde{f}(x) \tag{2.2}$$

angesetzt, im einfachsten Fall linear in den $x_i$:

$$\tilde{y} = c_0 + \sum_{i=1}^{n} c_i \, x_i. \tag{2.3}$$

Diese Gleichung enthält keinerlei schaltalgebraische Operationen, sondern nur die gewöhnliche Addition und die Multiplikation mit *nicht binären* "Gewichtsfaktoren" $c_i$. Daher ist auch die Größe $\tilde{y}$ im allgemeinen keine Binär-, sondern eine Dezimalzahl. Die zweite Teilfunktion ist dann der Schalter

$$y = \begin{cases} 0 \text{ für } \tilde{y} \leq 0, \\[2ex] 1 \text{ für } \tilde{y} > 0. \end{cases} \tag{2.4}$$

Bild 2.1 zeigt das Strukturbild der Booleschen Funktion (2.1) mittels (2.3) und (2.4) unter Verwendung elementarer Übertragungsblöcke, wie sie in der Regelungstechnik üblich sind.

Die Darstellung einer gegebenen Booleschen Funktion als Schwellwertelement läuft auf die Aufgabe hinaus, die Funktion $\tilde{f}(x)$ geeignet zu bestimmen. Diese Funktion

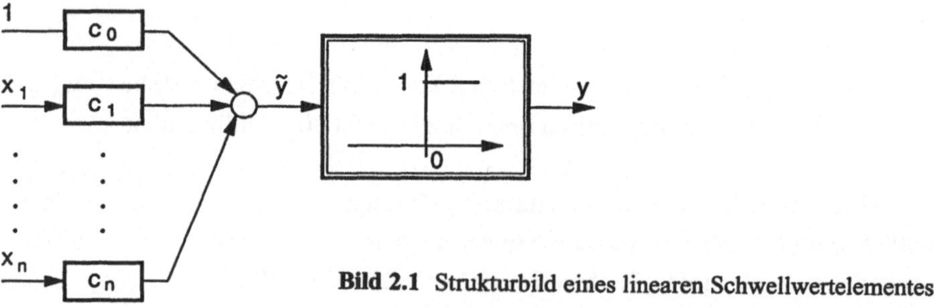


**Bild 2.1**  Strukturbild eines linearen Schwellwertelementes

wird auch als *Trennflächenklassifikator* bezeichnet, ein Begriff aus dem Gebiet der Mustererkennung. Im Fall des *linearen* Trennflächenklassifikators (2.3) hat man also die Koeffizienten $c_0$, ..., $c_n$ geeignet zu bestimmen. Die Darstellung einer Booleschen Funktion nach (2.3) und (2.4) heißt "Lineares Schwellwertelement".

Ein gewisser Nachteil dieser Darstellung liegt darin, daß nicht für jede Boolesche Funktion ein lineares Schwellwertelement existiert [24], [35]. Die linearen Schwellwertfunktionen sind also eine Untermenge aller Booleschen Funktionen. In [24] wird dies besonders anschaulich erläutert. Dort wird auch als Abhilfe eine vorgeschaltete Transformation des Vektors x vorgeschlagen, ein sogenanntes "Merkmalsfilter". Es fehlt jedoch an systematischen Methoden zur Bestimmung des Merkmalsfilters und des Trennflächenklassifikators. Schwellwertelemente sind übrigens auch die Grundbausteine "Künstlicher Neuronaler Netze" [92], [95], die in verschiedenen wissenschaftlichen Disziplinen derzeit von großem Interesse sind.

Im Hinblick auf das weitere Vorgehen sei eine Besonderheit der Schwellwertelemente nochmals herausgestellt: Wenngleich mit ihnen eine logische Verknüpfung binärer Größen dargestellt wird, so sind doch die schaltalgebraischen Operationen ersetzt worden durch gewöhnliche algebraische Operationen. Diese sind im Fall des linearen Schwellwertelements sogar besonders einfach (Bild 2.1). Lediglich das nichtlineare Zweipunktglied erinnert noch an eine Boolesche Verknüpfung.

Dies ist der Ansatzpunkt für die in den nächsten Abschnitten schrittweise entwickelte Beschreibungsform Boolescher Funktionen. Sie kommt völlig mit gewöhnlichen arithmetischen Operationen aus. Von den Schwellwertelementen unterscheidet sie sich durch das Fehlen jeglicher Schalter. Damit hat diese Beschreibungsform den Vorzug, ein *stetiges* algebraisches Äquivalent bekannter Beschreibungsformen Boolescher Funktionen zu sein.

## 2.2  Ein stetiges algebraisches Äquivalent zur Negation

Zur Beschreibung der Negation

$$y = \bar{x},\qquad\qquad\qquad\qquad\qquad\qquad\qquad (2.5)$$

$x, y \in \{0,1\}$, mit der zugehörigen Schalttabelle (siehe Tabelle 2.1) wird der Ansatz

$$y = a_0 + a_1 \cdot x\qquad\qquad\qquad\qquad\qquad\qquad (2.6)$$

gemacht im Sinne der gewöhnlichen Arithmetik. Die Koeffizienten $a_0$ und $a_1$ sind nicht binär. Zu ihrer Bestimmung ergeben sich aus der Schalttabelle die Gleichungen

$$a_0 + 0 \cdot a_1 = 1,$$

$$a_0 + a_1 = 0.$$

Die eindeutige Lösung ist $a_0 = 1$, $a_1 = -1$.
Damit ist

$$y = 1 - x \tag{2.7}$$

eine stetige algebraische Darstellung der Negation nach (2.5). Die Beziehung ist sogar *linear* in x (vgl. Bild 1.5). Der lineare Ansatz (2.6) mit zwei Koeffizienten führte hier zum Ziel, weil für eine Boolesche Funktion *einer* Variablen die Schalttabelle nur $2^1 = 2$ Zeilen enthält.

Die Negation ist bekanntermaßen nicht die einzig mögliche Boolesche Funktion einer Variablen. Verallgemeinert man die Schalttabelle der Negation wie in Tabelle 2.2 dargestellt, so kann für jeden der beiden Ausgangswerte $y^{(1)}$ und $y^{(2)}$ die Null oder die Eins spezifiziert werden.

Für  $y^{(1)} = y^{(2)} = 0$    wird  $y \equiv 0$  (Nullfunktion).

Für  $y^{(1)} = 0,\ y^{(2)} = 1$   wird  $y = x$  (Identität).

Für  $y^{(1)} = 1,\ y^{(2)} = 0$   wird  $y = \bar{x}$  (Negation).

Für  $y^{(1)} = 1,\ y^{(2)} = 1$   wird  $y \equiv 1$  (Einsfunktion).

**Tabelle 2.2** Allgemeine Schalttabelle einer Booleschen Funktion einer Variablen

| x | y |
|---|---|
| 0 | $y^{(1)}$ |
| 1 | $y^{(2)}$ |

Von praktischer Bedeutung ist nur die Negation. Die Koeffizienten $a_0$ und $a_1$ in (2.6) lassen sich jedoch auch aus der allgemeinen Schalttabelle bestimmen:

$$a_0 + 0 \cdot a_1 = y^{(1)},$$

$$a_0 + a_1 = y^{(2)},$$

in Vektorform

$$\begin{bmatrix} 1 & 0 \\ 1 & 1 \end{bmatrix} \cdot \begin{bmatrix} a_0 \\ a_1 \end{bmatrix} = \begin{bmatrix} y^{(1)} \\ y^{(2)} \end{bmatrix} . \tag{2.8}$$

Da die Koeffizientenmatrix regulär ist, ergibt sich mittels Matrixinversion die eindeutige Lösung

$$\begin{bmatrix} a_0 \\ a_1 \end{bmatrix} = \begin{bmatrix} 1 & 0 \\ -1 & 1 \end{bmatrix} \cdot \begin{bmatrix} y^{(1)} \\ y^{(2)} \end{bmatrix} , \tag{2.9}$$

im einzelnen also

$$a_0 = y^{(1)},$$

$$a_1 = - y^{(1)} + y^{(2)}.$$


## 2.3  Funktionen in zwei Variablen

Für eine Boolesche Funktion zweier Schaltgrößen,

$$y = f(x_1, x_2), \tag{2.10}$$

$x_1$, $x_2$, $y \in \{0,1\}$, ist in der Schalttabelle den $2^2 = 4$ Eingangskombinationen je ein binärer Ausgangswert nach Tabelle 2.3 zuzuordnen.

**Tabelle 2.3** Allgemeine Schalttabelle einer Booleschen Funktion zweier Variabler

| $x_2$ | $x_1$ | $y$ |
|-------|-------|-----|
| 0 | 0 | $y^{(1)}$ |
| 0 | 1 | $y^{(2)}$ |
| 1 | 0 | $y^{(3)}$ |
| 1 | 1 | $y^{(4)}$ |

Mit einem linearen Ansatz

$$y = a_0 + a_1 x_1 + a_2 x_2$$

kommt man hier offenbar nicht weiter, da er mit nur drei Parametern der vierzeiligen Schalttabelle im allgemeinen nicht gerecht werden kann. Daher geht man zu dem *bilinearen* Ansatz

$$y = a_0 + a_1 x_1 + a_2 x_2 + a_{12} x_1 x_2 \qquad (2.11)$$

mit vier Parametern über. Ein weitergehender quadratischer Ansatz mit den Termen $a_{11} x_1^2$ und $a_{22} x_2^2$ brächte keine zusätzliche Information, da ja stets $x_i^2 = x_i$ gilt! Die Koeffizienten $a_0$, $a_1$, $a_2$ und $a_{12}$ sind wieder nicht binär, und die Addition ist im arithmetischen Sinn zu verstehen.

Anhand der Schalttabelle 2.3 ergeben sich für die Koeffizienten die folgenden Bestimmungsgleichungen:

$$a_0 \qquad\qquad\qquad = y^{(1)},$$

$$a_0 + a_1 \qquad\qquad = y^{(2)},$$

$$a_0 \qquad + a_2 \qquad = y^{(3)},$$

$$a_0 + a_1 \quad + a_2 \quad + a_{12} = y^{(4)},$$

in Vektorform:

$$
\begin{bmatrix} 1 & 0 & 0 & 0 \\ 1 & 1 & 0 & 0 \\ 1 & 0 & 1 & 0 \\ 1 & 1 & 1 & 1 \end{bmatrix} \cdot \begin{bmatrix} a_0 \\ a_1 \\ a_2 \\ a_{12} \end{bmatrix} = \begin{bmatrix} y^{(1)} \\ y^{(2)} \\ y^{(3)} \\ y^{(4)} \end{bmatrix} . \tag{2.12}
$$

Wie man sieht, ist die Koeffizientenmatrix regulär. Man erhält daher bei beliebig gegebener rechter Seite die eindeutige Lösung

$$
\begin{bmatrix} a_0 \\ a_1 \\ a_2 \\ a_{12} \end{bmatrix} = \begin{bmatrix} 1 & 0 & 0 & 0 \\ -1 & 1 & 0 & 0 \\ -1 & 0 & 1 & 0 \\ 1 & -1 & -1 & 1 \end{bmatrix} \cdot \begin{bmatrix} y^{(1)} \\ y^{(2)} \\ y^{(3)} \\ y^{(4)} \end{bmatrix} . \tag{2.13}
$$

Damit liegt die stetige bilineare Funktion fest. Um eine konkrete Vorstellung von der Art dieser Funktionen zu geben, werden die Booleschen Grundfunktionen aus Abschnitt 2.1 in der neuen Beschreibungsform ermittelt.

Für die *UND-Verknüpfung* $y = x_1 \wedge x_2$ gilt $y^{(1)} = y^{(2)} = y^{(3)} = 0$, $y^{(4)} = 1$. Damit wird nach (2.13) $a_0 = a_1 = a_2 = 0$, $a_{12} = 1$, folglich nach (2.11)

$$
y = x_1 x_2 . \tag{2.14}
$$

Wie man sieht, ist die gewöhnliche Multiplikation der UND-Verknüpfung äquivalent.

Für die *ODER-Verknüpfung* $y = x_1 \vee x_2$ gilt $y^{(1)} = 0$, $y^{(2)} = y^{(3)} = y^{(4)} = 1$. Damit wird nach (2.13) $a_0 = 0$, $a_1 = a_2 = 1$, $a_{12} = -1$, folglich nach (2.11)

$$
y = x_1 + x_2 - x_1 x_2 . \tag{2.15}
$$

Für die *NAND-Verknüpfung* $y = \overline{x_1 \wedge x_2}$ gilt $y^{(1)} = y^{(2)} = y^{(3)} = 1$, $y^{(4)} = 0$. Damit wird nach (2.13) $a_0 = 1$, $a_1 = a_2 = 0$, $a_{12} = -1$, folglich nach (2.11)

$$
y = 1 - x_1 x_2 . \tag{2.16}
$$

Für die *NOR-Verknüpfung* $y = \overline{x_1 \vee x_2}$ gilt $y^{(1)} = 1$, $y^{(2)} = y^{(3)} = y^{(4)} = 0$. Damit wird nach (2.13) $a_0 = 1$, $a_1 = a_2 = -1$, $a_{12} = 1$, folglich nach (2.11)

$$y = 1 - x_1 - x_2 + x_1 x_2. \tag{2.17}$$

Für die *Äquivalenz* $y = x_1 \longleftrightarrow x_2$ gilt $y^{(1)} = 1$, $y^{(2)} = y^{(3)} = 0$, $y^{(4)} = 1$. Damit wird nach (2.13) $a_0 = 1$, $a_1 = a_2 = -1$, $a_{12} = 2$, folglich nach (2.11)

$$y = 1 - x_1 - x_2 + 2x_1 x_2. \tag{2.18}$$

Für die *Antivalenz* $y = x_1 \mapsto\!\!\leftarrow x_2$ gilt $y^{(1)} = 0$, $y^{(2)} = y^{(3)} = 1$, $y^{(4)} = 0$. Damit wird nach (2.13) $a_0 = 0$, $a_1 = a_2 = 1$, $a_{12} = -2$, folglich nach (2.11)

$$y = x_1 + x_2 - 2x_1 x_2. \tag{2.19}$$

## 2.4  Funktionen in drei Variablen

Bevor die allgemeine Boolesche Funktion in n Variablen behandelt wird, soll noch die Funktion in drei Variablen besprochen werden, da dieser Fall das Erkennen gewisser Bildungsgesetze erleichtert. Für eine Boolesche Funktion dreier Schaltgrößen

$$y = f(x_1, x_2, x_3), \tag{2.20}$$

$x_1$, $x_2$, $x_3$, $y \in \{0,1\}$, ist in der Schalttabelle den $2^3 = 8$ Eingangskombinationen je ein binärer Ausgangswert zuzuordnen (Tabelle 2.4).

**Tabelle 2.4** Allgemeine Schalttabelle einer Booleschen Funktion dreier Variabler

| $x_3$ | $x_2$ | $x_1$ | $y$ |
|-------|-------|-------|-----|
| 0 | 0 | 0 | $y^{(1)}$ |
| 0 | 0 | 1 | $y^{(2)}$ |
| 0 | 1 | 0 | $y^{(3)}$ |
| 0 | 1 | 1 | $y^{(4)}$ |
| 1 | 0 | 0 | $y^{(5)}$ |
| 1 | 0 | 1 | $y^{(6)}$ |
| 1 | 1 | 0 | $y^{(7)}$ |
| 1 | 1 | 1 | $y^{(8)}$ |

In sinngemäßer Erweiterung des bilinearen Ansatzes (2.11) wird jetzt die *multilineare* Funktion

$$y = a_0 + a_1 x_1 + a_2 x_2 + a_3 x_3 +$$

$$+ a_{12} x_1 x_2 + a_{13} x_1 x_3 + a_{23} x_2 x_3 + a_{123} x_1 x_2 x_3 \qquad (2.21)$$

angesetzt. Aus den im Abschnitt 2.3 genannten Gründen ($x_i = x_i^2 = x_i^3$) bringen auch jetzt Potenzterme keine zusätzliche Information.

Der Leser, der mit den klassischen Normalformen Boolescher Funktionen vertraut ist, wird spätestens jetzt eine formale Verwandtschaft der hier gewählten multilinearen Funktionen (2.11) und (2.21) mit den SHEGALKIN-Polynomen [53], [104] erkennen. Diese haben formal den gleichen Aufbau, jedoch bedeutet dort das "+"-Zeichen die Antivalenz (oder was dasselbe ist: Addition modulo 2), und die a-Koeffizienten sind aus $\{0,1\}$. Ferner sind die multiplikativen Operationen in (2.21) durch die UND-Verknüpfung ersetzt. Die SHEGALKIN-Polynome werden in der Automatentheorie auch als *antivalente Normalform* bezeichnet.

Es ist jedoch gerade die ausschließliche Verwendung gewöhnlicher *arithmetischer* Operationen in (2.21), die der Denkweise der Regelungstechnik entgegenkommt und die zu neuen Einsichten bei der Behandlung binärer Steuerungen in den weiteren Kapiteln führen wird.

Anhand der Schalttabelle 2.4 ergeben sich für die Koeffizienten die folgenden Bestimmungsgleichungen, diesmal sogleich in Vektorschreibweise notiert:

$$\begin{bmatrix} 1 & 0 & 0 & 0 & 0 & 0 & 0 & 0 \\ 1 & 1 & 0 & 0 & 0 & 0 & 0 & 0 \\ 1 & 0 & 1 & 0 & 0 & 0 & 0 & 0 \\ 1 & 1 & 1 & 1 & 0 & 0 & 0 & 0 \\ 1 & 0 & 0 & 0 & 1 & 0 & 0 & 0 \\ 1 & 1 & 0 & 0 & 1 & 1 & 0 & 0 \\ 1 & 0 & 1 & 0 & 1 & 0 & 1 & 0 \\ 1 & 1 & 1 & 1 & 1 & 1 & 1 & 1 \end{bmatrix} \cdot \begin{bmatrix} a_0 \\ a_1 \\ a_2 \\ a_{12} \\ a_3 \\ a_{13} \\ a_{23} \\ a_{123} \end{bmatrix} = \begin{bmatrix} y^{(1)} \\ y^{(2)} \\ y^{(3)} \\ y^{(4)} \\ y^{(5)} \\ y^{(6)} \\ y^{(7)} \\ y^{(8)} \end{bmatrix} . \qquad (2.22)$$

Die Koeffizientenmatrix dieses linearen Gleichungssystems hat ebenso wie in den Fällen einer und zweier Eingangsgrößen untere Dreiecksform und ist darüber hinaus regulär, da alle Hauptdiagonalglieder von Null verschieden sind. Diese speziellen Matrixformen wurden erreicht durch die Art der Anordnung der $x_i$ im Kopf der Schalttabelle und durch die Reihenfolge der a-Koeffizienten bei der Schreibweise als Spaltenvektor.

Wegen der speziellen Dreiecksmatrix kann man (2.22) sukzessiv nach den gesuchten a-Koeffizienten auflösen. Man kann aber die eindeutige Lösung auch in geschlossener Form durch Matrixinversion anschreiben:

$$
\begin{bmatrix} a_0 \\ a_1 \\ a_2 \\ a_{12} \\ a_3 \\ a_{13} \\ a_{23} \\ a_{123} \end{bmatrix}
=
\begin{bmatrix}
1 & 0 & 0 & 0 & 0 & 0 & 0 & 0 \\
-1 & 1 & 0 & 0 & 0 & 0 & 0 & 0 \\
-1 & 0 & 1 & 0 & 0 & 0 & 0 & 0 \\
1 & -1 & -1 & 1 & 0 & 0 & 0 & 0 \\
-1 & 0 & 0 & 0 & 1 & 0 & 0 & 0 \\
1 & -1 & 0 & 0 & -1 & 1 & 0 & 0 \\
1 & 0 & -1 & 0 & -1 & 0 & 1 & 0 \\
-1 & 1 & 1 & -1 & 1 & -1 & -1 & 1
\end{bmatrix}
\cdot
\begin{bmatrix} y^{(1)} \\ y^{(2)} \\ y^{(3)} \\ y^{(4)} \\ y^{(5)} \\ y^{(6)} \\ y^{(7)} \\ y^{(8)} \end{bmatrix}
. \qquad (2.23)
$$

Ein willkürlich gewähltes Beispiel mag die Anwendung verdeutlichen:

Gegeben sei die Schalttabelle 2.5.

**Tabelle 2.5** Beispiel einer Booleschen Funktion in drei Variablen

| $x_3$ | $x_2$ | $x_1$ | $y$ |
|-------|-------|-------|-----|
| 0 | 0 | 0 | 1 |
| 0 | 0 | 1 | 0 |
| 0 | 1 | 0 | 0 |
| 0 | 1 | 1 | 1 |
| 1 | 0 | 0 | 0 |
| 1 | 0 | 1 | 1 |
| 1 | 1 | 0 | 1 |
| 1 | 1 | 1 | 0 |

Damit wird nach (2.23)

$$a_0 = 1, \ a_1 = -1, \ a_2 = -1, \ a_{12} = 2,$$

$$a_3 = -1, \ a_{13} = 2, \ a_{23} = 2, \ a_{123} = -4 \,.$$

Dazu gehört nach (2.21) die Schaltfunktion

$$y = 1 - x_1 - x_2 - x_3 + 2x_1x_2 + 2x_1x_3 + 2x_2x_3 - 4x_1x_2x_3.$$

## 2.5 Funktionen in n Variablen

Es bereitet jetzt keine Schwierigkeiten, auf den allgemeinen Fall einer Booleschen Funktion in n Variablen,

$$y = f(x_1, ..., x_n) = f(x), \qquad (2.24)$$

überzugehen. Die vollständige Schalttabelle einer derartigen Funktion weist den $2^n$ Eingangskombinationen die Werte $y^{(1)}$, ..., $y^{(2^n)}$ zu. In sinngemäßer Verallgemeinerung der zuvor betrachteten Funktionen weniger Variabler wird die Darstellung nach Tabelle 2.6 gewählt.

**Tabelle 2.6** Allgemeine Schalttabelle einer Booleschen Funktion in n Variablen

| $x_n$ | $x_{n-1}$ | . | . | . | . | $x_2$ | $x_1$ | $y$ |
|---|---|---|---|---|---|---|---|---|
| 0 | 0 | . | . | . | . | 0 | 0 | $y^{(1)}$ |
| 0 | 0 | . | . | . | . | 0 | 1 | $y^{(2)}$ |
| 0 | 0 | . | . | . | . | 1 | 0 | $y^{(3)}$ |
| . | . | | | | | . | . | . |
| . | . | | | | | . | . | . |
| . | . | | | | | . | . | . |
| 1 | 1 | . | . | . | . | 1 | 1 | $y^{(2^n)}$ |

Der Ansatz für die multilineare Funktion entspricht in seinem formalen Aufbau wieder völlig dem allgemeinen SHEGALKIN-Polynom [53], [104]:

$$y = f(x) = a_0 + \sum_{i=1}^{n} a_i x_i + \sum_{j=2}^{n} \sum_{i=1}^{j-1} a_{ij} x_i x_j +$$

$$+ \sum_{k=3}^{n} \sum_{j=2}^{k-1} \sum_{i=1}^{j-1} a_{ijk} x_i x_j x_k + ... + a_{123..n} x_1 x_2 x_3 ... x_n. \qquad (2.25)$$

Im Unterschied zu den SHEGALKIN-Polynomen treten jedoch nur die arithmetischen Operationen Addition und Multiplikation auf, und die a-Koeffizienten sind nicht binär. Die Anzahl N dieser Koeffizienten ist

$$N = 1 + \begin{bmatrix} n \\ 1 \end{bmatrix} + \begin{bmatrix} n \\ 2 \end{bmatrix} + ... + \begin{bmatrix} n \\ n \end{bmatrix} = 2^n, \tag{2.26}$$

entspricht also genau der Anzahl der Eingangskombinationen in der Schalttabelle.

Ordnet man nun die a-Koeffizienten zu dem Spaltenvektor

$$a = \quad [a_0, a_1, a_2, a_{12}, a_3, a_{13}, a_{23}, a_{123}, a_4, a_{14}, a_{24}, a_{124},$$

$$a_{34}, a_{134}, a_{234}, a_{1234}, a_5, ..., a_{123...n}]^T \tag{2.27}$$

an und die $y^{(i)}$ zu dem Spaltenvektor

$$y_S = [y^{(1)}, y^{(2)}, ..., y^{(2^n)}]^T, \tag{2.28}$$

so ergibt sich aus (2.25) in Verbindung mit der Schalttabelle ein lineares Gleichungssystem der Form

$$\Psi \cdot a = y_S . \tag{2.29}$$

Der Index S soll daran erinnern, daß in dem Vektor $y_S$ die y-Werte aus der *Schalttabelle* zusammengefaßt sind. Im Unterschied zu diesem Symbol wird die Bezeichnung y dann gewählt, wenn mehrere Ausgangsgrößen $y_1$, ... $y_q$ zu einem Vektor zusammengefaßt werden sollen.

Die $2^n$-reihige quadratische Koeffizientenmatrix $\Psi$ wurde in den vorigen Abschnitten für die Fälle n = 1, 2 und 3 bereits als untere Dreiecksmatrix erkannt. Sie behält diese Struktur auch bei allgemeinem n. Für n = 4 ist (2.29) detailliert in Gl. (2.30) wiedergegeben. Man erkennt in dieser Struktur ständig sich wiederholende Untermatrizen gleicher Belegung. Damit setzt sich für allgemeines n ein Prinzip der *Selbstähnlichkeit* fort, das bereits aus den Fällen n = 1, 2 und 3 ersichtlich wurde. Dieses Bildungsgesetz hat seine Ursache in der Art der Anordnung der Koeffizienten in dem Vektor a nach (2.27) und in der gegensinnigen Anordnung der $x_i$ im Kopf der Schalttabelle.

$$
\begin{bmatrix}
1 & 0 & 0 & 0 & & & & & & & & & & & & \\
1 & 1 & 0 & 0 & & & \mathbf{0} & & & & & & & & & \\
1 & 0 & 1 & 0 & & & & & & & \mathbf{0} & & & & & \\
1 & 1 & 1 & 1 & & & & & & & & & & & & \\
1 & 0 & 0 & 0 & 1 & 0 & 0 & 0 & & & & & & & & \\
1 & 1 & 0 & 0 & 1 & 1 & 0 & 0 & & & & & & & & \\
1 & 0 & 1 & 0 & 1 & 0 & 1 & 0 & & & & & & & & \\
1 & 1 & 1 & 1 & 1 & 1 & 1 & 1 & & & & & & & & \\
1 & 0 & 0 & 0 & & & & & 1 & 0 & 0 & 0 & & & & \\
1 & 1 & 0 & 0 & & & \mathbf{0} & & 1 & 1 & 0 & 0 & & & \mathbf{0} & \\
1 & 0 & 1 & 0 & & & & & 1 & 0 & 1 & 0 & & & & \\
1 & 1 & 1 & 1 & & & & & 1 & 1 & 1 & 1 & & & & \\
1 & 0 & 0 & 0 & 1 & 0 & 0 & 0 & 1 & 0 & 0 & 0 & 1 & 0 & 0 & 0 \\
1 & 1 & 0 & 0 & 1 & 1 & 0 & 0 & 1 & 1 & 0 & 0 & 1 & 1 & 0 & 0 \\
1 & 0 & 1 & 0 & 1 & 0 & 1 & 0 & 1 & 0 & 1 & 0 & 1 & 0 & 1 & 0 \\
1 & 1 & 1 & 1 & 1 & 1 & 1 & 1 & 1 & 1 & 1 & 1 & 1 & 1 & 1 & 1
\end{bmatrix}
\cdot
\begin{bmatrix}
a_0 \\ a_1 \\ a_2 \\ a_{12} \\ a_3 \\ a_{13} \\ a_{23} \\ a_{123} \\ a_4 \\ a_{14} \\ a_{24} \\ a_{124} \\ a_{34} \\ a_{134} \\ a_{234} \\ a_{1234}
\end{bmatrix}
=
\begin{bmatrix}
y^{(1)} \\ y^{(2)} \\ y^{(3)} \\ y^{(4)} \\ y^{(5)} \\ y^{(6)} \\ y^{(7)} \\ y^{(8)} \\ y^{(9)} \\ y^{(10)} \\ y^{(11)} \\ y^{(12)} \\ y^{(13)} \\ y^{(14)} \\ y^{(15)} \\ y^{(16)}
\end{bmatrix}
\qquad (2.30)
$$

$$\underset{\Psi}{} \qquad\qquad \Psi \cdot a = y_s$$

Insbesondere wird dadurch erreicht, daß die Fälle kleinerer n-Werte "geschachtelt" in den Gleichungen für größere n enthalten sind. So entspricht die zweireihige quadratische Untermatrix in der linken oberen Ecke von $\Psi$ in (2.30) gerade der $\Psi$-Matrix für n = 1 nach (2.8). Die vierreihige quadratische Untermatrix in der linken oberen Ecke von $\Psi$ in (2.30) entspricht der $\Psi$-Matrix für n = 2 nach (2.12), und die achtreihige quadratische Untermatrix in der linken oberen Ecke von $\Psi$ in (2.30) entspricht der $\Psi$-Matrix für n = 3 nach (2.22).

Ein derartiges Prinzip der Selbstähnlichkeit gilt auch für den Aufbau der jeweiligen Inversen $\Psi^{-1}$, die die explizite Auflösung der Gleichungen nach dem a-Vektor bewirken. Die Existenz dieser Inversen ist stets gegeben, da die $\Psi$-Matrizen untere Dreiecksform mit vollbesetzter Hauptdiagonale haben. So liefert die Inversion von (2.30) die Gl. (2.31). Auch diese Matrix hat untere Dreiecksform und weist ein sehr einfaches Koeffizientenmuster auf. Neben der 0-Matrix treten nur die beiden folgenden vierreihigen Untermatrizen auf:

$$
\begin{bmatrix}
1 & 0 & 0 & 0 \\
-1 & 1 & 0 & 0 \\
-1 & 0 & 1 & 0 \\
1 & -1 & -1 & 1
\end{bmatrix}
\quad \text{und} \quad
\begin{bmatrix}
-1 & 0 & 0 & 0 \\
1 & -1 & 0 & 0 \\
1 & 0 & -1 & 0 \\
-1 & 1 & 1 & -1
\end{bmatrix}.
$$

Wie man sieht, gehen sie durch Multiplikation mit (-1) auseinander hervor.

Auch jetzt sind die Fälle kleinerer n-Werte "geschachtelt" in den Gleichungen für größere n enthalten. Das zweireihige linke obere Quadrat von $\Psi$ entspricht (2.9), das vierreihige entspricht (2.13), und das achtreihige entspricht (2.23).

Anhand der speziellen Gestalt der Matrizen $\Psi$ und $\Psi^{-1}$ im Beispiel n = 4 ist der Übergang auf größere n-Werte nicht schwierig. Die einfachen Bildungsgesetze ermöglichen insbesondere ohne weiteres das Erstellen entsprechender Algorithmen zur rechnerischen Handhabung.

Am Beispiel der Gl. (2.31) sieht man übrigens unmittelbar, welche Zahlenwerte die Komponenten des Vektors **a** überhaupt annehmen können. Da die $y^{(i)}$ stets aus $\{0,1\}$ sind, können die **a**-Komponenten nur ganzzahlig sein. Weiterhin liest man aus (2.31) direkt den in der Tabelle 2.7 aufgelisteten Wertevorrat der **a**-Komponenten ab.

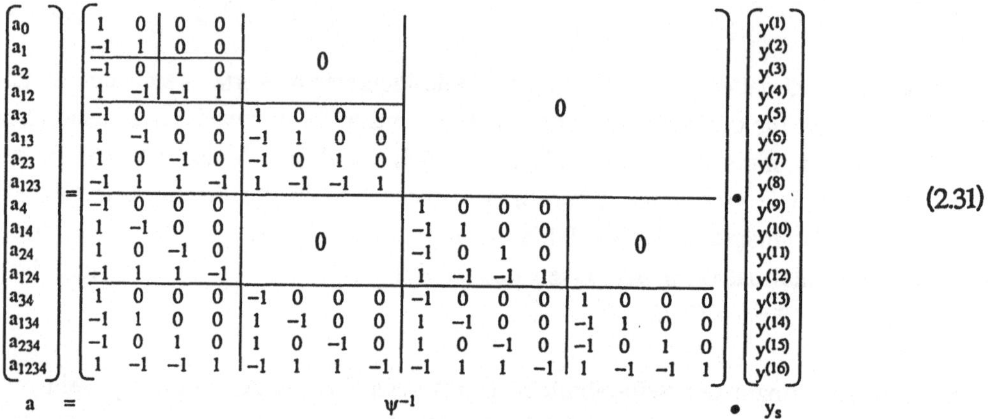

$$(2.31)$$

**Tabelle 2.7** Wertebereich der Komponenten des Koeffizientenvektors **a**

| Komponente | Mögliche Zahlenwerte |
|---|---|
| $a_0$ | 0,  1 |
| $a_1$ | $-1$,  0,  1 |
| $a_2$ | $-1$,  0,  1 |
| $a_{12}$ | $-2$,  $-1$,  0,  1,  2 |
| $a_3$ | $-1$,  0,  1 |
| $a_{13}$ | $-2$,  $-1$,  0,  1,  2 |
| $a_{23}$ | $-2$,  $-1$,  0,  1,  2 |
| $a_{123}$ | $-4$,  $-3$,  $-2$,  $-1$,  0,  1,  2,  3,  4 |
| $a_4$ | $-1$,  0,  1 |
| $a_{14}$ | $-2$,  $-1$,  0,  1,  2 |
| $a_{24}$ | $-2$,  $-1$,  0,  1,  2 |
| $a_{124}$ | $-4$,  $-3$,  $-2$,  $-1$,  0,  1,  2,  3,  4 |
| $a_{34}$ | $-2$,  $-1$,  0,  1,  2 |
| $a_{134}$ | $-4$,  $-3$,  $-2$,  $-1$,  0,  1,  2,  3,  4 |
| $a_{234}$ | $-4$,  $-3$,  $-2$,  $-1$,  0,  1,  2,  3,  4 |
| $a_{1234}$ | $-8$,  $-7$,  $-6$,  $-5$,  $-4$,  $-3$,  $-2$,  $-1$,  0, <br> 1,  2,  3,  4,  5,  6,  7,  8 |

Der Wertebereich fächert sich um so mehr auf, je mehr Indizes die a-Komponente trägt. Abgesehen vom Absolutglied $a_0$, das nur die Werte 0 und 1 annehmen kann, umfaßt der Wertebereich jedes $\ell$-fach indizierten Koeffizienten ($1 \leq \ell \leq n$) alle ganzen Zahlen von $-2^{\ell-1}$ bis $+2^{\ell-1}$.

## 2.6  Separation von Variablen und Parametern

Die stetige algebraische Darstellung Boolescher Schaltfunktionen nach (2.25) ist multilinear in den Eingangsgrößen $x_i$. Sie ist darüber hinaus auch *linear in allen Parametern*, die die Funktion festlegen und in (2.27) zu dem Parametervektor **a** zusammengefaßt sind. Man kann daher (2.25) auch als inneres Produkt zweier Vektoren schreiben,

$$y = f(x) = \varphi_n^T(x) \cdot a, \qquad (2.32)$$

was einer Separation von Eingangsvariablen und Parametern gleichkommt. Der Aufbau des $2^n$-dimensionalen Vektors $\varphi_n^T$ wird dabei *nur* durch die Dimension n des Eingangsvektors **x** bestimmt, was durch den Index n zum Ausdruck gebracht werden soll. Der Parametervektor **a** wird allein durch die konkret darzustellende Boolesche Funktion festgelegt.

So ist *stets*

für n = 1:

$$\varphi_1^T(x) = [1,x], \qquad (2.33)$$

für n = 2:

$$\varphi_2^T(x) = [1, x_1, x_2, x_1x_2], \qquad (2.34)$$

für n = 3:

$$\varphi_3^T(x) = [1, x_1, x_2, x_1x_2, x_3, x_1x_3, x_2x_3, x_1x_2x_3], \qquad (2.35)$$

usw.

Ordnet man der Schalttabelle 2.6 die Gleichungen

$$y^{(i)} = f(x^{(i)}), \qquad\qquad i = 1, ..., 2^n, \qquad\qquad\qquad (2.36)$$

zu, wobei $x^{(i)}$ der Eingangsbelegung der i-ten Zeile der Schalttabelle entspricht, so wird mit (2.32)

$$y^{(i)} = \varphi_n^T (x^{(i)}) \cdot a, \qquad\qquad i = 1, ..., 2^n,$$

kurz

$$y_S = \begin{bmatrix} \varphi_n^T (x^{(1)}) \\ \vdots \\ \varphi_n^T (x^{(2^n)}) \end{bmatrix} \cdot a. \qquad\qquad\qquad (2.37)$$

Die $2^n$-reihige quadratische Koeffizientenmatrix in (2.37) ist nichts anderes als die bereits in (2.29) eingeführte Matrix $\Psi$. Im Lichte der separierten Darstellung (2.32) ist somit die i-te Zeile der $\Psi$-Matrix gleich dem Zeilenvektor $\varphi_n^T (x^{(i)})$.

Eine zentrale Problemstellung in der binären Steuerungstechnik ist die aufgabengemäße Konstruktion Boolescher Verknüpfungen. Dies läuft auf die Bestimmung des Parametervektors $a$ in (2.32) hinaus. Hier wird sich die stetige algebraische Darstellung Boolescher Funktionen gerade auch für Synthesezwecke als vorteilhaft erweisen, da die gesuchten Parameter linear eingehen.


## 2.7 Funktionen binärer Eingangsgrößen u und binärer Zustandsgrößen x

Gegenstand der Automatentheorie sind dynamische Systeme der Form

$$x(k+1) = f[x(k), u(k)], \qquad\qquad\qquad (2.38)$$

$$y(k) = g[x(k), u(k)]. \qquad\qquad\qquad (2.39)$$

Dabei ist **u** ein p-dimensionaler Eingangsvektor, **x** ein n-dimensionaler Zustandsvektor und y ein q-dimensionaler Ausgangsvektor. Alle Komponenten von **u**, **x** und y sind aus $\{0,1\}$. Die vektorwertigen Booleschen Funktionen **f** und **g** heißen *Überführungs*- bzw. *Ergebnisfunktion*. Der Index k zählt die diskreten Schritte, die nicht zeitlich äquidistant abzulaufen brauchen (vgl. Abschnitt 1.3).

Um die Gln. (2.38) und (2.39) der in den vorigen Abschnitten eingeführten Beschreibungsform zugänglich zu machen, hat man lediglich der Partitionierung in **x** und **u** Rechnung zu tragen. Wegen der grundsätzlichen Gleichartigkeit der Funktionen **f** und **g** werde zunächst die Funktion **g**(**x**,**u**) näher betrachtet. Für die $\ell$-te Komponente von y gilt

$$y_\ell = g_\ell(\mathbf{x},\mathbf{u}). \qquad\qquad (2.40)$$

Wegen der Dimensionen von **x** und **u** ist dies eine Funktion in $(n + p)$ binären Variablen. Daher enthält die vollständige Schalttabelle $2^{(n+p)}$ Eingangskombinationen. Tabelle 2.8 zeigt zur Illustration den Fall $n = 2$, $p = 1$.

**Tabelle 2.8** Beispiel einer Schalttabelle zu Gl. (2.40)

| u | $x_2$ | $x_1$ | $y_\ell$ |
|---|---|---|---|
| 0 | 0 | 0 | $y_\ell^{(1)}$ |
| 0 | 0 | 1 | $y_\ell^{(2)}$ |
| 0 | 1 | 0 | $y_\ell^{(3)}$ |
| 0 | 1 | 1 | $y_\ell^{(4)}$ |
| 1 | 0 | 0 | $y_\ell^{(5)}$ |
| 1 | 0 | 1 | $y_\ell^{(6)}$ |
| 1 | 1 | 0 | $y_\ell^{(7)}$ |
| 1 | 1 | 1 | $y_\ell^{(8)}$ |

Bleiben wir zunächst bei diesem Beispiel, so entspricht die Schalttabelle genau dem Aufbau der früheren Tabelle 2.4, wenn man dort $x_3$ durch u und y durch $y_\ell$ ersetzt. Daher kann man jetzt in sinngemäßer Anwendung von Gl. (2.21) schreiben:

$$y_\ell = g_{\ell,0} + g_{\ell,1}\,x_1 + g_{\ell,2}x_2 + g_{\ell,3}u +$$

$$+ g_{\ell,12}\,x_1x_2 + g_{\ell,13}\,x_1u + g_{\ell,23}\,x_2u + g_{\ell,123}\,x_1x_2u. \qquad (2.41)$$

Man könnte zwar der Partitionierung in **x** und **u** dadurch Rechnung tragen, daß man für die Koeffizienten der x-abhängigen Terme in (2.41) andere Symbole verwendet als für die u-abhängigen Terme. Jedoch ginge dann der einfache Aufbau des seither verwendeten a-Vektors verloren. Es erscheint daher in diesem Stadium der Überlegungen einfacher und geradliniger, die seither verwendete Koeffizientensystematik beizubehalten.

Geht man also vom eben betrachteten Beispiel wieder zur allgemeinen Gl. (2.40) zurück, so empfiehlt sich ein Aufbau der Schalttabelle nach Art der Tabelle 2.9. Darin nimmt $u_\nu$ gewissermaßen den Platz einer gedachten Variablen $x_{n+\nu}$ ein, $\nu = 1, ..., p$.

**Tabelle 2.9** Schalttabelle einer Booleschen Funktion in p Eingangsgrößen und n Zustandsgrößen

| $u_p$ | $\cdots$ | $u_1$ | $x_n$ | $\cdots$ | $x_1$ | $y_\ell$ |
|---|---|---|---|---|---|---|
| 0 | $\cdots$ | 0 | 0 | $\cdots$ | 0 | $y_\ell^{(1)}$ |
| 0 | $\cdots$ | 0 | 0 | $\cdots$ | 1 | $y_\ell^{(2)}$ |
| $\vdots$ | | $\vdots$ | $\vdots$ | | $\vdots$ | $\vdots$ |
| 0 | $\cdots$ | 0 | 1 | $\cdots$ | 1 | $y_\ell^{(2^n)}$ |
| 0 | $\cdots$ | 1 | 1 | $\cdots$ | 1 | $y_\ell^{(2^n+1)}$ |
| $\vdots$ | | $\vdots$ | $\vdots$ | | $\vdots$ | $\vdots$ |
| 1 | $\cdots$ | 1 | 1 | $\cdots$ | 1 | $y_\ell^{(2^{n+p})}$ |

Die dieser Schalttabelle äquivalente multilineare algebraische Funktion

$$y_\ell = g_\ell(\mathbf{x},\mathbf{u})$$

hat dann in sinngemäßer Erweiterung von (2.25) den folgenden Aufbau:

$$y_\ell = g_{\ell,0} + \sum_{i=1}^{n} g_{\ell,i} x_i + \sum_{i=1}^{p} g_{\ell,n+i} u_i + \sum_{j=2}^{n} \sum_{i=1}^{j-1} g_{\ell,ij} x_i x_j + \sum_{j=1}^{p} \sum_{i=1}^{n} g_{\ell,i,n+j} x_i u_j +$$

$$+ \sum_{j=2}^{p} \sum_{i=1}^{j-1} g_{\ell,n+i,n+j} u_i u_j + \sum_{k=3}^{n} \sum_{j=2}^{k-1} \sum_{i=1}^{j-1} g_{\ell,ijk} x_i x_j x_k + \sum_{k=1}^{p} \sum_{j=2}^{n} \sum_{i=1}^{j-1} g_{\ell,ij,n+k} x_i x_j u_k +$$

$$+ \sum_{k=2}^{p} \sum_{j=1}^{k-1} \sum_{i=1}^{n} g_{\ell,i,n+j,n+k} x_i u_j u_k + \sum_{k=3}^{p} \sum_{j=2}^{k-1} \sum_{i=1}^{j-1} g_{\ell,n+i,n+j,n+k} u_i u_j u_k +$$

$$\vdots$$

$$+ g_{\ell,1,2,\dots,n+p}\, x_1 x_2 \dots x_n u_1 u_2 \dots u_p . \tag{2.42}$$

Faßt man die $g_\ell$-Koeffizienten nach dem in (2.27) für **a** eingeführten Schema zum Vektor $\mathbf{g}_\ell$ zusammen, so erhält man wieder ein lineares Gleichungssystem für diesen Vektor:

$$\Psi \cdot \mathbf{g}_\ell = \mathbf{y}_{S,\ell} \tag{2.43}$$

Die Komponenten des Vektors $\mathbf{y}_{S,\ell}$ sind die Werte $y_\ell^{(1)}, \dots, y_\ell^{(2^{n+p})}$ aus der Schalttabelle 2.9. Für die Koeffizientenmatrix $\Psi$ gilt das gleiche Aufbauschema wie im Abschnitt 2.5 besprochen. Daher kann auch der Aufbau der Inversen $\Psi^{-1}$ von dort übernommen werden, und der Koeffizientenvektor $\mathbf{g}_\ell$ ergibt sich explizit aus der Ergebnisspalte $\mathbf{y}_{S,\ell}$ der Schalttabelle 2.9:

$$\mathbf{g}_\ell = \Psi^{-1} \mathbf{y}_{S,\ell}, \qquad \ell = 1, \dots, q. \tag{2.44}$$

Faßt man noch alle Spalten $\mathbf{g}_\ell$ zur $(2^{n+p},q)$-Matrix $G$ und alle Spalten $\mathbf{y}_{S,\ell}$ zur $(2^{n+p},q)$-Matrix $Y_S$ zusammen, so kann man kurz

$$G = \Psi^{-1} \cdot Y_S \tag{2.45}$$

bzw.

$$Y_S = \Psi \cdot G \tag{2.46}$$

schreiben. Die Matrix G enthält alle zur Ergebnisfunktion g in (2.39) gehörigen Koeffizienten der äquivalenten multilinearen algebraischen Darstellung.

Genauso kann man auch mit der vektoriellen Überführungsfunktion f nach (2.38) verfahren. Die $\ell$-te Komponente dieser Gleichung sei

$$x_\ell(k+1) = f_\ell[x(k), u(k)] \; . \tag{2.47}$$

$x_{S,\ell}$ sei die Ergebnisspalte der zugehörigen Schalttabelle. Dann genügt der Koeffizientenvektor $f_\ell$ in der äquivalenten multilinearen algebraischen Darstellung der Gleichung

$$\Psi \cdot f_\ell = x_{S,\ell} \, , \qquad \ell = 1, ..., n, \tag{2.48}$$

wiederum mit der gleichen Koeffizientenmatrix $\Psi$ wie seither. Faßt man noch alle Spalten $f_\ell$ zur $(2^{n+p},n)$-Matrix F und alle Spalten $x_{S,\ell}$ zur $(2^{n+p},n)$-Matrix $X_S$ zusammen, so kann man kurz

$$X_S = \Psi \cdot F \tag{2.49}$$

bzw.

$$F = \Psi^{-1} \cdot X_S \tag{2.50}$$

schreiben.

Die im Abschnitt 2.6 eingeführte Separation von Variablen und Parametern ist natürlich auch auf die Automatengleichungen (2.38), (2.39) anwendbar. Komponentenweise wird zunächst

$$x_\ell(k+1) = f_\ell[x(k), u(k)] = \varphi_{n+p}^T [x(k), u(k)] \cdot f_\ell , \tag{2.51}$$

$$\ell = 1, ..., n,$$

$$y_\ell(k) = g_\ell[x(k), u(k)] = \varphi_{n+p}^T [x(k), u(k)] \cdot g_\ell , \tag{2.52}$$

$$\ell = 1, ..., q.$$

Der Aufbau des Vektors $\varphi_{n+p}$ wird *nur* durch die Dimensionen n und p der Vektoren x und u bestimmt, während die Parametervektoren $f_\ell$ und $g_\ell$ durch die konkret zu realisierenden Booleschen Funktionen festgelegt sind.

So wird etwa für das der Tabelle 2.8 zugrundeliegende Beispiel n = 2, p = 1:

$$\varphi_3^T (x, u) = [1, x_1, x_2, x_1x_2, u, x_1u, x_2u, x_1x_2u]. \tag{2.53}$$

Zur $\Psi$-Matrix besteht die gleiche Querverbindung wie bereits im Abschnitt 2.6 beschrieben: Die i-te Zeile von $\Psi$ ist gleich dem Zeilenvektor $\varphi_{n+p}^T (x^{(i)}, u^{(i)})$, wobei [i] auf die i-te Zeile der Schalttabelle hinweist.

Geht man in (2.51), (2.52) zur Vektor- und Matrixschreibweise über,

$$x^T(k+1) = \varphi_{n+p}^T [x(k), u(k)] \cdot F, \tag{2.54}$$

$$y^T(k) = \varphi_{n+p}^T [x(k), u(k)] \cdot G, \tag{2.55}$$

so erhält man durch Transponieren die separierte Darstellung in besonders kompakter Form:

$$x(k+1) = F^T \cdot \varphi_{n+p} [x(k), u(k)] , \tag{2.56}$$

$$y(k) = G^T \cdot \varphi_{n+p} [x(k), u(k)] . \tag{2.57}$$

Sämtliche systembestimmende Parameter sind in den Matrizen $F^T$ und $G^T$ zusammengefaßt.


## 2.8 Zusammenfassung

Ausgangspunkt dieses Kapitels war die bekannte Darstellung Boolescher Schaltfunktionen mittels schaltalgebraischer Grundverknüpfungen. Wenn auch der Begriff der Schaltfunktion die Vorstellung von einer schaltenden und somit *unstetigen Funktion* geradezu herausfordert, so stellt doch bereits DIN 19226, Teil 3, klar, daß das Schalten

sich nur auf die *Größen* bezieht. Diese können als binäre Eingangs- und Ausgangsgrößen der Booleschen Schaltfunktion nur die Werte 0 oder 1 annehmen.

Ein erster Schritt weg von der ausschließlichen Verwendung von Schaltern bei der
Darstellung Boolescher Funktionen ist mit den bekannten Schwellwertelementen
bereits getan. Diese Beschreibungsform benutzt *keine schaltalgebraischen Verknüpfungen*, sondern gewöhnliche algebraische Operationen. Allerdings kommt zur Bildung
der binären Ausgangsgröße immer noch das schaltende Zweipunktglied zum Einsatz.

Die in diesem Kapitel vorgeschlagene Beschreibungsform Boolescher Schaltfunktionen kommt ausschließlich mit *stetigen* gewöhnlichen algebraischen Rechenoperationen
im Dezimalzahlensystem aus, nämlich der Addition und der Multiplikation. Diese
arithmetische Modellbildung hat eine ganze Reihe von Vorzügen:

- Sie kommt der Denkweise der Regelungstechnik entgegen. Stetige nichtlineare
Funktionen sind methodisch leichter zu bewältigen als eine große Anzahl schaltender
Zweipunktglieder.

- Die stetige Darstellung ist formal genauso aufgebaut wie die in der Automatentheorie bekannte Normalform der SHEGALKIN-Polynome. Im Unterschied zu diesen ist
sie jedoch *im gewöhnlichen arithmetischen Sinn multilinear in allen Variablen.*

- Jeder vollständigen Schalttabelle wird *eindeutig* eine multilineare Funktion der
Variablen zugeordnet. Damit entfällt das in der Schaltalgebra bekannte Problem der
Schaltungsminimierung völlig. Die multilineare Ergebnisfunktion ist bereits die ein-
fachste dieses Typs und läßt sich nicht weiter vereinfachen.

- Umgekehrt läßt sich jeder multilinearen Funktion, die einer binären Schaltfunktion
äquivalent ist, *eindeutig* eine vollständige Schalttabelle zuordnen. Die Zuordnungsvor-
schriften sind deshalb so einfach, weil die multilineare Funktion *linear in den sie
bestimmenden Parametern* ist. Eine ein- für allemal bekannte quadratische Matrix $\Psi$
mit einfachem Koeffizientenschema bildet diesen Parametervektor in den Vektor der
Ergebnisspalte der Schalttabelle ab. Die zur Umkehrung der Abbildung benötigte
Inverse $\Psi^{-1}$ braucht nicht für jedes Problem neu berechnet zu werden. Sie ist von
vornherein bekannt und hat einen ebenso einfachen Aufbau wie $\Psi$ selbst. Beide Matrizen haben untere Dreiecksform und genügen bei wachsender Systemordnung Prinzipi-
en der Selbstähnlichkeit.

Angesichts dieser Vorzüge der arithmetischen Beschreibungsform Boolescher Funktionen stellt sich die Frage: Soll man auch die technische *Implementierung* in dieser Form vornehmen? Jeder Fachmann der digitalen Schaltungstechnik wird diese Frage vermutlich verneinen, denn ein Digitalrechner muß einen arithmetischen Ausdruck stets durch Rückübersetzen ins Dualzahlensystem auswerten. Die dafür benötigte Rechenzeit ist vermeidbar, wenn man bei dem Beschreibungsmittel der Booleschen Schaltalgebra bleibt. Dem Rechenzeitargument ist jedoch entgegenzuhalten: Wenn die Rechenzeit bei der Implementierung eines *Abtastreglers* (der ja ein arithmetischer Algorithmus ist) auf heutigen Rechnern kaum ins Gewicht fällt, so darf die Rechenzeit erst recht bei getakteten Systemen der diskreten Prozeßsteuerung vernachlässigt werden. Wie die Beispiele aus Kapitel 1 illustrieren, sind hier die Taktzeitintervalle typischerweise erheblich größer als die im Millisekundenbereich liegenden Abtastperioden eines zeitdiskreten Regelkreises. Wie sich im weiteren Text noch zeigen wird, sind die arithmetisch formulierten binären Steuergesetze zur diskreten Prozeßsteuerung nicht komplexer strukturiert als ein klassischer DDC-Algorithmus, so daß das Rechenzeitargument weitgehend entkräftet wird.

# 3 Einige spezielle Klassen Boolescher Funktionen f(x,u)

Es muß zunächst eingeräumt werden, daß die multilineare Funktion binärer Schaltgrößen im allgemeinen einen vielgliedrigen Aufbau hat (vgl. (2.42)), wenn auch in der Darstellung einer konkreten Funktion zahlreiche Summanden fehlen können. Die Überführungsfunktion $f(x,u)$ bzw. die Ergebnisfunktion $g(x,u)$ eines endlichen Automaten mit n-dimensionalem $x$ und p-dimensionalem $u$ hat bis zu $2^{n+p}$ Summanden, also eine Anzahl, die mit größer werdendem n und p explosionsartig wächst. Der gleiche Einwand trifft natürlich auch auf die klassischen SHEGALKIN-Polynome der Automatentheorie zu. In den allgemeinen multilinearen Funktionen sind jedoch speziellere Funktionenklassen enthalten, die wesentlich einfacher aufgebaut und gleichwohl von großer praktischer Bedeutung sind. Sie sollen daher in der Reihenfolge zunehmender Einfachheit besprochen werden, auch im Hinblick auf die aus diesen Funktionen aufgebauten Zustandsgleichungen (2.38) und (2.39) des Schaltwerkes bzw. endlichen Automaten.

## 3.1 Lineare Funktionen bezüglich u

Die multilineare Funktion $f(x,u)$ sei linear in $u$, Produkte der u-Komponenten untereinander kommen also nicht vor. Dann ist $f(x,u)$ von der Form

$$f(x,u) = a(x) + B(x) \cdot u. \tag{3.1}$$

Darin ist $a$ ebenso wie $f$ ein n-dimensionaler Funktionenvektor. Seine Komponenten $a_i(x)$ sind multilineare Funktionen der Komponenten von $x$. $B(x)$ ist eine (n,p)-Matrix, deren Elemente ebenfalls multilinear in den Komponenten von $x$ sind. Im Spezialfall $p = 1$ fällt $f(x,u)$ natürlich stets in die hier betrachtete Funktionenklasse.
Da die binären Komponenten des Vektors $f$ aus $\{0,1\}$ sind, ist im allgemeinen $f(0,0) \neq 0$ und daher nach (3.1) im allgemeinen auch $a(0) \neq 0$.

Schaltfunktionen der Form (3.1) nehmen deshalb eine interessante Sonderstellung ein, weil ein aus ihnen aufgebautes Schaltwerk,

$$x(k+1) = f[x(k),u(k)] = a[x(k)] + B[x(k)] \, u(k), \tag{3.2}$$

als Zustandsdarstellung eines klassischen nichtlinearen *Abtastsystems* betrachtet und behandelt werden kann, wobei die Steuerung u(k) rein linear eingeht. Derartige Systeme, die linear in der Steuerung sind, sind der Analyse und Synthese leichter zugänglich als der allgemeine nichtlineare Fall. Im Unterschied zum klassischen Abtastsystem ist lediglich zu beachten, daß alle Komponenten von u(k) und x(k) und demzufolge auch alle Komponenten von x(k+1) aus $\{0,1\}$ sind. Schaltende Nichtlinearitäten kommen jedoch in (3.2) nicht vor! Die Zeitschritte müssen nicht äquidistant sein.

Die $\ell$-te Komponente der Gl. (3.1) lautet

$$f_\ell(x,u) = a_\ell(x) + b_\ell^T(x) \cdot u = a_\ell(x) + \sum_{\nu=1}^{p} b_{\ell\nu}(x)u_\nu. \tag{3.3}$$

Ordnet man die zu $f_\ell(x,u)$ gehörende Schalttabelle wieder nach dem Schema der Tabelle 2.9 an, so folgt mit Blick auf (2.42), daß jetzt einige Summanden wegen verschwindender Koeffizienten nicht vorkommen.

Ein Beispiel mag die Situation verdeutlichen. Es werde die allgemeine Zustandsgleichung eines Schaltwerkes mit zwei binären Eingangsgrößen $u_1$, $u_2$ und zwei binären Zustandsgrößen $x_1$, $x_2$ betrachtet:

$$x(k+1) = f[x(k), u(k)] = f[x_1(k), x_2(k), u_1(k), u_2(k)] . \tag{3.4}$$

Die zugehörige allgemeine Schalttabelle ist in der Tabelle 3.1 aufgelistet.

In der allgemeinen multilinearen Darstellung der $\ell$-ten Komponente von (3.4) ($\ell = 1, 2$) entsprechend (2.42),

$$x_\ell(k+1) = f_{\ell 0} + \sum_{i=1}^{2} f_{\ell i}x_i(k) + \sum_{i=1}^{2} f_{\ell,2+i}u_i(k) + ..., \tag{3.5}$$

verschwinden dann die Koeffizienten

$$f_{\ell,34}, \; f_{\ell,134}, \; f_{\ell,234}, \; f_{\ell,1234}.$$

Das sind diejenigen Koeffizienten, deren Indizierung die Zahlenkombination 3,4 (also n+1, n+2) enthält. Es ist nämlich diese Kombination, die auf das Produkt $u_1(k) \cdot u_2(k)$ hinweist, das nach (3.1) nicht vorkommen soll.

**Tabelle 3.1** Schalttabelle zu Gl. (3.4)

| $u_2(k)$ | $u_1(k)$ | $x_2(k)$ | $x_1(k)$ | $x_2(k+1)$ | $x_1(k+1)$ |
|---|---|---|---|---|---|
| 0 | 0 | 0 | 0 | $x_2^{(1)}$ | $x_1^{(1)}$ |
| 0 | 0 | 0 | 1 | $x_2^{(2)}$ | $x_1^{(2)}$ |
| 0 | 0 | 1 | 0 | $x_2^{(3)}$ | $x_1^{(3)}$ |
| 0 | 0 | 1 | 1 | $x_2^{(4)}$ | $x_1^{(4)}$ |
| 0 | 1 | 0 | 0 | $x_2^{(5)}$ | $x_1^{(5)}$ |
| 0 | 1 | 0 | 1 | $x_2^{(6)}$ | $x_1^{(6)}$ |
| 0 | 1 | 1 | 0 | $x_2^{(7)}$ | $x_1^{(7)}$ |
| 0 | 1 | 1 | 1 | $x_2^{(8)}$ | $x_1^{(8)}$ |
| 1 | 0 | 0 | 0 | $x_2^{(9)}$ | $x_1^{(9)}$ |
| 1 | 0 | 0 | 1 | $x_2^{(10)}$ | $x_1^{(10)}$ |
| 1 | 0 | 1 | 0 | $x_2^{(11)}$ | $x_1^{(11)}$ |
| 1 | 0 | 1 | 1 | $x_2^{(12)}$ | $x_1^{(12)}$ |
| 1 | 1 | 0 | 0 | $x_2^{(13)}$ | $x_1^{(13)}$ |
| 1 | 1 | 0 | 1 | $x_2^{(14)}$ | $x_1^{(14)}$ |
| 1 | 1 | 1 | 0 | $x_2^{(15)}$ | $x_1^{(15)}$ |
| 1 | 1 | 1 | 1 | $x_2^{(16)}$ | $x_1^{(16)}$ |

Die genannten Koeffizienten entsprechen gerade den letzten vier Komponenten des Vektors $f_\ell$ (vgl. auch den **a**-Vektor in (2.31)). Sollen sie Null werden, so dürfen die Ergebnisspalten in der Schalttabelle 3.1 nicht mehr beliebig vorgegeben werden. Vielmehr folgt jetzt im Hinblick auf (3.5) und Tabelle 3.1 ($\ell$ = 1, 2) sukzessiv
aus $f_{\ell,34}$ = 0:

$$x_\ell^{(1)} - x_\ell^{(5)} - x_\ell^{(9)} + x_\ell^{(13)} = 0, \qquad\qquad (3.6)$$

aus $f_{\ell,134}$ = 0:

$$x_\ell^{(2)} - x_\ell^{(6)} - x_\ell^{(10)} + x_\ell^{(14)} = 0, \qquad\qquad (3.7)$$

aus $f_{\ell,234} = 0$:

$$x_\ell^{(3)} - x_\ell^{(7)} - x_\ell^{(11)} + x_\ell^{(15)} = 0, \tag{3.8}$$

aus $f_{\ell,1234} = 0$:

$$x_\ell^{(4)} - x_\ell^{(8)} - x_\ell^{(12)} + x_\ell^{(16)} = 0. \tag{3.9}$$

Vier bestimmte Linearkombinationen aus je vier Binärgrößen müssen also Null ergeben.

Die Gln. (3.6) bis (3.9) sind für das betrachtete Beispiel die Bedingungen dafür, daß die Zustandsgleichung des Schaltwerkes linear in **u** wird.

Die Überlegung läßt sich über das konkrete Beispiel hinaus verallgemeinern. Die Zustandsgleichung eines Schaltwerkes mit n-dimensionalem Zustandsvektor **x** und p-dimensionalem Eingangsvektor **u** wird dann linear in **u**,

$$\mathbf{x}(k+1) = \mathbf{a}[\mathbf{x}(k)] + \mathbf{B}[\mathbf{x}(k)] \cdot \mathbf{u}(k),$$

wenn in (2.48) all diejenigen Komponenten von $\mathbf{f}_\ell$, $\ell = 1, ..., n$, verschwinden, deren Indizierung mehr als eine Zahl $> n$ enthält. Setzt man die Nullkomponenten von $\mathbf{f}_\ell$ in die zu (2.48) inverse Darstellung ein,

$$\mathbf{f}_\ell = \Psi^{-1}\, \mathbf{x}_{S,\ell}, \qquad \ell = 1, ..., n, \tag{3.10}$$

so sieht man, daß auch jetzt wieder bestimmte Linearkombinationen aus Komponenten des Ergebnisspaltenvektors $\mathbf{x}_{S,\ell}$ verschwinden müssen.


## 3.2  Lineare Funktionen bezüglich x

Anders als im Abschnitt 3.1 sei jetzt die multilineare Funktion $f(x,u)$ linear in x, Produkte der x-Komponenten untereinander kommen also nicht vor. Dann ist $f(x,u)$ von der Form

$$f(x,u) = A(u) \cdot x + b(u). \tag{3.11}$$

Darin ist $A(u)$ eine n-reihige quadratische Matrix, deren Elemente multilinear in den Komponenten von $u$ sind. $b(u)$ ist ein n-dimensionaler Vektor, dessen Komponenten multilinear in den Komponenten von $u$ sind. Der Spezialfall $n = 1$ führt stets zu Funktionen dieses Typs.

Da die Komponenten des Vektors $f$ wieder aus $\{0,1\}$ sind, ist im allgmeinen $f(0,0) \neq 0$ und daher nach (3.11) im allgemeinen auch $b(0) \neq 0$.

Schaltfunktionen der Form (3.11) nehmen eine überaus interessante Sonderstellung ein, denn ein aus ihnen aufgebautes Schaltwerk,

$$x(k+1) = A[u(k)] \cdot x(k) + b[u(k)], \tag{3.12}$$

erinnert an eine wichtige Klasse nichtlinearer Abtastsysteme. Sind bei der zeitlich sequentiellen Abarbeitung der Gl. (3.12) mit $k = 0, 1, 2, \ldots$ der Binärvektor $u(k)$ und damit auch $A[u(k)]$ und $b[u(k)]$ über jeweils mehrere Abtastschritte konstant, dann erweist sich das Schaltwerk (3.12) als äquivalent zu einem *abschnittsweise linearen klassischen Abtastsystem*. Als Besonderheit ist lediglich wieder der binäre Charakter von Steuervektor und Zustandsvektor zu beachten. Schaltende Nichtlinearitäten kommen in (3.12) nicht vor. Nicht-äquidistante Zeitschritte sind zugelassen.

Die $\ell$-te Komponente der Gl. (3.11) lautet

$$f_\ell(x,u) = a_\ell^T(u) \cdot x + b_\ell(u) = \sum_{\nu=1}^{n} a_{\ell\nu}(u)x_\nu + b_\ell(u). \tag{3.13}$$

Ähnlich wie im vorigen Abschnitt fehlen auch jetzt etliche Summanden der allgemeinen multilinearen Funktion. Ordnet man die zu $f_\ell(x,u)$ gehörende Schalttabelle wieder so an wie in Tabelle 2.9 vorgeschlagen, so werden in der multilinearen Darstellung diejenigen $f_\ell$-Koeffizienten Null, deren Indizierung mehr als eine Zahl aus dem Intervall $[1,n]$ enthält.

Für das Beispiel (3.4) mit zugehöriger Schalttabelle 3.1 bedeutet dies:

$$f_{\ell,12} = f_{\ell,123} = f_{\ell,124} = f_{\ell,1234} = 0. \tag{3.14}$$

Greift man wieder auf die spezielle Struktur der Matrix $\Psi^{-1}$ in (2.31) zurück, so ergeben sich aus (3.14) Bedingungen an die Ergebnisspalten ($l = 1, 2$) der Schalttabelle 3.1. Man folgert sukzessiv

aus $f_{l,12} = 0$:

$$x_l^{(1)} - x_l^{(2)} - x_l^{(3)} + x_l^{(4)} = 0, \tag{3.15}$$

aus $f_{l,123} = 0$:

$$x_l^{(5)} - x_l^{(6)} - x_l^{(7)} + x_l^{(8)} = 0, \tag{3.16}$$

aus $f_{l,124} = 0$:

$$x_l^{(9)} - x_l^{(10)} - x_l^{(11)} + x_l^{(12)} = 0, \tag{3.17}$$

aus $f_{l,1234} = 0$:

$$x_l^{(13)} - x_l^{(14)} - x_l^{(15)} + x_l^{(16)} = 0. \tag{3.18}$$

Die Gln. (3.15) bis (3.18) sind für das betrachtete Beispiel die Bedingungen dafür, daß die Zustandsgleichung des Schaltwerkes linear in x wird.

Anhand des folgenden Beispiels soll noch ein anderer Aspekt der bezüglich x linearen Schaltfunktionen beleuchtet werden. Dem Beispiel, das aus [43, Abschnitt 9.1] entnommen ist, liegt die *schaltalgebraische* Zustandsdarstellung

$$x(k+1) = u_1(k) \wedge [\overline{u_2(k)} \vee x(k)] \tag{3.19}$$

zugrunde. Die zugehörige Schalttabelle ist in Tabelle 3.2 wiedergegeben.

**Tabelle 3.2** Schalttabelle zu Gl. (3.19)

| $u_2(k)$ | $u_1(k)$ | $x(k)$ | $x(k+1)$ |
|---|---|---|---|
| 0 | 0 | 0 | 0 |
| 0 | 0 | 1 | 0 |
| 0 | 1 | 0 | 1 |
| 0 | 1 | 1 | 1 |
| 1 | 0 | 0 | 0 |
| 1 | 0 | 1 | 0 |
| 1 | 1 | 0 | 0 |
| 1 | 1 | 1 | 1 |

Das Beispiel ist durch eine Zustandsvariable und zwei Eingangsgrößen charakterisiert. Die zu (3.19) äquivalente multilineare Beschreibungsform lautet nach (2.21)

$$x(k+1) \quad = f[x(k), u_1(k), u_2(k)] =$$

$$= f_0 + f_1\, x(k) + f_2\, u_1(k) + f_3\, u_2(k) + f_{12}\, x(k)\, u_1(k) +$$

$$+ f_{13}\, x(k)\, u_2(k) + f_{23}\, u_1(k)\, u_2(k) + f_{123}\, x(k)\, u_1(k)\, u_2(k). \tag{3.20}$$

Da das Beispiel nur *eine* Zustandsvariable x enthält, ist (3.20) natürlich *stets linear* in x, unabhängig von den Binärwerten der Ergebnisspalte in Tabelle 3.2. Für die in dieser Tabelle eingetragenen Werte erhält man mit (2.23) unmittelbar

$$f_0 = f_1 = 0, \qquad f_2 = 1, \qquad f_{12} = f_3 = f_{13} = 0, \qquad f_{23} = -1, \qquad f_{123} = 1$$

und damit nach (3.20)

$$x(k+1) = u_1(k)\, u_2(k)\, x(k) + u_1(k) - u_1(k)\, u_2(k). \tag{3.21}$$

Diese Gleichung ist das multilineare Äquivalent zu (3.19).

Die wichtige Frage nach dem dynamischen Verhalten derartiger Systeme wird erst später behandelt (Kapitel 4). Dennoch sei bereits an dieser Stelle exemplarisch gezeigt, wie die aus der Regelungstechnik bekannten *Analysemethoden für lineare Abtastsysteme* vorteilhaft eingesetzt werden können.

In der Technik der Schaltwerke ist man unter anderem an der Frage interessiert, ob eine Gleichung wie (3.19) für konstante Eingangsbelegung $u_1(k) \equiv u_{1s}$, $u_2(k) \equiv u_{2s}$ eine eindeutige statische Lösung $x(k+1) = x(k) \equiv x_s$ hat oder ob x z.B. periodisch zwischen den Werten 0 und 1 oszilliert. Das multilineare algebraische Äquivalent (3.21) ermöglicht eine elegante Klärung dieser Frage. Für konstante Eingangsbelegung $u_s$ geht (3.21) in das *lineare "Abtastsystem"*

$$x(k+1) = \lambda(u_s) \cdot x(k) + b(u_s) \tag{3.22}$$

über. Dabei ist

$$\lambda(u_s) = u_{1s} \cdot u_{2s} \tag{3.23}$$

der *Eigenwert* dieses linearen Systems und

$$b(u_s) = u_{1s} \cdot (1 - u_{2s})$$ 
(3.24)

eine Konstante. Da $u_{1s}$ und $u_{2s}$ binäre konstante Größen sind, kann $\lambda(u_s)$ nach (3.23) seinerseits nur die Werte 0 und 1 annehmen:

$$\lambda(u_s) = \begin{cases} 0, \text{ falls } u_{1s} = 0 \text{ und/oder } u_{2s} = 0, \\ 1, \text{ falls } u_{1s} = 1 \text{ und } u_{2s} = 1. \end{cases}$$
(3.25)

Aus der Theorie linearer Abtastsysteme ist bekannt [1], [5], [18], [20], daß ein derartiges System asymptotisch stabil ist, sofern seine Eigenwerte sämtlich im Inneren des Einheitskreises in der komplexen Ebene liegen. Demnach ist unser *Beispielsystem asymptotisch stabil, falls $u_{1s}$ = 0 und/oder $u_{2s}$ = 0.* Die Theorie linearer Abtastsysteme lehrt darüber hinaus, daß wegen der speziellen Eigenwertlage $\lambda = 0$ die statische Lösung $x_s$ nach *endlicher Schrittzahl* erreicht wird, hier nach höchstens einem Schritt, da das System (3.22) von erster Ordnung ist. Wegen $\lambda = 0$ ergibt sich dieser *eindeutige* stabile Ruhezustand $x_s$ aus (3.22) zu

$$x_s = b(u_s) = u_{1s} \cdot (1 - u_{2s}).$$
(3.26)

Beispielsweise gehört zu $u_{1s} = 1$, $u_{2s} = 0$ der asymptotisch stabile statische Zustand $x_s = 1$. Ist also bereits der Anfangszustand $x(0) = 1$, so bleibt $x(k) = 1$ für alle weiteren Zeitschritte. Ist $x(0) = 0$, so wird bereits nach einem Zeitschritt $x(1) = 1$ erreicht und für alle weiteren Schritte gehalten.

Anders im Fall $\lambda(u_{1s}, u_{2s}) = \lambda(1,1) = 1$. Wegen $b(u_{1s}, u_{2s}) = b(1,1) = 0$ nimmt (3.22) jetzt die Form

$$x(k+1) = x(k)$$
(3.27)

an. Diese Gleichung hat *zwei* statische binäre Lösungen, nämlich

$$x_s = 0 \text{ und } x_s = 1.$$
(3.28)

Welchen der beiden Werte der Zustand annimmt, hängt allein vom Anfangszustand $x(0)$ ab. Sein Binärwert wird für alle Zeitschritte gehalten, solange $u_{1s} = u_{2s} = 1$ anliegt.

Es ist anzumerken, daß ein lineares Abtastsystem, das einen Eigenwert an der Stelle $\lambda = 1$ und damit an der Stabilitätsgrenze aufweist, keineswegs immer einen statischen Zustand annimmt. Im Kapitel 4 wird der ganze Fragenkomplex umfassend behandelt.


## 3.3  Bilineare Funktionen in x und u

Die multilineare Funktion $f(x,u)$ sei jetzt linear in x sowie in u. Produkte der x-Komponenten untereinander werden demnach ebenso ausgeschlossen wie Produkte der u-Komponenten untereinander. Dagegen sind paarweise Produkte aus x- und u-Komponenten zugelassen. Dann ist $f(x,u)$ im gewöhnlichen algebraischen Sinn *bilinear in x und* u, also von der Form

$$f(x,u) = A\,x + \sum_{i=1}^{p} u_i\,N_i\,x + B\,u + a_0. \tag{3.29}$$

Darin sind A und $N_i$, $i = 1, ..., p$, konstante n-reihige quadratische Matrizen, B ist eine konstante (n,p)-Matrix und $a_0$ ein konstanter n-dimensionaler Binärvektor. (3.29) ist als Spezialfall in (3.1) enthalten, indem man dort

$$a(x) = A\,x + a_0, \tag{3.30}$$

$$B(x) = B + [N_1 x, ..., N_p x] \tag{3.31}$$

setzt. Ebenso ist (3.29) als Spezialfall in (3.11) enthalten, indem man dort

$$A(u) = A + \sum_{i=1}^{p} u_i\,N_i, \tag{3.32}$$

$$b(u) = B\,u + a_0 \tag{3.33}$$

setzt.

Eine beliebige Boolesche Funktion f(x,u) mit *einer* Eingangsgröße u und *einer* Zustandsgröße x fällt stets in die Funktionenklasse (3.29).

In (3.29) wird offensichtlich

$$f(0,0) = a_0. \tag{3.34}$$

Der additive konstante Binärvektor $a_0$ in (3.29) ist also unerläßlich. Er stellt den zu $x = 0, u = 0$ gehörenden Binärvektor f(0,0) ein.

Tritt eine Schaltfunktion der Form (3.29) auf der rechten Seite der Zustandsgleichung eines Automaten auf,

$$x(k+1) = A\, x(k) + \sum_{i=1}^{p} u_i(k)\, N_i\, x(k) + B\, u(k) + a_0 , \tag{3.35}$$

so fällt die Äquivalenz zu einem klassischen *bilinearen zeitdiskreten System* auf. Es vereint in sich die interessanten Eigenschaften der in u linearen Systeme (3.2) und der in x linearen Systeme (3.12). Im Vergleich zur klassischen Zustandsdarstellung bilinearer Abtastsysteme ist lediglich der additive Binärvektor $a_0$ zu beachten. Er ist eine Art konstanter "Offset", der dem binären Charakter aller Schaltvariablen in (3.35) Rechnung trägt. Schaltende Nichtlinearitäten kommen jedoch in (3.35) ebenso wenig vor wie in (3.2) und (3.12).

Die $\ell$-te Komponente der Gl. (3.29) lautet

$$f_\ell(x,u) = a_\ell^T\, x + \sum_{i=1}^{p} u_i\, n_{\ell,i}^T\, x + b_\ell^T\, u + a_{\ell,0}. \tag{3.36}$$

Gegenüber der allgemeinen multilinearen Funktion aus Abschnitt 2.6 fehlen jetzt also noch mehr Glieder als in den Spezialfällen der Abschnitte 3.1 und 3.2. Ordnet man die zu $f_\ell(x,u)$ gehörende Schalttabelle wieder so an wie in Tabelle 2.9 vorgeschlagen, so kommen in der multilinearen Darstellung nur noch $f_\ell$-Koeffizienten mit folgender Indizierung vor:

$$f_{\ell,0} \qquad\qquad (= a_{\ell,0}),$$

$$f_{\ell,i}, \qquad\qquad i = 1, ..., n+p,$$

$$f_{\ell,i,n+j}, \qquad\qquad i = 1, ..., n,$$

$$j = 1, ..., p.$$

Für das Beispiel (3.4) mit zugehöriger Schalttabelle 3.1 bedeutet dies:

$$f_{\ell,12} = f_{\ell,123} = f_{\ell,124} = f_{\ell,34} = f_{\ell,134} = f_{\ell,234} = f_{\ell,1234} = 0. \qquad\qquad (3.37)$$

Es müssen also 7 der insgesamt $2^4 = 16$ Koeffizienten der allgemeinen multilinearen Schaltfunktion Null sein. Wegen der Struktur der Matrix $\Psi^{-1}$ in (2.31) hat dies Rückwirkungen auf die zulässigen Vorgaben für die Ergebnisspalte in der Schalttabelle (3.4). Es folgt nämlich sukzessiv

aus $\quad f_{\ell,12} = 0$:

$$x_\ell^{(1)} - x_\ell^{(2)} - x_\ell^{(3)} + x_\ell^{(4)} = 0, \qquad\qquad (3.38)$$

aus $\quad f_{\ell,123} = 0$:

$$x_\ell^{(5)} - x_\ell^{(6)} - x_\ell^{(7)} + x_\ell^{(8)} = 0, \qquad\qquad (3.39)$$

aus $\quad f_{\ell,124} = 0$:

$$x_\ell^{(9)} - x_\ell^{(10)} - x_\ell^{(11)} + x_\ell^{(12)} = 0, \qquad\qquad (3.40)$$

aus $\quad f_{\ell,34} = 0$:

$$x_\ell^{(1)} - x_\ell^{(5)} - x_\ell^{(9)} + x_\ell^{(13)} = 0, \qquad\qquad (3.41)$$

aus $\quad f_{\ell,134} = 0$:

$$x_\ell^{(2)} - x_\ell^{(6)} - x_\ell^{(10)} + x_\ell^{(14)} = 0, \qquad\qquad (3.42)$$

aus $\quad f_{\ell,234} = 0$:

$$x_\ell^{(3)} - x_\ell^{(7)} - x_\ell^{(11)} + x_\ell^{(15)} = 0, \qquad\qquad (3.43)$$

aus $\quad f_{\ell,1234} = 0$:

$$x_\ell^{(4)} - x_\ell^{(8)} - x_\ell^{(12)} + x_\ell^{(16)} = 0. \qquad\qquad (3.44)$$

Die Gln. (3.38) - (3.44) sind für das betrachtete Beispiel die Bedingungen dafür, daß die Zustandsgleichung des Schaltwerkes bilinear in **x** und **u** wird.

An einem einfachen Beispiel soll das dynamische Verhalten einer bilinearen Automatenzustandsgleichung beleuchtet werden, wieder unter Zuhilfenahme des Eigenwertbegriffs. Es handelt sich um die besonders einfache *schaltalgebraische* Zustandsdarstellung

$$x(k+1) = f[x(k), u(k)] = \overline{x(k)} \wedge u(k). \qquad\qquad (3.45)$$

Das Beispiel wird in der Literatur gern angeführt (z.B. [43], Abschnitt 9.1), um Oszillationserscheinungen in Schaltwerken zu illustrieren. Was ergibt sich aus (3.45) im Lichte der neuen Beschreibungsform?

Wegen n = 1 und p = 1 ist das multilineare algebraische Äquivalent zu (3.45) auf jeden Fall bilinear. Aus der zu (3.45) gehörenden Schalttabelle (Tabelle 3.3) erhält man bei sinngemäßer Anwendung von (2.13) direkt

$$f_0 = f_1 = 0, \qquad f_2 = 1, \qquad f_{12} = -1,$$

also das bilineare ″Abtastsystem″

$$x(k+1) = -x(k)\,u(k) + u(k). \qquad\qquad (3.46)$$

**Tabelle 3.3** Schalttabelle zu Gl. (3.45)

| u(k) | x(k) | x(k+1) |
|:---:|:---:|:---:|
| 0 | 0 | 0 |
| 0 | 1 | 0 |
| 1 | 0 | 1 |
| 1 | 1 | 0 |

Für konstante Eingangsbelegung $u(k) \equiv u_s$ wird es linear:

$$x(k+1) = \lambda(u_s)\, x(k) + b(u_s), \qquad\qquad (3.47)$$

mit dem Eigenwert

$$\lambda(u_s) = -\, u_s \qquad\qquad (3.48)$$

und der Konstanten

$$b(u_s) = u_s. \qquad\qquad (3.49)$$

Da $u_s$ als binäre Schaltgröße nur die Werte 0 oder 1 annehmen kann, ergibt sich

$$\lambda(u_s) = \begin{cases} 0 & \text{für } u_s = 0, \\ -1 & \text{für } u_s = 1. \end{cases} \qquad\qquad (3.50)$$

Nach der Theorie linearer Abtastsysteme ist daher das zu $u_s = 0$ gehörende System stabil, und sein stabiler statischer Zustand ist nach (3.47)

$$x_s = 0.$$

Wegen $\lambda = 0$ besitzt dieses System erster Ordnung darüber hinaus die endliche Einstellzeit von einem Zeitschritt. Der Anfangszustand $x(0) = 1$ wird also bereits im nächsten Schritt in den Ruhezustand $x_s = 0$ überführt.

Zu $u_s = 1$ gehört der Eigenwert $\lambda = -1$. Nach der Theorie linearer Abtastsysteme führt ein derartiges System eine Oszillation durch, deren Periode aus zwei Schritten besteht. Die binäre Zustandsvariable $x(k)$ wird daher periodisch zwischen 0 und 1 umgeschaltet, *ohne daß hierzu die Vorstellung von einem Schalter erforderlich ist!* Man kann den Zusatz "periodisch" dahingehend lockern, daß die Äquidistanz der Zeitschritte ebenso wie schon im zurückliegenden Text keineswegs vorausgesetzt werden muß (vgl. die Ausführungen im Abschnitt 1.3).

Das Beispiel zeigt gerade wegen seiner Einfachheit erneut die Vorzüge der neuen Beschreibungsform für Schaltwerke auf. Bestimmte Klassen dieser Systeme stehen den linearen Abtastsystemen so nah, daß ihr Verhalten mittels des klassischen Eigenwertbegriffs analysiert werden kann.

## 3.4  Lineare Funktionen in x und u

Geht man in der Spezialisierung der Booleschen Funktion f(x,u) noch einen Schritt weiter und schließt Produkte aus den Komponenten von x und u aus, so gelangt man zur Klasse der im Sinne der *gewöhnlichen* Algebra streng linearen Funktionen in x und u,

$$f(x,u) = A\,x + B\,u + a_0. \tag{3.51}$$

Darin ist **A** eine konstante n-reihige quadratische Matrix, **B** ist eine konstante (n,p)-Matrix und $a_0$ ein konstanter n-dimensionaler Binärvektor. Wie man sieht, wird $a_0 = 0$ genau dann, wenn in der zu (3.51) gehörenden Schalttabelle $f(0,0) = 0$ definiert ist.

Tritt eine Boolesche Schaltfunktion der Form (3.51) auf der rechten Seite der Zustandsgleichung eines Automaten auf,

$$x(k+1) = A\,x(k) + B\,u(k) + a_0, \tag{3.52}$$

so ist dieser Automat einem klassischen *linearen Abtastsystem* äquivalent. Der konstante Term $a_0$ trägt wie oben erläutert dem binären Charakter aller Schaltvariablen in (3.52) Rechnung.

Die $\ell$-te Komponente der Gl. (3.51) lautet

$$f_\ell(x,u) = a_\ell^T\,x + b_\ell^T\,u + a_{\ell,0}. \tag{3.53}$$

Im Hinblick auf die im Kapitel 2 eingeführte allgemeine multilineare Darstellung hat dies zur Folge, daß nur noch die $f_\ell$-Koeffizienten mit der Indizierung

$$f_{\ell,i}\,,\ i = 0,\,1,\,...,\,n{+}p,$$

vorkommen. Für das Beispiel (3.4) mit zugehöriger Schalttabelle 3.1 bedeutet dies:

$$f_{\ell,12} = f_{\ell,13} = f_{\ell,23} = f_{\ell,123} = f_{\ell,14} =$$

$$= f_{\ell,24} = f_{\ell,124} = f_{\ell,34} = f_{\ell,134} = f_{\ell,234} = f_{\ell,1234} = 0. \tag{3.54}$$

Wegen der Struktur der Matrix $\Psi^{-1}$ in (2.31) erlaubt dies nur solche Ergebnisspalten in der Tabelle (3.1), die den folgenden 11 Nebenbedingungen genügen ($\ell = 1,2$):

$$x_\ell^{(1)} - x_\ell^{(2)} - x_\ell^{(3)} + x_\ell^{(4)} = 0, \tag{3.55}$$

$$x_\ell^{(1)} - x_\ell^{(2)} - x_\ell^{(5)} + x_\ell^{(6)} = 0, \tag{3.56}$$

$$x_\ell^{(1)} - x_\ell^{(3)} - x_\ell^{(5)} + x_\ell^{(7)} = 0, \tag{3.57}$$

$$x_\ell^{(5)} - x_\ell^{(6)} - x_\ell^{(7)} + x_\ell^{(8)} = 0, \tag{3.58}$$

$$x_\ell^{(1)} - x_\ell^{(2)} - x_\ell^{(9)} + x_\ell^{(10)} = 0, \tag{3.59}$$

$$x_\ell^{(1)} - x_\ell^{(3)} - x_\ell^{(9)} + x_\ell^{(11)} = 0, \tag{3.60}$$

$$x_\ell^{(9)} - x_\ell^{(10)} - x_\ell^{(11)} + x_\ell^{(12)} = 0, \tag{3.61}$$

$$x_\ell^{(1)} - x_\ell^{(5)} - x_\ell^{(9)} + x_\ell^{(13)} = 0, \tag{3.62}$$

$$x_\ell^{(2)} - x_\ell^{(6)} - x_\ell^{(10)} + x_\ell^{(14)} = 0, \tag{3.63}$$

$$x_\ell^{(3)} - x_\ell^{(7)} - x_\ell^{(11)} + x_\ell^{(15)} = 0, \tag{3.64}$$

$$x_\ell^{(4)} - x_\ell^{(8)} - x_\ell^{(12)} + x_\ell^{(16)} = 0. \tag{3.65}$$

Ein ebenso einfaches wie praktisch wichtiges Beispiel eines algebraisch linearen Automaten ist der Stückgut-Transportprozeß, in der Automatentheorie auch Fließband-prozeß genannt. Im Bild 3.1 ist ein derartiger Prozeß schematisch dargestellt. Unter der Voraussetzung, daß zwei verschiedene Arten von Teilen zu transportieren sind, die sich in einem bestimmten Merkmal oder einer Merkmalkombination unterscheiden, kann man jedem Teil eine binäre Variable $x_i \in \{0,1\}$ zuordnen. Dabei kennzeichnet der Index i den Ort, an dem sich das Teil gerade befindet. Werden die Stücke nun in einem synchronen Zeittakt um je eine Position in Transportrichtung weitergeschoben, so gilt

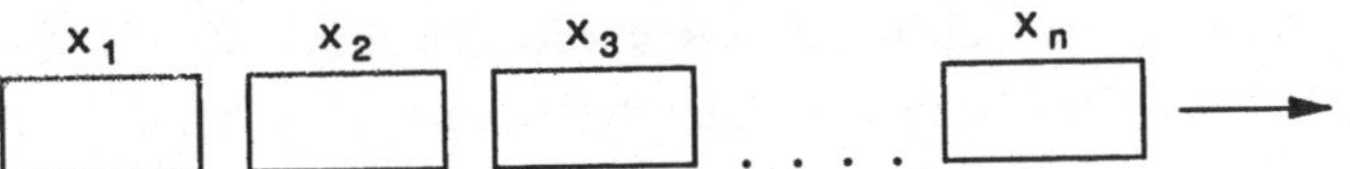


**Bild 3.1** Fließbandprozeß, schematisch

$$x_i(k+1) = x_{i-1}(k), \qquad k = 0, 1, 2, \dots \tag{3.66}$$

Die Laufvariable k zählt wieder die Zeitschritte, die nicht äquidistant zu erfolgen brauchen (vgl. auch die Ausführungen im Abschnitt 1.3).

Am Beginn der Transportstrecke (i = 1) wird mit jedem Zeitschritt ein neues Teil eingegeben, so daß (3.66) für i = 1 zu ersetzen ist durch

$$x_1(k+1) = u(k). \tag{3.67}$$

Die Größe u ist eine binäre Eingangsgröße des Systems.

Faßt man $x_1$, ..., $x_n$ zu dem binären Zustandsvektor x zusammen, so kann man (3.66) mit (3.67) in Matrixform schreiben:

$$x(k+1) = \begin{bmatrix} 0 & 0 & 0 & \dots & 0 \\ 1 & 0 & 0 & \dots & 0 \\ 0 & 1 & 0 & \dots & 0 \\ 0 & 0 & 1 & \dots & 0 \\ \cdot & \cdot & \cdot & & \cdot \\ \cdot & \cdot & \cdot & & \cdot \\ \cdot & \cdot & \cdot & & \cdot \\ \cdot & \cdot & \cdot & & \cdot \\ 0 & 0 & 0 & \dots & 1 & 0 \end{bmatrix} x(k) + \begin{bmatrix} 1 \\ 0 \\ 0 \\ \cdot \\ \cdot \\ \cdot \\ \cdot \\ \cdot \\ 0 \end{bmatrix} u(k), \qquad k = 0,1,2,\dots \tag{3.68}$$

Wie man sieht, haben die Matrix A und der Vektor b dieses linearen "Abtastsystems" einen sehr speziellen einfachen Aufbau. Für den in (3.52) im allgemeinen zu berücksichtigenden Vektor $a_0$ gilt hier $a_0 = 0$.

Angemerkt sei noch, daß die binären Variablen $x_i$ auch zur Charakterisierung einer lückenhaften Beschickung der Transportstrecke geeignet sind. Als Zuordnung wählt man dann $x_i = 0$ im Fall einer Leerstelle und $x_i = 1$ im Fall der Belegung des Platzes i.

Das dynamische Verhalten eines so einfachen Prozesses wie des durch Gl. (3.68) beschriebenen wirft natürlich keine Probleme auf. Die Systemmatrix **A** hat untere Dreiecksform, und darüber hinaus ist ihre Hauptdiagonale nur mit Nullelementen besetzt. Sämtliche n Eigenwerte liegen also im Nullpunkt der komplexen z-Ebene. Damit ist das System nach der Theorie linearer Abtastsysteme stabil. Es besitzt bei dieser speziellen Eigenwertkonfiguration sogar endliche Einstellzeit [5], was hier auch unmittelbar anschaulich klar ist: Wird eine *konstante* Eingangsgröße $u_s \in \{0,1\}$ aufgeschaltet, so nimmt der Zustand $x(k)$ nach höchstens n Schritten den Null- bzw. Einszustand an.

## 3.5  Unvollständig definierte Boolesche Funktionen

Eine Boolesche Funktion $y = f(x)$ mit dem n-dimensionalen Binärvektor **x** heißt *vollständig definiert* [53], [60], wenn jeder der $2^n$ möglichen Wertekombinationen **x** ein Wert y zugeordnet ist. Die zugehörige Schalttabelle hat dann $2^n$ Zeilen. In den zurückliegenden Abschnitten wurden ausschließlich diese vollständig definierten Schaltfunktionen betrachtet.

Es ist jedoch durchaus häufig anzutreffen, daß bestimmte Eingangsbelegungen **x** nicht vorkommen. Beispielsweise schließen bestimmte Ereignisse, die in den Binärwerten der x-Komponenten ihren Niederschlag finden, einander naturgemäß oder erfahrungsgemäß aus. Dann *kann* die betreffende Eingangsbelegung nicht vorkommen. In anderen Fällen *darf* eine grundsätzlich mögliche Eingangsbelegung nicht vorkommen. Sie muß dann durch geeignete vorgeschaltete Verriegelungsmaßnahmen verhindert werden (vgl. das einführende Beispiel nach Tabelle 1.1 im Abschnitt 1.3).

Die Boolesche Funktion $y = f(x)$ ist in beiden Fällen *unvollständig definiert* [53], [60]. In der zugehörigen Schalttabelle treten die nicht definierten Eingangsbelegungen **x** erst gar nicht auf, die Schalttabelle hat weniger als $2^n$ Zeilen!

Um die weitere Erörterung übersichtlich zu halten, bleiben wir zunächst bei Schaltfunktionen der Form $y = f(x)$, unterscheiden also im Argument von f nicht zwischen Zustandsvektor **x** und Eingangsvektor **u**. Eine Einschränkung bedeutet dies jedoch nicht, da Funktionen $y = f(x,u)$ später in gleicher Weise behandelt werden können.

Als einfaches Beispiel werde die unvollständig definierte Schalttabelle 3.4 einer Funktion zweier Boolescher Variablen $x_1$ und $x_2$ betrachtet. Dabei ist angenommen, daß die Kombination $x_1 = 0$, $x_2 = 0$ nicht auftritt. Folglich ist der Funktionswert $y^{(1)}$ nicht definiert.

**Tabelle 3.4** Unvollständig definierte Schalttabelle einer Funktion zweier Variablen

| $x_2$ | $x_1$ | $y$ |
|---|---|---|
| 0 | 0 | $y^{(1)}$ nicht definiert |
| 0 | 1 | $y^{(2)}$ |
| 1 | 0 | $y^{(3)}$ |
| 1 | 1 | $y^{(4)}$ |

Ordnet man wie seither der Schalttabelle die algebraische Darstellung (2.11) zu,

$$y = a_0 + a_1 x_1 + a_2 x_2 + a_{12} x_1 x_2,$$

so stehen den vier Koeffizienten $a_0$, $a_1$, $a_2$ und $a_{12}$ nur drei Bestimmungsgleichungen aus der Schalttabelle gegenüber. Das Gleichungssystem für die a-Koeffizienten ist unterbestimmt. Um es bestimmt zu machen, liegt der Gedanke nah, über einen der a-Koeffizienten *frei zu verfügen*. Hierzu bietet sich insbesondere die Setzung

$$a_{12} = 0 \tag{3.69}$$

an, weil damit (2.11) algebraisch *linear* wird.

Aus (3.69) folgt mit (2.13)

$$y^{(1)} - y^{(2)} - y^{(3)} + y^{(4)} = 0,$$

also

$$y^{(1)} = y^{(2)} + y^{(3)} - y^{(4)}, \tag{3.70}$$

womit dem zunächst nicht definierten $y^{(1)}$ nachträglich ein bestimmter Wert zugewiesen wird, eben so, daß (3.69) erfüllt ist. Der nach (3.70) sich ergebende Wert $y^{(1)}$ wird im allgemeinen *nicht binär* sein! Dies ist jedoch unerheblich, da dieser Wert per Tabelle 3.4 ohnehin nicht auftreten kann.

Mit (3.70) ergeben sich aus (2.13) eindeutig die verbleibenden a-Koeffizienten:

$$
\begin{bmatrix} a_0 \\ a_1 \\ a_2 \end{bmatrix} = \begin{bmatrix} 1 & 0 & 0 & 0 \\ -1 & 1 & 0 & 0 \\ -1 & 0 & 1 & 0 \end{bmatrix} \cdot \begin{bmatrix} y^{(2)} + y^{(3)} - y^{(4)} \\ y^{(2)} \\ y^{(3)} \\ y^{(4)} \end{bmatrix} . \tag{3.71}
$$

Da die Rechengröße $y^{(1)}$ nicht mehr binär zu sein braucht, können jetzt auch die a-Koeffizienten aus dem Wertebereich nach Tabelle 2.7 herausfallen. Ein Beispiel mag dies verdeutlichen:

In der Tabelle 3.4 sei konkret

$$
y^{(2)} = 1, \qquad y^{(3)} = 1, \qquad y^{(4)} = 0.
$$

Damit wird nach (3.70)

$$
y^{(1)} = 2,
$$

also nicht binär, und nach (3.71)

$$
a_0 = 2, \qquad a_1 = -1, \qquad a_2 = -1,
$$

also

$$
y = 2 - x_1 - x_2 . \tag{3.72}
$$

Das Beispiel zeigt bereits, daß durch *nichtbinäre Vervollständigung* unvollständig definierter Boolescher Funktionen weitere Klassen algebraisch linearer Schaltfunktionen generiert werden können.

Das nachfolgende vierte Kapitel ist den algebraisch linearen Schaltfunktionen und den aus ihnen gebildeten algebraisch linearen Automaten gewidmet. Daher soll hier den unvollständig definierten Booleschen Funktionen noch etwas weiter nachgegangen werden unter der Fragestellung, wann diese Funktionen sich algebraisch linear darstellen lassen.

Im Fall $n = 3$ wird die Schaltfunktion $y = f(x)$ algebraisch linear in $x$,

$$y = a_0 + a_1 x_1 + a_2 x_2 + a_3 x_3, \qquad (3.73)$$

sofern in (2.21)

$$a_{12} = a_{13} = a_{23} = a_{123} = 0. \qquad (3.74)$$

Nach (2.23) erfordert dies eine Schalttabelle mit der Eigenschaft

$$y^{(1)} - y^{(2)} - y^{(3)} + y^{(4)} = 0,$$

$$y^{(1)} - y^{(2)} - y^{(5)} + y^{(6)} = 0,$$

$$\qquad (3.75)$$

$$y^{(1)} - y^{(3)} - y^{(5)} + y^{(7)} = 0,$$

$$y^{(5)} - y^{(6)} - y^{(7)} + y^{(8)} = 0.$$

Diese vier Bedingungen können natürlich ausnahmsweise auch bei einer *vollständig* definierten Schaltfunktion erfüllt sein. Dann gehört diese Funktion zu der im Abschnitt 3.4 besprochenen Klasse.

Bei *unvollständig* definierter Schalttabelle lassen sich die Bedingungen (3.75) offenbar stets dann erfüllen, wenn

1. Vier $y^{(i)}$-Werte nicht definiert sind und

2. diese $y^{(i)}$-Werte nicht sämtlich in irgend einer der Gln. (3.75) auftreten.

Ein Beispiel hierzu:

Nicht definiert seien die Werte $y^{(1)}$, $y^{(4)}$, $y^{(6)}$ und $y^{(7)}$ in der Schalttabelle 2.4. Man schreibt nun die Gln. (3.75) als inhomogenes lineares Gleichungssystem:

$$\begin{bmatrix} 1 & 1 & 0 & 0 \\ 1 & 0 & 1 & 0 \\ 1 & 0 & 0 & 1 \\ 0 & 0 & 1 & 1 \end{bmatrix} \begin{bmatrix} y^{(1)} \\ y^{(4)} \\ y^{(6)} \\ y^{(7)} \end{bmatrix} = \begin{bmatrix} y^{(2)} + y^{(3)} \\ y^{(2)} + y^{(5)} \\ y^{(3)} + y^{(5)} \\ y^{(5)} + y^{(8)} \end{bmatrix} . \tag{3.76}$$

Die Koeffizientenmatrix dieses Gleichungssystems ist regulär, weil die obigen Bedingungen 1. und 2. erfüllt sind. Durch sukzessive Elimination bekommt man die Lösung

$$y^{(1)} = \frac{1}{2} \cdot \left[ y^{(2)} + y^{(3)} + y^{(5)} - y^{(8)} \right] ,$$

$$y^{(4)} = \frac{1}{2} \cdot \left[ y^{(2)} + y^{(3)} - y^{(5)} + y^{(8)} \right] ,$$

$$\tag{3.77}$$

$$y^{(6)} = \frac{1}{2} \cdot \left[ y^{(2)} - y^{(3)} + y^{(5)} + y^{(8)} \right] ,$$

$$y^{(7)} = \frac{1}{2} \cdot \left[ - y^{(2)} + y^{(3)} + y^{(5)} + y^{(8)} \right] .$$

Die zunächst nicht definierten $y^{(i)}$-Werte ergeben sich also als Linearkombination der definierten. Diese Linearkombinationen werden im allgemeinen *nichtbinäre* Werte annehmen, wie dies schon im Fall n = 2 festgestellt wurde. Das ist jedoch unerheblich, da diese Werte reine Rechengrößen sind, die nicht in der Schalttabelle auftreten.

Die verbleibenden a-Koeffizienten in (3.73) ergeben sich nun eindeutig aus (2.23):

$$\begin{bmatrix} a_0 \\ a_1 \\ a_2 \\ a_3 \end{bmatrix} = \begin{bmatrix} 1 & 0 & 0 & 0 & 0 & 0 & 0 & 0 \\ -1 & 1 & 0 & 0 & 0 & 0 & 0 & 0 \\ -1 & 0 & 1 & 0 & 0 & 0 & 0 & 0 \\ -1 & 0 & 0 & 0 & 1 & 0 & 0 & 0 \end{bmatrix} \cdot \begin{bmatrix} y^{(1)} \\ y^{(2)} \\ y^{(3)} \\ y^{(4)} \\ y^{(5)} \\ y^{(6)} \\ y^{(7)} \\ y^{(8)} \end{bmatrix}$$

also

$$a_0 = y^{(1)},$$

$$a_1 = - y^{(1)} + y^{(2)},$$

$$a_2 = - y^{(1)} + y^{(3)},$$
        (3.78)

$$a_3 = - y^{(1)} + y^{(5)}.$$

Für das Zahlenbeispiel

$$y^{(2)} = y^{(3)} = y^{(5)} = 1, \qquad y^{(8)} = 0$$

wird nach (3.77)

$$y^{(1)} = \frac{3}{2}, \qquad y^{(4)} = y^{(6)} = y^{(7)} = \frac{1}{2}$$

und nach (3.78)

$$a_0 = \frac{3}{2}, \qquad a_1 = a_2 = a_3 = - \frac{1}{2}.$$

Die algebraisch lineare Schaltfunktion lautet damit

$$y = \frac{3}{2} - \frac{1}{2} \cdot (x_1 + x_2 + x_3).$$
        (3.79)

Der allgemeine Fall $y = f(x)$ mit n-dimensionalem $x$ werde noch kurz skizziert. Die Schalttabelle hat dann, sofern sie vollständig definiert ist, $2^n$ Zeilen. Die äquivalente multilineare Darstellung von $f(x)$ nach (2.25) ist durch $2^n$ a-Koeffizienten bestimmt. Davon sind $(n + 1)$ Koeffizienten $a_0, a_1, ..., a_n$ einfach indiziert. Nur diese dürfen von Null verschieden sein, soll $f(x)$ algebraisch linear in $x$ sein. Die restlichen $(2^n-n-1)$ Koeffizienten lassen sich in sinngemäßer Verallgemeinerung der obigen Überlegungen tatsächlich in bestimmten Fällen unvollständig definierter Schaltfunktionen zum Verschwinden bringen.

Hierzu seien $(n + 1)$ Ergebniswerte $y^{(i)}$ in der Schalttabelle definiert und die restlichen $(2^n{-}n{-}1)$ Ergebniswerte $y^{(i)}$ nicht definiert. Man kann daher $(2^n{-}n{-}1)$ lineare algebraische Gleichungen zwecks Wertzuweisung an die zunächst nicht definierten $y^{(i)}$ anschreiben. Jede einzelne dieser Gleichungen enthält genau vier $y^{(i)}$-Werte, was man dem Bildungsgesetz der Matrix $\Psi^{-1}$ bereits für den Fall $n = 4$ (Gl. (2.31)) nach elementaren Umformungen entnehmen kann. Diese Gleichungen sind stets dann eindeutig sukzessiv nach allen zunächst nicht definierten $y^{(i)}$ auflösbar, wenn nicht vier dieser Werte in irgend einer dieser Gleichungen auftreten. Die nicht definierten $y^{(i)}$-Werte ergeben sich dann wie schon oben für $n = 3$ gezeigt als Linearkombination der definierten. Mit diesen Rechengrößen sind zugleich die von Null verschiedenen Koeffizienten $a_0$, $a_1$, ..., $a_n$ festgelegt, die die algebraisch lineare Schaltfunktion bestimmen.

Wie schon angemerkt, sind die Rechengrößen zur *Vervollständigung einer unvollständig definierten Schaltfunktion* im allgemeinen nicht aus $\{0,1\}$. Das schließt nicht aus, daß sie sich in speziellen Fällen doch als Binärzahlen ergeben. Man kann dann von einer *binären* Vervollständigung einer unvollständig definierten Schaltfunktion sprechen.

Unvollständig definierte Boolesche Funktionen spielen in der Automatentheorie und ihren Anwendungen eine große Rolle. Der Automat

$$x(k+1) = f[x(k), u(k)],$$

$$y(k) = g[x(k), u(k)]$$

mit dem n-dimensionalen Zustand $x$, dem p-dimensionalen Steuervektor $u$ und dem q-dimensionalen Ausgangsvektor $y$ heißt *unvollständig definiert*, wenn nur eine Untermenge der $2^{n+p}$ möglichen Belegungen $(x, u)$ in Erscheinung tritt bzw. zugelassen wird. Hierzu gehören insbesondere die beiden folgenden Problemtypen:

a) Es ist aufgabengemäß nur eine Untermenge der $2^n$ möglichen x-Belegungen zugelassen. Dann heißt $u(k)$ *anwendbar* auf den Zustand $x(k)$, wenn auch der Folgezustand $x(k+1) = f[x(k), u(k)]$ dieser Untermenge angehört.

b) Es sind aufgabengemäß alle $2^n$ möglichen x-Belegungen zugelassen. Für eine Untermenge dieser x-Belegungen ist jedoch nicht jede der $2^p$ möglichen u-Belegungen erlaubt.

Beide Problemtypen sollen an je einem Beispiel illustriert werden.

Es werde der Fließbandprozeß nach Bild 3.1 mit der zugehörigen binären Zustandsgleichung (3.68) betrachtet, also ein Automat mit zunächst *vollständig* definierter algebraisch linearer Schaltfunktion. Um das Beispiel überschaubar zu machen, werde n = 3 gewählt:

$$x(k+1) = \begin{bmatrix} 0 & 0 & 0 \\ 1 & 0 & 0 \\ 0 & 1 & 0 \end{bmatrix} x(k) + \begin{bmatrix} 1 \\ 0 \\ 0 \end{bmatrix} u(k), \qquad k = 0, 1, 2, \dots \qquad (3.80)$$

Auf der Transportstrecke sollen zwei Arten von Teilen transportiert werden, wobei der Sorte A die Binärzahl 1 zugeordnet wird und der Sorte B die Binärzahl 0. Die Aufgabenstellung besteht in einer wohldosierten Beschickung der Transportstrecke derart, daß bedarfsgemäß vorwiegend Teile der Sorte A transportiert werden. Ein Teil der Sorte B soll stets dann am Beginn der Transportstrecke nachgeschoben werden, wenn im vorherigen Zeitschritt die gesamte Transportstrecke nur Teile A ($\hat{=}$ 1) enthielt. Auf diese Weise kann immer nur *höchstens ein* Teil B ($\hat{=}$ 0) auf der Transportstrecke sein, woraus die *unvollständig* definierte Schalttabelle 3.5 resultiert. Sie ordnet jeder der vier möglichen Zustandsbelegungen x(k) den aufgabengemäßen Wert der binären Steuergröße u(k) zu. Damit ist zugleich nach (3.80) der Zustand x(k+1) im darauffolgenden Zeittakt festgelegt. Auch für diesen Zustand sind die Zahlenwerte in Tabelle 3.5 eingetragen. Wie man sieht, enthält auch der Vektor x(k+1) höchstens eine 0-Kom-

**Tabelle 3.5** Schalttabelle für die Beschickung eines Stückgut-Transportprozesses

| $x_3(k)$ | $x_2(k)$ | $x_1(k)$ | $u(k)$ | $x_3(k+1)$ | $x_2(k+1)$ | $x_1(k+1)$ |
|---|---|---|---|---|---|---|
| ~~0~~ | ~~0~~ | ~~0~~ | $u^{(1)}$ | | | |
| ~~0~~ | ~~0~~ | ~~1~~ | $u^{(2)}$  nicht definiert | | | |
| ~~0~~ | ~~1~~ | ~~0~~ | $u^{(3)}$ | | | |
| 0 | 1 | 1 | $u^{(4)} = 1$ | 1 | 1 | 1 |
| ~~1~~ | ~~0~~ | ~~0~~ | $u^{(5)}$   nicht definiert | | | |
| 1 | 0 | 1 | $u^{(6)} = 1$ | 0 | 1 | 1 |
| 1 | 1 | 0 | $u^{(7)} = 1$ | 1 | 0 | 1 |
| 1 | 1 | 1 | $u^{(8)} = 0$ | 1 | 1 | 0 |

ponente. Dadurch ist für *alle* k gesichert, daß der Systemzustand x immer nur eine der vier Kombinationen aus der unvollständig definierten Schaltfunktion annehmen kann. Die in Tabelle 3.5 gewählte Steuerstrategie erweist sich also als *anwendbar*, sie ist mit der unvollständig definierten Schalttabelle verträglich.

Die aus Tabelle 3.5 resultierende Schaltfunktion

$$u(k) = f[x(k)]$$

läßt sich offenbar algebraisch linear darstellen,

$$u(k) = r_0 + r_1 x_1(k) + r_2 x_2(k) + r_3 x_3(k) = r_0 + r^T x(k) , \qquad (3.81)$$

denn die Voraussetzungen dafür sind nach den Ausführungen in diesem Abschnitt (n = 3) erfüllt.

Die sinngemäße Anwendung von (3.75) auf die $u^{(i)}$ liefert das lineare Gleichungssystem

$$u^{(1)} - u^{(2)} - u^{(3)} + 1 = 0,$$

$$u^{(1)} - u^{(2)} - u^{(5)} + 1 = 0,$$

$$u^{(1)} - u^{(3)} - u^{(5)} + 1 = 0,$$

$$u^{(5)} - 1 - 1 = 0,$$

woraus sukzessive

$$u^{(1)} = 3, \qquad u^{(2)} = u^{(3)} = u^{(5)} = 2 \qquad (3.82)$$

folgt. Diese *nichtbinären* Werte vervollständigen die Schalttabelle 3.5. In sinngemäßer Anwendung von (3.78) erhält man nun die noch ausstehenden Koeffizienten $r_i$ in (3.81):

$$r_0 = u^{(1)} = 3,$$

$$r_1 = -u^{(1)} + u^{(2)} = -1,$$

$$r_2 = -u^{(1)} + u^{(3)} = -1,$$

$$(3.83)$$

$$r_3 = -u^{(1)} + u^{(5)} = -1.$$

Die algebraisch lineare Schaltfunktion (3.81) lautet damit

$$u(k) = 3 - [x_1(k) + x_2(k) + x_3(k)]. \tag{3.84}$$

In der Sprache der Regelungstechnik ist diese Strategie zur Beschickung der Transportstrecke nichts anderes als ein *linearer Zustandsregler* für das hier betrachtete zeitdiskrete System. Er erzeugt den aufzuschaltenden binären Steuerwert $u(k)$ selbsttätig aus den aktuellen Binärwerten $x_1(k)$, $x_2(k)$ und $x_3(k)$ der Zustandsvariablen. Es sei nochmals betont, daß das *lineare* Regelungsgesetz (3.81) deshalb zum Ziel führt, weil die Schalttabelle 3.5 per Aufgabenstellung unvollständig definiert ist.

Um den regelungstechnischen Aspekt noch etwas weiter zu führen, kann man auch die *Gleichung des geschlossenen binären Regelkreises* anschreiben, indem man die Reglergleichung (3.81) in die Prozeßgleichung (3.80) einsetzt:

$$x(k+1) = \begin{bmatrix} 0 & 0 & 0 \\ 1 & 0 & 0 \\ 0 & 1 & 0 \end{bmatrix} x(k) + \begin{bmatrix} r_1 & r_2 & r_3 \\ 0 & 0 & 0 \\ 0 & 0 & 0 \end{bmatrix} x(k) + \begin{bmatrix} r_0 \\ 0 \\ 0 \end{bmatrix},$$

also

$$x(k+1) = \begin{bmatrix} r_1 & r_2 & r_3 \\ 1 & 0 & 0 \\ 0 & 1 & 0 \end{bmatrix} x(k) + \begin{bmatrix} r_0 \\ 0 \\ 0 \end{bmatrix}. \tag{3.85}$$

Für das Zahlenbeispiel nach (3.83) wird

$$x(k+1) = \begin{bmatrix} -1 & -1 & -1 \\ 1 & 0 & 0 \\ 0 & 1 & 0 \end{bmatrix} x(k) + \begin{bmatrix} 3 \\ 0 \\ 0 \end{bmatrix}. \tag{3.86}$$

Eine leichte Abwandlung dieses Beispiels führt zu einem Problem vom Typ b). Wie aus Bild 3.2 hervorgeht, können die Teile vor Verlassen des Bandes einer fertigungstechnischen Bearbeitung unterzogen werden. Konkret möge es sich dabei etwa um das Bohren eines Loches handeln. Offensichtlich ist dies ein Prozeß mit zwei binären Steuergrößen $u_1$ und $u_2$. Die binäre Wertzuweisung sei wie folgt:

$$x_i = \begin{cases} 1, & \text{Teil A}, \\ 0, & \text{Teil B}, \end{cases} \qquad i = 1, 2, 3,$$

$$u_1 = \begin{cases} 1, & \text{nachschieben eines Teiles A}, \\ 0, & \text{nachschieben eines Teiles B}, \end{cases}$$

$$u_2 = \begin{cases} 1, & \text{bohren}, \\ 0, & \text{nicht bohren}. \end{cases}$$

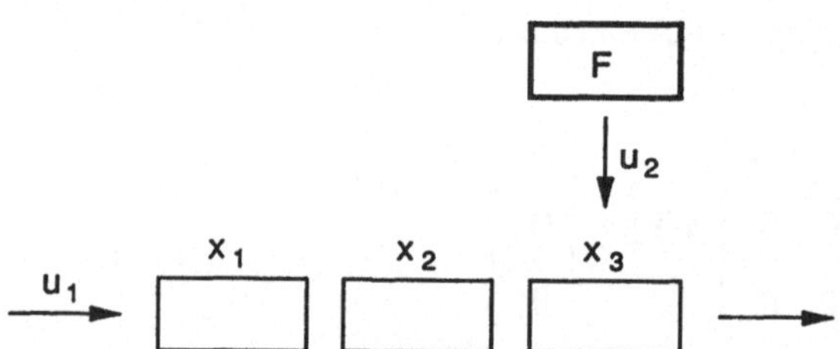


**Bild 3.2**  Transportprozeß mit ortsfester fertigungstechnischer Bearbeitungsstation F

Der Transportprozeß selbst wird nach (3.80) beschrieben durch

$$x(k+1) = \begin{bmatrix} 0 & 0 & 0 \\ 1 & 0 & 0 \\ 0 & 1 & 0 \end{bmatrix} x(k) + \begin{bmatrix} 1 \\ 0 \\ 0 \end{bmatrix} u_1(k), \quad k = 0,1,2,3,\dots \tag{3.87}$$

Die technische Aufgabenstellung sei wie folgt:

Alle Teile A sollen gebohrt werden, d.h.

$$u_2(k) = 1, \text{ sofern } x_3(k) = 1. \tag{3.88}$$

Welcher Prozentsatz der Teile B zu bohren ist, werde auf hierarchisch höherer Ebene entschieden. Daher bleibt die Wahlmöglichkeit

$$u_2(k) = 0 \text{ oder } 1, \text{ sofern } x_3(k) = 0. \tag{3.89}$$

Durch die folgenden Vorgaben werde die Steuergröße $u_1$ an die Steuergröße $u_2$ gebunden:

Falls ein Teil A gerade gebohrt wird, soll im nächsten Takt ein Teil B nachgeschoben werden, d.h.

$$u_1(k) = 0, \text{ sofern } u_2(k) = x_3(k) = 1. \tag{3.90}$$

Falls ein Teil B gerade in der Bearbeitungsstation ist, soll im nächsten Takt

Teil B nachgeschoben werden, sofern gerade nicht gebohrt wurde, d.h.

$$u_1(k) = 0, \text{ sofern } u_2(k) = x_3(k) = 0, \tag{3.91}$$

und soll im nächsten Takt Teil A nachgeschoben werden, sofern gerade gebohrt wurde, d.h.

$$u_1(k) = 1, \text{ sofern } u_2(k) = 1, x_3(k) = 0. \tag{3.92}$$

Die Gln. (3.90) - (3.92) lassen sich in der Schalttabelle 3.6 zusammenfassen. Diese ist unvollständig definiert. Daher läßt sich in der algebraischen Darstellung

$$u_1(k) = a_0 + a_1 x_3(k) + a_2 u_2(k) + a_{12}\, x_3(k)u_2(k)$$

Linearität erzwingen, indem man

$$a_{12} = 0$$

**Tabelle 3.6** Bindung der Steuergröße $u_1$ an die Steuergröße $u_2$

| $u_2(k)$ | $x_3(k)$ | $u_1(k)$ |
|----------|----------|----------|
| 0 | 0 | 0 |
| ~~0~~ | ~~1~~ | nicht definiert |
| 1 | 0 | 1 |
| 1 | 1 | 1 |

fordert. Nach der in diesem Abschnitt bereits beschriebenen Methode erhält man auf diese Weise

$$a_0 = 0, \qquad a_1 = -1, \qquad a_2 = 1$$

und daher

$$u_1(k) = -x_3(k) + u_2(k).$$

Setzt man diese Beziehung in die Transportgleichung (3.87) ein, so verbleibt nur $u_2$ als Steuergröße dieses Prozesses. Mit der einfachen Bezeichnung $u$ statt $u_2$ erhält man daher die binäre Zustandsdarstellung des Prozesses

$$x(k+1) = \begin{bmatrix} 0 & 0 & -1 \\ 1 & 0 & 0 \\ 0 & 1 & 0 \end{bmatrix} x(k) + \begin{bmatrix} 1 \\ 0 \\ 0 \end{bmatrix} u(k). \tag{3.93}$$

Das Beispiel gehört zum oben beschriebenen Typ b), denn jeder der $2^n = 8$ möglichen Zustände darf für $x(k)$ eingesetzt werden. Die Steuerung $u(k)$ unterliegt jedoch der Einschränkung $u(k) = 1$, sofern $x_3(k) = 1$.

Die hier betrachteten Beispiele für Transportprozesse sind noch sehr einfach, weil nur zwischen zwei verschiedenen Transportgütern (A und B) unterschieden wird. Verallgemeinerungen hin zu größerer Komplexität sind jedoch möglich. Sind beispielsweise $m > 2$ verschiedene Stückgüter zu unterscheiden, so ersetzt man in (3.68) die binären Komponenten $x_i$ durch M-stellige binäre Zeilenvektoren

$$x_i^T = [x_{i1}, ..., x_{iM}],$$

wobei M als die kleinste natürliche Zahl gewählt wird, für die

$$2^M \geq m$$

gilt. Auf diese Weise lassen sich die verschiedenen Güter codieren. An die Stelle der Gl. (3.68) tritt dann eine Beziehung vom Typ

$$X(k+1) = A \, X(k) + B \, U(k).$$

Diese allgemeineren Systeme sollen jedoch hier nicht weiter verfolgt werden.


## 3.6 Die Gesamtheit der vollständig definierten, algebraisch linearen Binärprozesse

Nach den Ausführungen der Abschnitte 3.4 und 3.5 drängt sich die Frage auf, wie groß die Klasse der algebraisch linearen Binärprozesse eigentlich ist. Umfaßt sie neben den als Beispiele betrachteten Transportsystemen auch ganz andersartige Automaten? Die Frage muß für vollständig definierte und für unvollständig definierte Automaten getrennt beantwortet werden.

Wir wenden uns zunächst den vollständig definierten Prozessen zu. Der Transportvorgang (3.68) ist ein Beispiel n-ter Ordnung für ein derartiges System mit skalarer Steuergröße. Um *alle* diese Binärprozesse n-ter Ordnung mit p Steuergrößen zu finden, geht man von (3.52) aus und schreibt die $\ell$-te Komponente des Vektors x(k+1) ausführlich an:

$$x_\ell(k+1) = a_\ell^T \, x(k) + b_\ell^T \, u(k) + a_{\ell 0}.$$

Als algebraisch lineare Funktion kann dieser Ausdruck nur dann eine *vollständig* definierte Boolesche Funktion darstellen, wenn höchstens *eine* Komponente von x(k) *oder* u(k) eingeht, wenn also gilt (vgl. Abschnitt 2.2):

$$x_\ell(k+1) = a_{\ell\mu} x_\mu(k) + a_{\ell 0} \tag{3.94}$$

oder

$$x_\ell (k+1) = b_{\ell\nu} u_\nu(k) + a_{\ell 0}. \qquad (3.95)$$

Die möglichen Werte der Koeffizienten entnimmt man sinngemäß der Tabelle 2.7:

$$a_{\ell 0} \quad = 0 \text{ oder } 1$$

$$a_{\ell\mu} \quad = -1, 0 \text{ oder } +1,$$

$$b_{\ell\nu} \quad = -1, 0 \text{ oder } +1,$$

mit der Einschränkung, daß die Varianten

$$x_\ell(k+1) = x_\mu(k) + 1,$$

$$x_\ell(k+1) = -x_\mu(k),$$

$$x_\ell(k+1) = u_\nu(k) + 1,$$

$$x_\ell(k+1) = -u_\nu(k)$$

nicht vorkommen können (wie man aus Abschnitt 2.2 ersehen kann).

Was hier für die $\ell$-te Komponente von $x(k+1)$ gezeigt wurde, gilt in gleicher Weise für jede andere Komponente dieses Vektors.

Ein Beispiel für einen derartigen vollständig definierten algebraisch linearen Binärprozeß, der kein Transportvorgang nach (3.68) ist, ist die folgende Differenzengleichung:

$$x(k+1) = \begin{bmatrix} 0 & 0 & 1 \\ 0 & 0 & 0 \\ 0 & -1 & 0 \end{bmatrix} x(k) + \begin{bmatrix} 0 \\ -1 \\ 0 \end{bmatrix} u(k) + \begin{bmatrix} 0 \\ 1 \\ 1 \end{bmatrix}, \qquad (3.96)$$

komponentenweise geschrieben:

$$x_1(k+1) = x_3(k),$$

$$x_2(k+1) = -u(k) + 1 \qquad (\hateq \overline{u(k)}),$$

$$x_3(k+1) = -x_2(k) + 1 \qquad (\hateq \overline{x_2(k)}).$$

In diesem System entwickelt sich aus einem binären Anfangszustand $x(0)$ unter dem Einfluß einer binären Steuerfolge $\{u(k)\}$ schrittweise die Zustandsfolge

$$\begin{bmatrix} x_1(0) \\ x_2(0) \\ x_3(0) \end{bmatrix}, \begin{bmatrix} x_3(0) \\ \bar{u}(0) \\ \bar{x}_2(0) \end{bmatrix}, \begin{bmatrix} \bar{x}_2(0) \\ \bar{u}(1) \\ u(0) \end{bmatrix}, \begin{bmatrix} u(0) \\ \bar{u}(2) \\ u(1) \end{bmatrix}, \dots$$

Ähnlich wie bei einem Transportprozeß hängt auch hier der Systemzustand nach einigen Schritten nicht mehr vom Anfangszustand ab, sondern nur noch von der angewandten Steuerfolge. Jedoch werden die einzelnen Binärwerte nicht nach der Art eines Schieberegisters, sondern nach einem komplizierteren Schema (Permutation) an ihre neuen Plätze weitergegeben. Dabei können auch Negationen vorkommen, wie das Beispiel zeigt.

Von dieser Art also ist die Gesamtheit der vollständig definierten, algebraisch linearen Binärprozesse. Die Systemklasse ist offenbar relativ klein. Die Situation ändert sich jedoch gewaltig, sobald auch unvollständig definierte Binärprozesse einbezogen werden. Erst durch diese Ausweitung wird die Klasse der algebraisch linearen Binärprozesse so groß, daß eine nähere systemtheoretische Untersuchung dieser Systeme lohnend und gerechtfertigt ist.

Die Diskussion algebraisch linearer Binärprozesse konzentrierte sich hier auf die Linearität der *Überführungsfunktion* (vgl. (2.38) und zugehörigen Text)

$$f(x,u) = A\,x + B\,u + a_0.$$

Selbstverständlich ist für diese Systemklasse auch Linearität der *Ausgangsgleichung* (2.39) zu fordern, also eine Ergebnisfunktion $g(x,u)$ der Form

$$g(x,u) = C\,x + D\,u + c_0. \tag{3.97}$$

Was oben über die spezielle Bauart von **A**, **B** und $a_0$ im Falle vollständig definierter Prozesse gesagt wurde, läßt sich direkt auf **C**, **D** und $c_0$ übertragen. Die Bedingungen für algebraische Linearität der Ergebnisfunktion g(x,u) sind insbesondere stets dann erfüllt, wenn jede Ausgangsgröße $y_i(k)$ mit irgend einer Zustandsgröße $x_j(k)$ identisch ist. Dann ist in (3.97) **D** = **0** und $c_0$ = **0**, und die Zeilen $c_i^T$ von **C** sind von der Form

$$c_i^T = [0, ..., 0, 1, 0, ..., 0], \qquad\qquad i = 1, ..., q,$$

mit dem 1-Element an j-ter Stelle. Diese Situation kommt in den technischen Anwendungen recht häufig vor. In der Systemtheorie spricht man von einer Zustandsdarstellung in "Sensorkoordinaten".

## 3.7  Zusammenfassung

In diesem Kapitel wurde gezeigt, daß in der algebraischen Darstellung Boolescher Schaltfunktionen einige wichtige Spezialfälle enthalten sind. Die stärkste Spezialisierung der multilinearen Funktion f(x,u) stellt die Klasse der streng linearen Funktionen in **x** und **u** dar (Abschnitt 3.4). Diese Klasse repräsentiert zwar nur eine kleine Untermenge aller Booleschen Funktionen, jedoch eine für die technischen Anwendungen sehr bedeutsame. Sie schließt die in der heutigen Automatisierungstechnik wichtigen Stückguttransportprozesse ein, wie sie in der Fertigungssteuerung vorkommen. Besonderes Augenmerk verdienen die unvollständig definierten Booleschen Funktionen (Abschnitt 3.5), für die sich häufig algebraisch lineare Ausdrücke erzwingen lassen, wie an Beispielen gezeigt wurde.

Da Boolesche Verknüpfungen die rechten Seiten der Zustandsgleichung und der Ausgangsgleichung eines Automaten bilden, ist es naheliegend, zunächst einmal die Klasse der algebraisch linearen Automaten näher ins Auge zu fassen. An den in diesem Kapitel betrachteten Beispielen derartiger Prozesse ist bereits erkennbar, daß regelungstechnische Begriffsbildungen und Methoden weitgehend auf derartige binäre Prozesse übertragbar sind. Im folgenden vierten Kapitel soll daher die Klasse der algebraisch linear beschreibbaren Automaten unter dem Aspekt von Struktureigenschaften wie Stabilität, Steuerbarkeit und Beobachtbarkeit analysiert werden.

# 4 Algebraisch lineare Automaten

## 4.1 Der lineare Automat im Sinne der Automatentheorie

Der Begriff des linearen Automaten spielt in der Automatentheorie eine herausragende Rolle, da er wichtige Anwendungen im Bereich der Schieberegister, Zähler, Frequenzteiler und Codierschaltungen findet [28], [61]. Im Sinne der Automatentheorie wird ein linearer Automat durch Zustandsgleichungen der Form [56], [61], [62]

$$x(k+1) = A\, x(k) + B\, u(k), \tag{4.1}$$

$$y(k) = C\, x(k) + D\, u(k) \tag{4.2}$$

beschrieben, mit dem p-dimensionalen Eingangsvektor $u$, dem n-dimensionalen Zustandsvektor $x$ und dem q-dimensionalen Ausgangsvektor $y$.

Die Gln. (4.1) und (4.2) entsprechen zwar formal völlig der Zustandsdarstellung eines linearen Abtastsystems, wie sie in der Regelungstechnik verwendet wird. Dennoch bestehen gravierende Unterschiede. Dazu gehört zunächst der binäre Charakter der Komponenten von $u$, $x$ und $y$. Der entscheidende Unterschied ist jedoch die *andersartige Algebra*, die in (4.1) und (4.2) verwendet wird. Es handelt sich um Rechenoperationen der *Schaltalgebra*! Die Elemente der Matrizen $A$, $B$, $C$ und $D$ werden daher als Binärzahlen vorausgesetzt, und die in (4.1) und (4.2) durchzuführenden Additionen und Multiplikationen von Binärzahlen werden *modulo* 2 verstanden [53], [61]:

$$0 + 0 = 0, \qquad 0 + 1 = 1, \qquad 1 + 0 = 1, \qquad 1 + 1 = 0. \tag{4.3}$$

$$0 \cdot 0 = 0, \qquad 0 \cdot 1 = 0, \qquad 1 \cdot 0 = 0, \qquad 1 \cdot 1 = 1. \tag{4.4}$$

Insbesondere wird auch nicht zwischen Addition und Subtraktion unterschieden [61]:

$$- 1 = + 1, \qquad - 0 = + 0. \tag{4.5}$$

Auf diese Weise führen die Rechenoperationen Addition und Multiplikation nie aus dem Bereich der Binärzahlen 0 und 1 heraus. Man spricht von dem *Galoisfeld* GF(2), einem Begriff, der hier nicht weiter vertieft zu werden braucht [25], [61].

Die Addition modulo 2 entspricht der logischen Antivalenz (siehe Abschnitt 2.1) und die Multiplikation der Konjunktion. Die im Sinne der Schaltalgebra "linearen" rechten Seiten von (4.1) und (4.2) sind daher als Spezialfall in den schon in den Abschnitten 2.4 und 2.5 angesprochenen SHEGALKIN-Polynomen enthalten.

Es ist bemerkenswert, daß in der Theorie der linearen Automaten eine Begriffswelt auf den Zustandsgleichungen (4.1) und (4.2) aufgebaut wurde, die weitgehende Analogien zu Begriffsbildungen der Regelungstechnik hat, und dies trotz der andersartigen Algebra. So kennt man in der linearen Automatentheorie die Anwendung der z-Transformation, demzufolge auch die Begriffe der Übertragungsfunktion und der charakteristischen Gleichung eines Systems. Letztere lautet für die Zustandsgleichung (4.1)

$$\det (\mathbf{A} - \lambda \mathbf{I}) = 0 \tag{4.6}$$

und entspricht damit formal genau der charakteristischen Gleichung eines linearen zeitdiskreten Systems der Regelungstechnik.

Angesichts dieser weitgehenden Analogien muß es umso mehr überraschen, daß der in der linearen Systemtheorie und Regelungstechnik so unverzichtbare *Eigenwertbegriff* keine direkte Entsprechung bei linearen Automaten hat. Der Begriff taucht in den gängigen Lehrbüchern zur Automatentheorie nicht auf!

An einem einfachen Rechenbeispiel, entnommen aus dem Anhang von [61], Band 2, soll (4.6) einmal konkret angeschrieben und ausgewertet werden. Dabei soll besonders die Rolle des Parameters $\lambda$ beleuchtet werden.

Es sei

$$\mathbf{A} = \begin{bmatrix} 0 & 1 & 0 \\ 0 & 0 & 1 \\ 1 & 1 & 0 \end{bmatrix},$$

mit Elementen $a_{ik}$ aus dem Galoisfeld GF(2). Die zugehörige charakteristische Gleichung lautet nach [61], da sich Addition und Subtraktion nicht unterscheiden,

$$\det (A - \lambda I) = \det (A + \lambda I) =$$

$$= \begin{vmatrix} \lambda & 1 & 0 \\ 0 & \lambda & 1 \\ 1 & 1 & \lambda \end{vmatrix} = \lambda^3 + \lambda + 1 = 0. \tag{4.7}$$

In der linearen Regelungstechnik gewinnt man über die Eigenwerte als die Wurzeln der charakteristischen Gleichung Einblick in das dynamische Verhalten des betrachteten Systems, insbesondere in sein Stabilitätsverhalten. Die charakteristische Gleichung (4.7) hat offensichtlich *keine Lösung* in GF(2), denn für $\lambda = 0$ bzw. $\lambda = 1$ wird in GF(2)

$$0^3 + 0 + 1 = 1,$$

$$1^3 + 1 + 1 = 1.$$

Offenbar kommt in der traditionellen linearen Automatentheorie dem Eigenwertbegriff nicht die tragende Bedeutung zu, die er in der Theorie linearer Abtastsysteme hat.

Auf der anderen Seite weist jeder endliche Automat, also auch ein linearer, ein ihm eigenes dynamisches Verhalten auf, das sich in der Existenz periodischer Zustände sowie stabiler Gleichgewichtszustände zeigen kann. Im folgenden soll der Nutzen aufgezeigt werden, den die neue gewöhnlich-algebraische Beschreibungsform für die Systemanalyse und Synthese mit sich bringt.

## 4.2  Der autonome algebraisch lineare Automat und sein dynamisches Verhalten

Um die Bedeutung des Eigenwertbegriffs für die Dynamik algebraisch linearer Automaten besser einordnen zu können, werden zunächst die möglichen Verhaltensweisen linearer sowie nichtlinearer autonomer Abtastsysteme in Erinnerung gebracht (Abschnitt 4.2.1). Dem wird im Abschnitt 4.2.2 das ganz andersartige Verhaltensrepertoire endlicher Automaten gegenübergestellt, wie es die Automatentheorie lehrt. Im Abschnitt 4.2.3 schließlich werden daraus Folgerungen für das dynamische Verhalten algebraisch linearer Automaten gezogen, orientiert am Eigenwertbegriff.

### 4.2.1   Das autonome Abtastsystem

Das nichtlineare Abtastsystem

$$x(k+1) = f[x(k), u(k)] , \qquad k = 0, 1, 2, \dots \tag{4.8}$$

heißt *autonom*, wenn die rechte Seite dieser Zustandsdifferenzengleichung eine Funktion von $x(k)$ allein ist:

$$x(k+1) = f[x(k)] , \qquad k = 0, 1, 2, \dots \tag{4.9}$$

Das System (4.8) wird also autonom, wenn der Eingangsvektor $u$ konstant ist,

$$u(k) \equiv u_s \text{ für alle } k.$$

Ein Vektor $x_s$ heißt *statischer Zustand* (auch Ruhezustand oder Gleichgewichtszustand) von (4.9), wenn

$$x(k+1) = x(k) = x_s \text{ für alle } k. \tag{4.10}$$

Ein statischer Zustand $x_s$ genügt also der Gleichung

$$x_s = f(x_s). \tag{4.11}$$

Ist nun $x(0) = x_s$, fällt also der Anfangszustand $x(0)$ mit einem statischen Zustand zusammen, so verharrt das System für alle $k$ in diesem Zustand, sofern keine Störungen einwirken.

Fällt $x(0)$ nicht mit einem statischen Zustand zusammen, so kann der Zustand nicht in $x(0)$ verharren, vielmehr entsteht nach (4.9) eine Folge von Zuständen $x(0)$, $x(1)$, $x(2)$, ..., die das *dynamische* Verhalten des autonomen Systems (4.9) wiedergibt. Die Reaktion eines autonomen Systems auf eine Anfangsauslenkung aus einem Ruhezustand ist von größtem Interesse, weil sie die *Stabilitätsfrage* im Sinne von Ljapunow betrifft.

Die wichtigsten Ljapunowschen Stabilitätsdefinitionen seien ohne mathematische Details in ihrer verbalen Formulierung wiederholt [3], [6], [15]:

Ein Ruhezustand $x_s$ des Abtastsystems (4.9) heißt *stabil*, wenn x(k) für alle k in einer beliebig engen Umgebung von $x_s$ bleibt, sofern nur der Anfangszustand x(0) hinreichend nah bei $x_s$ gelegen ist.

Ein Ruhezustand $x_s$ des Abtastsystems (4.9) heißt *asymptotisch stabil*, wenn er stabil ist und überdies eine Umgebung besitzt derart, daß die in ihr für k = 0 beginnende Folge { x(k)} mit wachsendem k gegen $x_s$ strebt. Diese Umgebung heißt der *Einzugsbereich* des Ruhezustands.

Umfaßt der Einzugsbereich eines asymptotisch stabilen Ruhezustands den gesamten Zustandsraum, so heißt der Ruhezustand *global asymptotisch stabil*.

Ein Ruhezustand $x_s$ des Abtastsystems (4.9) heißt *instabil*, wenn es eine Umgebung von $x_s$ gibt derart, daß Folgen { x(k)} existieren, die für k = 0 beliebig nah bei $x_s$ beginnen, aber nicht für alle k in dieser Umgebung bleiben.

Soviel zu dem Ljapunowschen Stabilitätsbegriff. Im Lichte dieses Begriffs soll nun zunächst der lineare Spezialfall des autonomen Abtastsystems (4.9) betrachtet werden:

$$x(k+1) = A\,x(k) + a_0\,, \qquad k = 0, 1, 2, \dots \qquad (4.12)$$

Das System (4.12) entsteht aus dem allgemeinen linearen Abtastsystem

$$x(k+1) = A\,x(k) + B\,u(k)\,, \qquad k = 0, 1, 2, \dots \qquad (4.13)$$

wenn der Eingangsvektor konstant ist,

$$u(k) \equiv u_s \text{ für alle k.}$$

Dann ist

$$a_0 = B\,u_s. \qquad (4.14)$$

Sofern (4.12) eine statische Lösung $x_s$ hat, genügt sie wegen (4.10) der Gleichung

$$(I - A)x_s = a_0. \qquad (4.15)$$

Ist speziell $a_0 = 0$, so ist die triviale Lösung

$$x_s = 0 \qquad (4.16)$$

stets ein statischer Zustand. Darüber hinaus treten in diesem Fall auch nichttriviale Lösungen $x_s$ auf, sofern

$$\det (I - A) = 0, \tag{4.17}$$

sofern also $\lambda = 1$ Eigenwert der Systemmatrix $A$ ist. Die Matrix $(I - A)$ ist dann singulär. Beschränken wir uns auf den Fall, daß der Eigenwert $\lambda = 1$ nur *einfach* vorkommt, so hat die homogene Gleichung

$$(I - A)x_s = 0$$

die allgemeine Lösung

$$x_s = c_1 \cdot x_1^*, \tag{4.18}$$

wobei $x_1^*$ der Eigenvektor von $A$ zum Eigenwert $\lambda = 1$ ist und $c_1$ eine beliebige Konstante. Man hat also eine *Mannigfaltigkeit statischer Zustände.*

Ist in (4.15) $a_0 \neq 0$, so existiert eine *eindeutige* Lösung $x_s$ genau dann, wenn $\lambda = 1$ *kein* Eigenwert von $A$ ist. Die Lösung von (4.15) ist dann

$$x_s = (I - A)^{-1} a_0 . \tag{4.19}$$

Tritt im Fall $a_0 \neq 0$ der einfache Eigenwert $\lambda = 1$ auf, so hat (4.15) *im allgemeinen* keine Lösung $x_s$! Ein statischer Zustand $x_s$ existiert jedoch, wenn die Verträglichkeitsbedingung

$$\text{rang } (I - A) = \text{rang } (I - A, a_0) \tag{4.20}$$

erfüllt ist [7], [105]. Die allgemeine Lösung von (4.15) ist dann

$$x_s = x_1 + c_1 x_1^* . \tag{4.21}$$

Darin ist $c_1 x_1^*$ die allgemeine Lösung des homogenen Systems nach (4.18) und $x_1$ irgendeine Lösung des inhomogenen Systems (4.15).

Wie von den linearen Abtastsystemen her bekannt ist [1], [5], [18], hängt das Ljapunowsche *Stabilitätsverhalten* einer statischen Lösung $x_s$ von (4.12) allein von der Lage der Eigenwerte der Systemmatrix **A** ab:

Eine Ruhelage $x_s$ des Abtastsystems (4.12) ist *stabil* im Ljapunowschen Sinn, wenn für alle Eigenwerte $\lambda_i$ von **A** gilt:

1.  $|\lambda_i| \leq 1, \qquad i = 1, ..., n.$ $\hspace{4cm}$ (4.22)

2.  Diejenigen Eigenwerte, für die $|\lambda_i| = 1$ ist, kommen nur einfach vor.

$\hspace{12cm}$ (4.23)

Eine Ruhelage $x_s$ des Abtastsystems (4.12) ist *global asymptotisch stabil* im Ljapunowschen Sinn, wenn für alle Eigenwerte von **A** gilt:

$$|\lambda_i| < 1, \qquad i = 1, ..., n. \hspace{4cm} (4.24)$$

Eine Ruhelage $x_s$ des Abtastsystems (4.12) ist *instabil* im Ljapunowschen Sinn, wenn mindestens ein Eigenwert $\lambda_i$ auftritt mit

$$|\lambda_i| > 1$$

oder wenn mindestens ein Eigenwert $\lambda_i$ mit

$$|\lambda_i| = 1$$

mehrfach vorkommt.

Anmerkung: Das Auftreten mehrfacher Eigenwerte mit $|\lambda_i| = 1$ kann in bestimmten Fällen dennoch zu einem stabilen System führen, sofern nämlich das System (4.12) in völlig separate Teilsysteme zerfällt. Ein einfaches Beispiel ist das System

$$x(k+1) = \begin{bmatrix} -1 & 0 \\ 0 & -1 \end{bmatrix} x(k),$$

das in die separaten Teilsysteme

$$x_i(k+1) = -x_i(k), \qquad i = 1, 2,$$

zerfällt. Der doppelte Eigenwert $\lambda_1 = \lambda_2 = -1$ führt hier nicht zur Instabilität der Ruhelage 0, sondern zu periodischem und damit stabilem Verhalten im Sinne von Ljapunow. In jedem Teilsystem ist der kritische Eigenwert einfach.

Zu einem konjugiert komplexen einfachen Eigenwertpaar $\lambda_i$ und $\lambda_{i+1} = \bar{\lambda}_i$ mit $|\lambda_i| = 1$ sowie auch zu dem einfachen reellen Eigenwert $\lambda_i = -1$ gehört eine oszillierende Eigenbewegung, also eine Dauerschwingungsform. Schreibt man $\lambda_i$ in der Form

$$\lambda_i = e^{j\varphi_i}, \tag{4.25}$$

so genügen die Abtastwerte dieser Oszillation dem Bildungsgesetz [1]

$$A_i \cdot \cos(k \cdot \varphi_i + \Psi_i), \qquad k = 0, 1, 2, \dots \tag{4.26}$$

Darin sind die vom Anfangszustand abhängige Amplitude $A_i$ und die Phasenverschiebung $\Psi_i$ hier von untergeordnetem Interesse.

Verbindet man die vorangestellte Diskussion des statischen Zustands von (4.12) mit der Stabilitätsdiskussion, so ergibt sich für ein lineares autonomes Abtastsystem folgendes Bild:

Liegen alle Eigenwerte von $\mathbf{A}$ innerhalb des Einheitskreises,

$$|\lambda_i| < 1, \qquad i = 1, \dots, n,$$

so hat (4.12) den eindeutigen Ruhezustand nach (4.19), und dieser ist global asymptotisch stabil.

Liegen konjugiert komplexe einfache Eigenwertpaare *auf* dem Einheitskreis (bzw. kommt $\lambda_i = -1$ einfach vor) und liegen die restlichen Eigenwerte in dessen Innengebiet, so hat (4.12) den eindeutigen Ruhezustand nach (4.19) und dieser ist stabil im Sinne von Ljapunow. Die jetzt auftretenden Oszillationen haben nämlich eine beliebig kleine Amplitude, sofern nur die Anfangsauslenkung hinreichend klein war.

Kommt der einfache Eigenwert $\lambda = 1$ vor, so existiert die Mannigfaltigkeit (4.21) von Ruhezuständen, sofern die Verträglichkeitsbedingung (4.20) erfüllt ist. Jeder dieser

Ruhezustände ist stabil im Ljapunowschen Sinn, sofern auch alle restlichen Eigenwerte des Systems den Bedingungen (4.22) und (4.23) genügen.

Die Verhaltensmöglichkeiten *nichtlinearer* autonomer Abtastsysteme sind erheblich reichhaltiger als im linearen Fall. Für einen ersten Überblick wird besonders auf den Übersichtsaufsatz von G. LUDYK [19] verwiesen. Ein derartiges System besitzt im allgemeinen mehrere Ruhezustände, deren jeder ein anderes Stabilitätsverhalten aufweisen kann. Während bei einem linearen Abtastsystem die Eigenschaft der asymptotischen Stabilität stets globalen Charakter hat, besitzt ein asymptotisch stabiler Ruhezustand eines nichtlinearen Systems in der Regel nur einen endlichen Einzugsbereich, der auch nicht zusammenhängend sein kann [19]. Weiterhin können die für nichtlineare Systeme so charakteristischen *Grenzzyklen* auftreten, Dauerschwingungen also, die als Attraktor auf Nachbarzustände wirken. Ein weiteres eigenartiges Phänomen nichtlinearer Abtastsysteme, das vor allem in jüngster Zeit großes Interesse findet, ist *chaotisches* Verhalten. Es tritt bereits bei so einfachen Modellsystemen wie der *logistischen Gleichung*

$$x(k+1) = a\, x(k) \cdot [1 - x(k)] \qquad\qquad (4.27)$$

ab einem bestimmten Zahlenwert des Koeffizienten a auf [2], [19]. Im Chaos nimmt die Folge $\{x(k)\}$ scheinbar völlig regellos stochastische Werte innerhalb eines beschränkten Bereiches an. Dennoch handelt es sich um einen deterministischen Vorgang. Er wird nur deshalb in seinem Langzeitverhalten faktisch unvorhersagbar, weil er extrem empfindlich vom Anfangszustand abhängt.

### 4.2.2 Der autonome Automat

Die Zustandsgleichung eines endlichen Automaten,

$$x(k+1) = f[x(k), u(k)] , \qquad\qquad k = 0, 1, 2, \dots \qquad\qquad (4.28)$$

sieht formal genauso aus wie die des nichtlinearen Abtastsystems (4.8). Jedoch sind jetzt alle Komponenten von x und u aus $\{0,1\}$, was als extreme Amplitudenquantisierung interpretiert werden kann. Außerdem ist jetzt im Unterschied zu (4.8) f eine Boolesche Schaltfunktion, so daß stets auch die Komponenten des Folgezustands $x(k+1)$ aus $\{0,1\}$ sind.

Der Automat (4.28) heißt *autonom*, wenn die rechte Seite der Zustandsgleichung eine Funktion von x(k) allein ist:

$$x(k+1) = f[x(k)] , \qquad k = 0, 1, 2, ... \tag{4.29}$$

Das System (4.28) wird also autonom, wenn der Eingangsvektor ein konstanter Binär-vektor ist,

$$u(k) \equiv u_s \text{ für alle k.}$$

Für die Diskussion des dynamischen Verhaltens von (4.29) ist es zunächst belanglos, welche Darstellungsform für diese Beziehung gewählt wird. So sind die Beschreibung durch eine Schalttabelle, mittels Boolescher Verknüpfungen, mittels der im Kapitel 2 eingeführten Beschreibungsform oder auch mittels der aus der Automatentheorie bekannten Zustandsgraphen [25], [61] einander äquivalent.

Der binäre Zustandsvektor x in (4.29) sei n-dimensional. Dann hat die zugehörige Schalttabelle $N = 2^n$ Zeilen, sofern sie vollständig definiert ist und $N < 2^n$ Zeilen, falls sie unvollständig definiert ist (Zu letzterem Fall siehe Abschnitt 3.5, insbesondere das Beispiel nach Tabelle 3.5 und Gl. (3.86)). Bei unvollständig definierter Schalttabelle muß natürlich stets f in (4.29) so geartet sein, daß auch x(k+1) wieder der Menge der N definierten Zustände angehört. Die Funktion f muß mit der eingeschränkten Menge zulässiger x-Belegungen "verträglich" sein (Näheres hierzu in [79]). Die Gl. (3.86) des geregelten Fließbandprozesses aus Abschnitt 3.5 ist ein Beispiel hierfür in algebraischer Darstellung.

Die Anzahl der Zeilen in der Schalttabelle ist zugleich die Gesamtzahl möglicher Zustände eines autonomen Automaten, sei er nun vollständig oder unvollständig definiert. Da diese Anzahl allemal endlich ist, muß der autonome Automat zwangsläufig nach endlicher Schrittzahl wieder einen Zustand einnehmen, den er schon einmal innehatte. Von da an durchläuft er zyklisch immer wieder die gleiche Zustandsfolge.

Hier wird ein fundamentaler Unterschied zwischen dem Verhalten autonomer Abtast-systeme und autonomer Automaten deutlich. Letztere legen ein weit weniger komple-xes Verhalten an den Tag, da die Folge { x(k)} offensichtlich *immer* in einen Zyklus einmündet.

Dabei kann der Spezialfall, daß bereits der Folgezustand x(k+1) mit x(k) überein-stimmt, als Zyklus mit der Periode *eines* Taktschrittes aufgefaßt werden. Es spricht jedoch auch nichts dagegen, einen derartigen Zustand $x_s$ in Anlehnung an die Begriffsbildung bei den Abtastsystemen als *statischen Zustand* des Automaten zu bezeichnen (vgl. Gl. (4.10)).

Die Verhaltensweisen autonomer Automaten lassen sich besonders anschaulich durch gerichtete Zustandsgraphen illustrieren [25]. Dabei ordnet man jedem der N möglichen Zustände einen Knoten zu. Von jedem Knoten führt stets *ein* gerichteter Pfeil (Zweig, Kante) weg zu einem anderen Knoten nach Maßgabe der eindeutigen Abbildung (4.29). Auf einen Knoten können jedoch mehrere Zweige hinführen. Die graphische Anordnung der einzelnen Knoten ist belanglos.

Als Beispiel werde zunächst das System (3.19) mit zugehöriger Schalttabelle 3.2 bzw. in äquivalenter algebraischer Darstellung (3.21) betrachtet. Für konstante Eingangsbelegung wird dieser Automat autonom. Sein Zustandsgraph enthält nur zwei Knoten x = 0 und x = 1 (Bilder 4.1 bis 4.3).

Wie aus den Bildern ersichtlich ist, wird ein statischer Zustand als Schleifenverbindung eines Knotens mit sich selbst wiedergegeben.

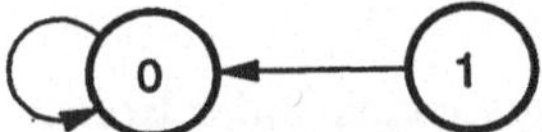

**Bild 4.1**　Zustandsgraph zu Tabelle 3.2,
　　　　　　falls $u_1(k) = u_2(k) = 0$ für alle k
　　　　　　bzw. $u_1(k) = 0$, $u_2(k) = 1$ für alle k

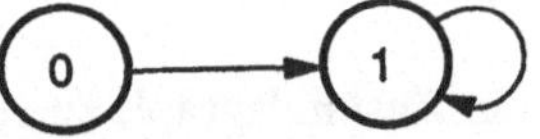

**Bild 4.2**　Zustandsgraph zu Tabelle 3.2,
　　　　　　falls $u_1(k) = 1$, $u_2(k) = 0$ für alle k

**Bild 4.3**　Zustandsgraph zu Tabelle 3.2,
　　　　　　falls $u_1(k) = u_2(k) = 1$ für alle k

Für das System (3.45) mit zugehöriger Schalttabelle (3.3) bzw. für die äquivalente algebraische Darstellung (3.46) erhält man für $u(k) \equiv 0$ einen Zustandsgraphen wie im Bild 4.1 und für $u(k) \equiv 1$ den Graphen nach Bild 4.4.

Ein weiteres Beispiel: Der Fließbandprozeß (3.80) wird für konstante Eingangsbelegung $u \in \{0,1\}$ zu einem autonomen Automaten. Da er *vollständig definiert* ist, hat sein Zustandsgraph $2^3 = 8$ Knoten (Bilder 4.5 und 4.6). In den einzelnen Knoten sind die Komponenten von x so angeordnet, wie schon früher für die Schalttabelle vereinbart. So hat etwa der Eintrag 100 die Bedeutung $x_1 = 0$, $x_2 = 0$, $x_3 = 1$. Es entspricht natürlich der einfach durchschaubaren Dynamik dieses Beispielprozesses, daß bei gleichbleibender Beschickung nach höchstens drei Schritten ein statischer Zustand erreicht wird, bei dem alle x-Komponenten gleich u sind.

Bei dem durch die *unvollständig* definierte Schalttabelle 3.5 gegebenen Beispiel, das dem eben betrachteten Fließprozeß verwandt ist, sind nur $N = 4 < 2^3$ Zustände definiert. Der Zustandsgraph enthält daher nur vier Knoten (Bild 4.7).

Die Beispiele illustrieren verschiedene dynamische Verhaltensmuster autonomer Automaten, wenn auch nicht alle grundsätzlich möglichen. Die Automatentheorie hat zur Charakterisierung bestimmte Begriffe eingeführt [25]. So stellt Bild 4.1 einen *Baum* dar, dessen *Wurzel* der Nullzustand $x = 0$ ist, also einen sogenannten *Nullbaum*. Der Zustandsgraph im Bild 4.2 ist ein Baum mit der Wurzel $x = 1$.

Im Bild 4.3 ist ein Zustandsgraph zu sehen, der ausschließlich aus voneinander isolierten Zyklen besteht, ein sogenannter *regulärer* Automat. Hierzu gehören auch die Bilder 4.4 und 4.7, in denen jeweils nur ein einziger Zyklus existiert, in den alle definierten Zustände eingebunden sind. Dagegen enthalten die Bilder 4.5 und 4.6 jeweils nur einen Zyklus mit der Periode eins, in den *alle übrigen Zustände baumartig einmünden*. Ist die Wurzel dieses Baumes wie im Bild 4.5 der Nullzustand, so spricht man von einem *vollständigen Nullbaum*.

Es soll hier einmal der unkonventionelle Vorschlag gemacht werden, das dynamische Verhalten autonomer Automaten mit der Begriffswelt der Regelungstechnik in Verbindung zu bringen (Vgl. Abschnitt 4.2.1).

$$x(k+1) = x(k) = x_s, \tag{4.30}$$

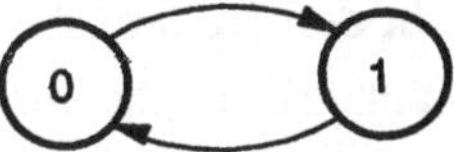

**Bild 4.4** Zustandsgraph zu Tabelle 3.3,
falls u(k) = 1 für alle k

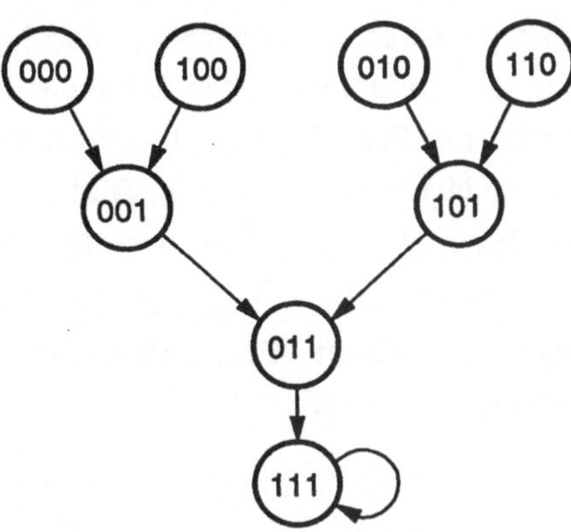

**Bild 4.6** Zustandsgraph zu Gl. (3.80),
falls u(k) = 1 für alle k

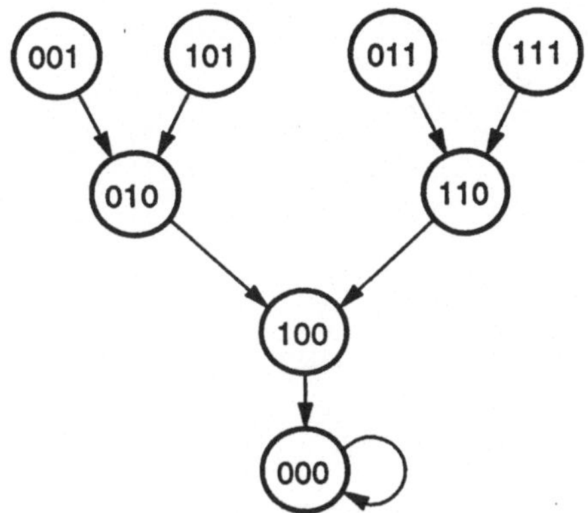

**Bild 4.5** Zustandsgraph zu Gl. (3.80),
falls u(k) = 0 für alle k

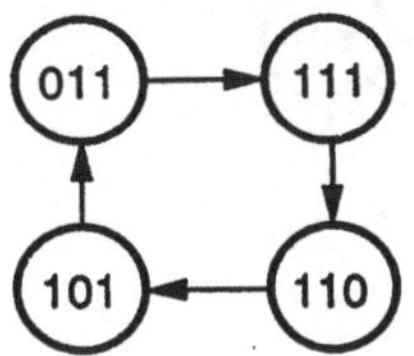

**Bild 4.7** Zustandsgraph zu Tabelle 3.5
bzw. Gl. (3.86)

Demnach werde ein Binärzustand $x$ des autonomen Automaten (4.29) ein *Ruhezustand* $x_s$ genannt, wenn aus

$$x(k) = x_s$$

mit (4.29) folgt:

$$x(k+1) = x_s.$$

Im Bild 4.1 liegt ein System mit *einem* Ruhezustand vor, $x_s = 0$, und dieser ist *global asymptotisch stabil*, da alle anderen definierten Zustände (hier nur $x = 1$) mit wachsendem k diesem zustreben (ihn sogar bereits nach einem Schritt, also k = 1, exakt erreichen). Auch der Ruhezustand $x_s = 1$ im Bild 4.2, der Ruhezustand $x_s = 0$ im Bild 4.5 und der Ruhezustand $x_s^T = [1,1,1]$ im Bild 4.6 sind global asymptotisch stabil. Bei dem System im Bild 4.3 existieren zwei Ruhezustände, $x_s = 0$ und $x_s = 1$. Jeder dieser

Zustände ist *stabil* zu nennen, allerdings nicht asymptotisch stabil. In den Bildern 4.4 und 4.7 schließlich liegen Systeme vor, die *keinen Ruhezustand* aufweisen, da nur Zyklen mit Perioden $k_p > 1$ vorkommen. Derartige Zyklen können auch als *Attraktor* auf Nachbarzustände wirken. Bild 4.8 zeigt ein Beispiel mit 8 definierten Zuständen, von denen $x^{(1)}$ und $x^{(2)}$ einen Zyklus bilden, dessen "Einzugsbereich" aus dem diskreten Zustandspunkt $x^{(3)}$ besteht. Die Zustände $x^{(4)}$, $x^{(5)}$ und $x^{(6)}$ bilden einen zweiten Zyklus mit einem "Einzugsbereich", der aus den diskreten Zuständen $x^{(7)}$ und $x^{(8)}$ besteht.

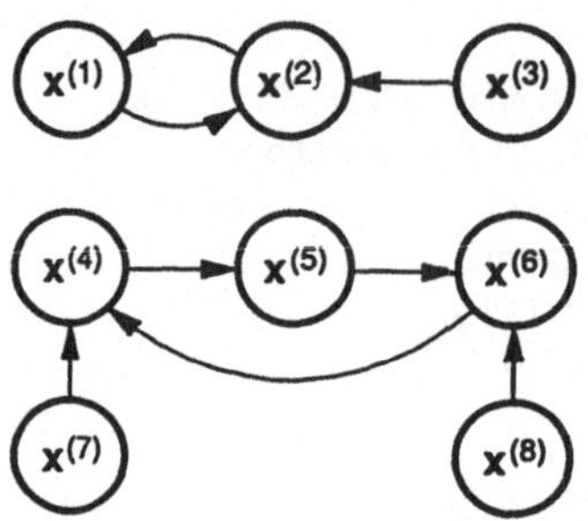

**Bild 4.8**  Beispiel mit zwei Zyklen

Faßt man zusammen, so können in einem autonomen endlichen Automaten nur die folgenden vergleichsweise einfachen Verhaltensweisen auftreten:

Es existiert stets mindestens ein Zyklus, wobei ein Ruhezustand $x_s$ als spezieller Zyklus mit einer Periode von einem Taktschritt aufgefaßt werden kann. Da die Taktschritte nicht zeitlich äquidistant zu sein brauchen, ist der Begriff des Zyklus generell nicht im klassischen Sinn einer periodischen Zeitfunktion zu verstehen, sondern im Sinn des zyklischen Durchlaufens gleicher Zustandsfolgen (vgl. Bild 1.10 und zugehörigen Text).

Jeder definierte Zustand, der nicht in einem Zyklus enthalten ist, mündet nach einer endlichen Anzahl von Schritten in einen Zyklus ein. Dieser kann ohne äußere Einwirkung nicht wieder verlassen werden.

### 4.2.3  Die Eigenwerte algebraisch linearer Automaten

Diesem Abschnitt liegt die Klasse derjenigen Automaten zugrunde, die sich wie in den Abschnitten 3.4 und 3.5 eingeführt als lineare klassische "Abtastsysteme" beschreiben lassen. Nach den Vorbereitungen in den Abschnitten 4.2.1 und 4.2.2 lassen sich auf einfache Weise Aussagen über die möglichen Eigenwertkonfigurationen dieser algebraisch linearen Automaten gewinnen. Für die Eigenwertanalyse bedeutet die Betrachtung autonomer Systeme keine Einschränkung:

$$x(k+1) = A\, x(k) + a_0. \tag{4.31}$$

Darin sei $x$ ein n-dimensionaler Zustandsvektor mit Komponenten $x_i \in \{0,1\}$. Ist der Automat (4.31) vollständig definiert, so kann er $N = 2^n$ Zustände annehmen, sonst $N < 2^n$ Zustände. Der Automat (4.31) kann daher einerseits nur die für einen autonomen Automaten möglichen Verhaltensmuster aufweisen (Abschnitt 4.2.2), andererseits wird sein Verhalten durch die Eigenwerte $\lambda_1$, ..., $\lambda_n$ der Matrix $A$ bestimmt (Abschnitt 4.2.1). Welche Eigenwerte können demnach vorkommen und mit welcher Vielfachheit?

Offenbar können Eigenwerte außerhalb des Einheitskreises sofort ausgeschlossen werden, ebenso mehrfache Eigenwerte auf dem Einheitskreis (abgesehen von dem bereits im Abschnitt 4.2.1 beschriebenen Sonderfall, wonach mehrfache Eigenwerte jeweils einfach in völlig separaten Teilsystemen vorkommen). Das System (4.31) wäre sonst nach Abschnitt 4.2.1 instabil. Die Länge der Vektoren $x(k)$ würde mit wachsendem k über alle Grenzen wachsen, was ein Widerspruch zum binären Charakter der x-Komponenten ist. Bleiben also nur Eigenwerte im Inneren des Einheitskreises und einfache Eigenwerte *auf* dem Einheitskreis.

Wenden wir uns zunächst den letzteren zu. Sie lassen sich in der Form

$$\lambda_i = e^{j\varphi_i} \tag{4.32}$$

schreiben (vgl. (4.25)), und die Existenz derartiger Eigenwerte ist offensichtlich *notwendig* für das Auftreten periodischer Zustände in dem "Abtastsystem" (4.31) (wenngleich nicht hinreichend, wie noch gezeigt wird).

Während nun bei einem klassischen linearen Abtastsystem der Winkel $\varphi_i$ beliebige reelle Werte annehmen kann, kommen bei einem algebraisch linearen Automaten nur bestimmte $\varphi_i$ in Frage. Da nämlich ein Zyklus in einem Automaten stets aus einer *endlichen* Anzahl $k_p$ periodisch durchlaufener Zustände besteht, muß mit Blick auf (4.26) die Beziehung

$$k_p \varphi_i = 2\pi\nu, \qquad \nu = 1, 2, 3, \ldots,$$

mit einer *natürlichen* Zahl $k_p$ erfüllbar sein. Daher sind nur die Winkel

$$\varphi_i = \frac{2\pi\nu}{k_p}, \qquad k_p = 1, 2, 3, \ldots \tag{4.33}$$

möglich. Für $k_p = 1$ bis $k_p = 6$ sind die hierzu gehörenden Eigenwertkonstellationen in Tabelle 4.1 veranschaulicht. Da $\mathbf{A}$ reellwertig ist, können komplexe Eigenwerte stets nur paarweise konjugiert komplex auftreten. Dies ist der Fall ab $k_p = 3$.

Ist der Automat (4.31) - ob vollständig oder unvollständig definiert - N verschiedener Zustände fähig, so kann natürlich in (4.33) maximal $k_p$ = N sein. In der Digitaltechnik wird die Erzeugung derartiger *Binärfolgen maximaler Periodenlänge* gern zur Darstellung von Pseudo-Zufallsfolgen verwendet, indem ein Schieberegister geeignet rückgekoppelt wird [61]. Eine Zustandsfolge maximaler Periodenlänge $k_p$ = N = 4 wird auch im Beispiel des unvollständig definierten Stückgut-Transportprozesses nach Tabelle 3.5 erzeugt, denn die vier definierten Zustände werden nach Bild 4.7 zyklisch durchlaufen.

Nun zu den Eigenwerten von $\mathbf{A}$ *im Inneren* des Einheitskreises. Anders als auf dem Einheitskreis ist jetzt durchaus die Möglichkeit mehrfacher Eigenwerte einzubeziehen, da dies nicht zu einem Widerspruch zwischen dem Verhalten des "Abtastsystems" (4.31) und dem hierdurch beschriebenen autonomen Automaten führen muß.

Es sei also $\lambda_i$ ein r-facher Eigenwert von $\mathbf{A}$ mit $|\lambda_i| < 1$. Kann dieser Eigenwert an beliebiger Stelle im Einheitskreis plaziert sein? Die Frage läßt sich auf einfache Weise klären. Man überführt (4.31) durch eine Ähnlichkeitstransformation

$$x = V \cdot x^* \tag{4.34}$$

auf Jordansche Normalform [105]

**Tabelle 4.1**  Mögliche Eigenwerte algebraisch linearer Automaten auf dem Einheitskreis für $k_p = 1$ bis 6 ($\nu = 1$)

| $k_P$ | $\varphi_i = \dfrac{2\pi}{k_P}$ | Eigenwerte | |
|---|---|---|---|
| 1 | $2\pi$ | $\lambda_i = 1$ | 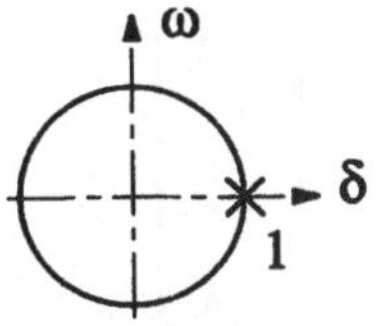 |
| 2 | $\pi$ | $\lambda_i = -1$ | 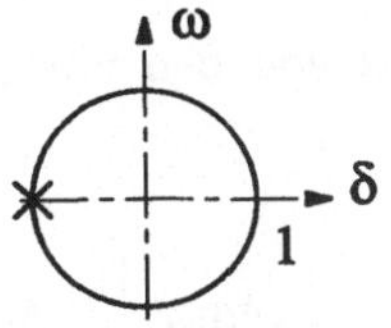 |
| 3 | $2\pi/3$ | $\lambda_{i,i+1} = e^{\pm j2\pi/3}$ | 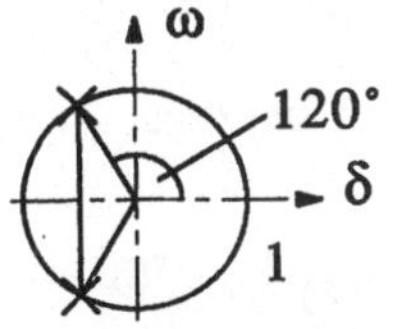 |
| 4 | $\pi/2$ | $\lambda_{i,i+1} = e^{\pm j\pi/2}$ | 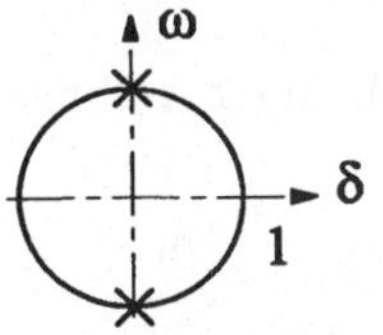 |
| 5 | $2\pi/5$ | $\lambda_{i,i+1} = e^{\pm j2\pi/5}$ | 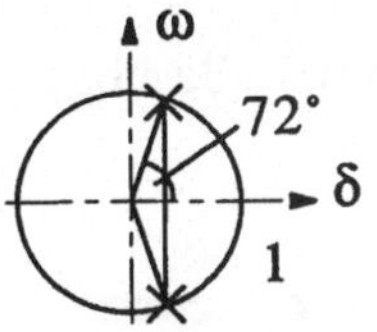 |
| 6 | $\pi/3$ | $\lambda_{i,i+1} = e^{\pm j\pi/3}$ | 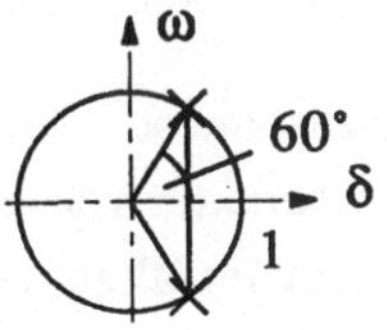 |

$$x^*(k+1) = J\,x^*(k) + a_0^*. \tag{4.35}$$

Zu dem r-fachen Eigenwert $\lambda_i$ gehöre der Jordanblock

$$J_i = \begin{bmatrix} \lambda_i & 1 & & 0 \\ & \lambda_i & 1 & \\ & & \ddots & \ddots \\ & & & \ddots & 1 \\ 0 & & & & \lambda_i \end{bmatrix} \tag{4.36}$$

und damit das von den übrigen Eigenbewegungen entkoppelte r-dimensionale Teilsystem

$$x^{*(i)}(k+1) = J_i x^{*(i)}(k) + a_0^{*(i)}. \tag{4.37}$$

Wegen $|\lambda_i| < 1$ hat dieses Teilsystem den asymptotisch stabilen Ruhezustand

$$x_s^{*(i)} = (I - J_i)^{-1} \cdot a_0^{*(i)}, \tag{4.38}$$

so daß bei beliebiger Anfangsauslenkung $x^{*(i)}(0)$ gilt:

$$\lim_{k \to \infty} x^{*(i)}(k) = x_s^{*(i)}. \tag{4.39}$$

Läßt man einmal alle übrigen Eigenbewegungen unangeregt, so folgt aus (4.39) mit (4.34) auch

$$\lim_{k \to \infty} x(k) = x_s = \text{const.} \tag{4.40}$$

(Der Anfangszustand $x^{*(i)}(0)$ unterliegt hier natürlich der Einschränkung, daß er mit dem binären Charakter von $x$ in (4.34) verträglich sein muß.) Während nun ein lineares Abtastsystem im allgemeinen tatsächlich erst für $k \to \infty$ den Ruhezustand erreicht, muß dies im Fall der Gl. (4.40) *bereits nach endlich vielen Schritten* geschehen, da der Automat (4.31) nur endlich vieler Zustände $x$ fähig ist. Daraus folgt aber sofort

$$\lambda_i = 0, \tag{4.41}$$

denn nach der Theorie linearer Abtastsysteme [1], [4] erreicht das System (4.37) genau dann nach endlicher Schrittzahl den Ruhezustand (4.38), wenn der r-fache Eigenwert $\lambda_i$ im Nullpunkt der komplexen Ebene liegt.

Damit ist gezeigt: Eigenwerte der Matrix **A** des algebraisch linearen Automaten (4.31), die nicht nach dem Bildungsgesetz der Tabelle 4.1 *auf* dem Einheitskreis liegen, können nur im *Nullpunkt* der komplexen Ebene liegen.

Im Vergleich mit klassischen linearen Abtastsystemen ist offensichtlich der algebraisch lineare Automat (4.31) nur sehr spezieller Eigenwertkonfigurationen fähig! Insbesondere läßt sich vom Auftreten von Zyklen auf bestimmte Eigenwerte der Matrix **A** schließen.

So tritt etwa im Beispiel des Strückgut-Transportprozesses nach Tabelle 3.5 ein Zyklus mit der Periode $k_p = 4$ auf, in den alle definierten Prozeßzustände eingebunden sind (vgl. Bild 4.7). Demzufolge *muß* die zugehörige Matrix

$$\mathbf{A} = \begin{bmatrix} -1 & -1 & -1 \\ 1 & 0 & 0 \\ 0 & 1 & 0 \end{bmatrix} \qquad (4.42)$$

aus Gl. (3.86) das konjugiert komplexe Eigenwertpaar

$$\lambda_{1/2} = \exp(\pm\, j \cdot 2\pi/4) = \pm j$$

nach Tabelle 4.1 aufweisen. In der Tat hat die zu (4.42) gehörende charakteristische Gleichung

$$|\lambda\mathbf{I} - \mathbf{A}| = \lambda^3 + \lambda^2 + \lambda + 1 = 0$$

die Wurzeln

$$\lambda_{1/2} = \pm j,$$

$$\lambda_3 = -1.$$

Das Beispiel verdeutlicht zugleich, daß es nicht ohne weiteres zulässig ist, im *Umkehrschluß* aus den Eigenwertpositionen die Existenz von Zyklen zu folgern. Sonst müßte auch zu $\lambda_3 = -1$ ein Zyklus gehören. Nach Tabelle 4.1 müßte er die Periode $k_p = 2$ haben. Dieser Zyklus tritt jedoch offenkundig im System nicht auf. Warum darf aus den Eigenwertpositionen nicht in jedem Fall auf Zyklen geschlossen werden?

Notwendig und hinreichend dafür, daß in dem - vollständig oder unvollständig definierten - autonomen Automaten

$$x(k+1) = f[x(k)]$$

nach (4.29) ein Zyklus mit der Periode $k_p$ auftritt, ist die Existenz eines Binärvektors $x(k)$ aus der Menge zulässiger Zustände so, daß

$$x(k + k_p) = x(k) \tag{4.43}$$

gilt. Da in einem derartigen Zyklus $k_p$ Binärvektoren zyklisch durchlaufen werden, erfüllt *jeder* dieser Vektoren Gl. (4.43).

Im Fall des algebraisch linearen Automaten (4.31) wird

$$x(k+2) = A\, x(k+1) + a_0 = A^2 x(k) + (A + I)a_0,$$

$$x(k+3) = A\, x(k+2) + a_0 = A^3 x(k) + (A^2 + A + I)a_0,$$

$$\vdots$$

$$x(k+k_p) = A^{k_p} x(k) + \sum_{j=0}^{k_p-1} A^j a_0. \tag{4.44}$$

Setzt man diese algebraisch lineare Beziehung zwischen $x(k)$ und $x(k+k_p)$ in (4.43) ein, so erhält man eine lineare Bestimmungsgleichung für den Binärvektor $x(k)$, der jetzt kürzer mit $x$ bezeichnet werden darf:

$$(I - A^{k_p})x = \sum_{j=0}^{k_p-1} A^j a_0. \tag{4.45}$$

Die Existenz einer *binären* und in der definierten Zustandsmenge enthaltenen Lösung $x$ dieser Gleichung ist also notwendig und hinreichend dafür, daß $x$ ein zyklischer Zustand mit der Periode $k_p$ ist.

Es sei nochmals hervorgehoben, daß die hier verwendeten linearen Beziehungen ausschließlich mit gewöhnlicher Algebra auskommen. In der linearen Automatentheorie stützt sich die Bestimmung periodischer Zustände zwar auch auf Gl. (4.43), diese Gleichung wird jedoch dort mit den Methoden der Schaltalgebra analysiert. Daher scheidet in der klassischen Automatentheorie eine Systemanalyse über die Eigenwerte aus (vgl. Abschnitt 4.1).

Dagegen gibt die algebraisch lineare Beschreibungsform (4.31) über eine vorab durchgeführte Eigenwertanalyse Hinweise darauf, welche Zyklen in einem gegebenen Automaten dieser Klasse überhaupt in Frage kommen. Hat man auf diese Weise die Werte für $k_p$ eingegrenzt, so läßt sich durch Auswerten von (4.45) klären, zu welchen dieser $k_p$-Werte reale Zyklen gehören.

Im einzelnen ergibt sich so das folgende Bild:

*Es sei $\lambda_i = 0$ einfacher oder mehrfacher Eigenwert von $A$.*

Dann ist $x_s$ ein statischer Zustand (bzw. gleichbedeutend ein zyklischer Zustand mit der Periode $k_p = 1$) des Automaten (4.31) dann und nur dann, wenn die Gleichung

$$(I - A)x_s = a_0$$

eine binäre Lösung $x_s$ in der Menge zulässiger Zustände besitzt, wenn also

$$x_s = (I - A)^{-1} a_0 \tag{4.46}$$

ein solcher Binärvektor ist. Existiert eine derartige Lösung $x_s$, dann ist sie nach (4.46) *eindeutig* bestimmt.

Im Beispiel der vollständig definierten Schalttabelle 3.2 mit zugehöriger algebraischer Beschreibung (3.22) tritt für bestimmte konstante Eingangsbelegungen $u_s$ der Eigenwert $\lambda = 0$ auf (siehe Gl. (3.25)). Dazu gehört nach (4.46) der eindeutig bestimmte binäre Ruhezustand

$$x_s = a_0 = u_{1s}(1 - u_{2s}),$$

nämlich

$$x_s = 0 \quad \begin{cases} \text{für } u_{1s} = u_{2s} = 0, \\ \text{für } u_{1s} = 0, u_{2s} = 1, \end{cases}$$

und

$$x_s = 1 \qquad \text{für } u_{1s} = 1, u_{2s} = 0.$$

Durch die Zustandsgraphen in den Bildern 4.1 und 4.2 wird dies bestätigt.

Im Beispiel des vollständig definierten Fließbandprozesses (3.80) hat die Matrix $\mathbf{A}$ den 3-fachen Eigenwert $\lambda = 0$. Für konstante binäre Eingangsbelegung $u_s$ wird daher nach (4.46)

$$x_s = \begin{bmatrix} 1 & 0 & 0 \\ -1 & 1 & 0 \\ 0 & -1 & 1 \end{bmatrix}^{-1} \cdot \begin{bmatrix} 1 \\ 0 \\ 0 \end{bmatrix} u_s = \begin{bmatrix} 1 \\ 1 \\ 1 \end{bmatrix} \cdot u_s,$$

somit $x_s^T = [0,0,0]$ für $u_s = 0$ und $x_s^T = [1,1,1]$ für $u_s = 1$. Diese binären statischen Zustände sind in den Zustandsgraphen in den Bildern 4.5 und 4.6 wiederzufinden.

Liegen wie in dem soeben behandelten Beispiel *sämtliche* Eigenwerte der (n,n)-Matrix $\mathbf{A}$ im Nullpunkt, so ist dies *hinreichend* für die Existenz genau eines binären Ruhezustands $x_s$ des Automaten (4.31). In diesen münden darüber hinaus alle anderen Zustände nach höchstens n Schritten baumartig ein. Zyklen mit $k_p \geq 2$ scheiden aus, da hierfür Eigenwerte *auf* dem Einheitskreis notwendig wären.

*Es sei $\lambda_i = 1$ (einfacher) Eigenwert von $\mathbf{A}$.*

Dann ist $x_s$ ein statischer Zustand (bzw. gleichbedeutend ein zyklischer Zustand mit der Periode $k_p = 1$) des Automaten (4.31) dann und nur dann, wenn die Gleichung

$$(I - A)x_s = a_0 \tag{4.47}$$

eine binäre Lösung $x_s$ in der Menge zulässiger Zustände besitzt.

Diese Lösung kann jetzt nicht mehr in der Form (4.46) geschrieben werden, da wegen $\lambda_i = 1$ die Matrix $(I - A)$ singulär ist (vgl. Abschnitt 4.2.1). Nach (4.21) und zugehörigem Text ist vielmehr $x_s$ von der Form

$$x_s = x_I + c_1 \, x_I^*, \qquad\qquad (4.48)$$

vorausgesetzt, die Verträglichkeitsbedingung (4.20) ist erfüllt. Gegenüber dem klassischen Abtastsystem aus Abschnitt 4.2.1 tritt jetzt allerdings für die Existenz einer statischen Lösung $x_s$ eine weitere Forderung hinzu:

Der Koeffizient $c_1$ in (4.48) muß sich so einstellen lassen, daß $x_s$ *binär* wird und darüber hinaus der Menge der definierten Zustände angehört! Gibt es mehrere Werte von $c_1$, die dies leisten, so existieren mehrere statische Zustände. Auf jeden Fall können dies nur endlich viele sein im Unterschied zur Mannigfaltigkeit (4.21) des klassischen Abtastsystems.

Im Beispiel der Schalttabelle 3.2 mit zugehöriger algebraischer Beschreibung (3.22) tritt für die konstante Eingangsbelegung $u_{1s} = u_{2s} = 1$ der Eigenwert $\lambda = 1$ auf. Die Verträglichkeitsbedingung (4.20) ist erfüllt, und (4.48) nimmt die Form

$$x_s = c_1$$

an. Der Koeffizient $c_1$ läßt sich auf zweierlei Weise so einstellen, daß $x_s$ binär wird. Statische Zustände sind daher $x_s = 0$ und $x_s = 1$ in Übereinstimmung mit dem Zustandsgraphen im Bild 4.3.

*Es sei $\lambda_i = exp(j2\pi/k_p) = -1$ mit $k_p = 2$ (einfacher) Eigenwert bzw. $\lambda_{i,i+1} = exp(\pm j2\pi/k_p)$ mit $k_p = 3, 4, \ldots$ konjugiert komplexes Eigenwertpaar von A.*

Dann ist ein Zustand $x$ des Automaten (4.31) zyklisch mit der Periode $k_p$ dann und nur dann, wenn (4.45),

$$\left[I - A^{k_p}\right] x = \sum_{j=0}^{k_p-1} A^j \, a_0,$$

binäre Lösungen $x$ in der Menge zulässiger Zustände hat. Wenn überhaupt, muß es genau $k_p$ derartige Lösungen geben, da jeder der am Zyklus beteiligten Zustände die gleiche Periode $k_p$ hat. Die Matrix $\left[I - A^{k_p}\right]$ *kann also nicht regulär sein*, denn sonst wäre $x$ aus (4.45) *eindeutig* bestimmt.

Das lineare algebraische Gleichungssystem (4.45) ist lösbar, sofern die Verträglichkeitsbedingung

$$\text{Rang}\left[I - A^{k_p}\right] = \text{Rang}\left[I - A^{k_p}, \sum_{j=0}^{k_p-1} A^j a_0\right] \tag{4.49}$$

erfüllt ist. Bezeichnet $d$ den Defekt oder Rangabfall der Matrix $\left[I - A^{k_p}\right]$, so lautet die allgemeine Lösung von (4.45) [7], [105]

$$x = x_I + \sum_{i=1}^{d} c_i x_i . \tag{4.50}$$

Dabei ist $x_I$ irgendeine spezielle Lösung der inhomogenen Gleichung (4.45), und $x_1,...,x_d$ sind die linear unabhängigen Lösungen der entsprechenden homogenen Gleichung

$$\left[I - A^{k_p}\right] x = 0.$$

Sofern die zunächst beliebigen Koeffizienten $c_i$ in (4.50) sich auf $k_p$-fache Weise so einstellen lassen, daß $x$ binär wird *und* der Menge definierter Zustände angehört, bilden diese Lösungen für $x$ einen Zyklus mit der Periode $k_p$.

Im Beispiel der vollständig definierten Schalttabelle 3.3 mit zugehöriger algebraischer Beschreibung (3.46) tritt für konstante Eingangsbelegung $u_s = 1$ der Eigenwert $\lambda = -1$ auf und daher potentiell ein Zyklus mit der Periode $k_p = 2$. In diesem einfachen skalaren Beispiel wird

$$I - A^2 = 1 - 1 = 0,$$

$$\sum_{j=0}^{1} A^j a_0 = 1 - 1 = 0.$$

Die Rangbedingung (4.49) ist also erfüllt. Wegen d = 1 lautet die allgemeine Lösung nach (4.50)

$$x = c_1.$$

Der Koeffizient $c_1$ läßt sich auf zweierlei Weise so einstellen, daß x binär wird. Daher ist sowohl x = 0 als auch x = 1 zyklisch mit der Periode $k_p$ = 2. Beide Zustände werden alternierend angenommen, was auch der Zustandsgraph im Bild 4.4 zum Ausdruck bringt.

Im Beispiel der unvollständig definierten Schalttabelle 3.5 mit zugehöriger algebraischer Beschreibung (3.86) führte die Eigenwertanalyse auf

$$\lambda_{1/2} = \pm j,$$

$$\lambda_3 = - 1.$$

Dem Eigenwert $\lambda_3$ = - 1 entspricht potentiell ein Zyklus mit der Periode $k_p$ = 2. Zur Kontrolle bildet man zunächst

$$I - A^2 = \begin{bmatrix} 1 & 0 & -1 \\ 1 & 2 & 1 \\ -1 & 0 & 1 \end{bmatrix}$$

und

$$\sum_{j=0}^{1} A^j a_0 = \begin{bmatrix} 0 \\ 3 \\ 0 \end{bmatrix}.$$

Man sieht hier sofort, daß dieser Vektor von der zweiten Spalte von $(I - A^2)$ linear abhängig ist. Daher ist die Rangbedingung (4.49) erfüllt. Wegen d = 1 findet man die allgemeine Lösung von (4.45) zu

$$x = \begin{bmatrix} 0 \\ 3/2 \\ 0 \end{bmatrix} + c_1 \cdot \begin{bmatrix} 1 \\ -1 \\ 1 \end{bmatrix} = \begin{bmatrix} c_1 \\ 3/2 - c_1 \\ c_1 \end{bmatrix}.$$

Ganz offensichtlich läßt sich hier $c_1$ *nicht* so wählen, daß $x$ ein Binärvektor wird. Daher existiert im System *kein* Zyklus mit der Periode $k_p = 2$, obwohl $\lambda_3 = -1$ Eigenwert ist.

Dem konjugiert komplexen Eigenwertpaar $\lambda_{1/2} = \pm j$ entspricht potentiell ein Zyklus mit der Periode $k_p = 4$ (Tabelle 4.1). Zur Kontrolle berechnet man

$$I - A^4 = 0$$

und

$$\sum_{j=0}^{3} A^j a_0 = 0.$$

Die Rangbedingung (4.49) ist also erfüllt. Wegen $d = 3$ lautet die allgemeine Lösung von (4.45) jetzt nach (4.50)

$$x = \begin{bmatrix} c_1 \\ c_2 \\ c_3 \end{bmatrix}.$$

Die zunächst freien Koeffizienten $c_1$, $c_2$, $c_3$ lassen sich auf 4-fache Weise so einstellen, daß $x$ binär wird *und* der Menge der laut Tabelle 3.5 definierten Zustände angehört. Die Gesamtheit dieser Lösungen $x$ ist

$$\begin{bmatrix} 0 \\ 1 \\ 1 \end{bmatrix}, \begin{bmatrix} 1 \\ 0 \\ 1 \end{bmatrix}, \begin{bmatrix} 1 \\ 1 \\ 0 \end{bmatrix}, \begin{bmatrix} 1 \\ 1 \\ 1 \end{bmatrix}.$$

Daher tritt der Zyklus mit der Periode $k_p = 4$ real auf, und die soeben aufgeführten vier Zustände gehören ihm an. Der Zustandsgraph im Bild 4.7 bestätigt dies.

### 4.2.4  Beispiele

Zur Illustration des Eigenwertbegriffs sollen über die seither in den Text eingestreuten Beispiele hinaus einige weitere algebraisch linear beschreibbare Automaten exemplarisch erörtert werden. Dabei handelt es sich um Modifikationen des Stückgut-Transportprozesses nach Tabelle 3.5. Der Rechengang wird nur knapp skizziert, der interessierte Leser wird jedoch unschwer die elementaren Nebenrechnungen nachvollziehen können.

In der Schalttabelle 3.5 seien nach wie vor nur die vier eingetragenen Zeilen zulässig, womit der Automat unvollständig definiert ist. Die in Tabelle 3.5 eingetragenen Steuerwerte

$$u^{(4)} = u^{(6)} = u^{(7)} = 1, \qquad u^{(8)} = 0$$

sind wie schon erwähnt mit der unvollständig definierten Schalttabelle verträglich, da auch der Folgezustand $x(k+1)$ stets wieder der Menge definierter Zustände angehört.

Die genannte Steuerstrategie (sie werde im weiteren als Strategie I bezeichnet) ist jedoch nicht die einzige anwendbare. Unter dem Aspekt der Verträglichkeit sind auch die in Tabelle 4.2 aufgelisteten weiteren Strategien II, III und IV zulässig, die man elementar anhand der binären Prozeßgleichung (3.80) ermitteln kann.

Da die Systemordnung $n = 3$ ist und $n + 1 = 4$ Zustände definiert sind, kann man für jede der Steuerstrategien II, III und IV eine *algebraisch lineare Zustandsrückführung* nach (3.81) konstruieren, die die jeweils aufzuschaltende Steuergröße selbsttätig im Sinne einer Regelung erzeugt. Nach der im Abschnitt 3.5 beschriebenen Methode erhält man so die in Tabelle 4.3 aufgelisteten Reglerparameter.

Für den Fall II ergibt sich daher der binäre Zustandsregler

$$u(k) = 2 - x_1(k) - x_2(k)$$

**Tabelle 4.2** Vier anwendbare Steuerstrategien zu Tabelle 3.5

|          | I | II | III | IV |
|----------|---|----|-----|----|
| $u^{(4)}$ | 1 | 0  | 0   | 1  |
| $u^{(6)}$ | 1 | 1  | 1   | 1  |
| $u^{(7)}$ | 1 | 1  | 1   | 1  |
| $u^{(8)}$ | 0 | 0  | 1   | 1  |

**Tabelle 4.3** Reglerkoeffizienten

|         | I  | II | III | IV |
|---------|----|----|-----|----|
| $r_0$   | 3  | 2  | 0   | 1  |
| $r_1$   | −1 | −1 | 0   | 0  |
| $r_2$   | −1 | −1 | 0   | 0  |
| $r_3$   | −1 | 0  | 1   | 0  |

und mit (3.80) die Gleichung

$$x(k+1) = \begin{bmatrix} -1 & -1 & 0 \\ 1 & 0 & 0 \\ 0 & 1 & 0 \end{bmatrix} x(k) + \begin{bmatrix} 2 \\ 0 \\ 0 \end{bmatrix} \qquad (4.51)$$

des geschlossenen Kreises.

Die Systemmatrix $A$ hat hier die Eigenwerte

$$\lambda_1 = 0,$$

$$\lambda_{2/3} = -\frac{1}{2} \pm j\,\frac{1}{2}\,\sqrt{3} = \exp(\pm j2\pi/3).$$

Der Eigenwert $\lambda_1 = 0$ weist auf einen möglichen statischen Zustand $x_s$ hin. Es tritt jedoch kein solcher in Erscheinung, da $x_s$ nach (4.46) nicht binär wird. Da andererseits irgend ein Zyklus im System auftreten *muß*, kann dies nur derjenige mit der Periode $k_p = 3$ sein, der zu $\lambda_{2/3}$ gehört. Der Zustandsgraph im Bild 4.9, der anhand von (4.51) konstruierbar ist, illustriert diesen Zyklus. Sein "Einzugsbereich" ist der Zustand $x^T = [1,1,1]$. Es sei daran erinnert, daß die x-Komponenten in den Knoten des Zustandsgraphen genauso angeordnet sind wie in der Schalttabelle.

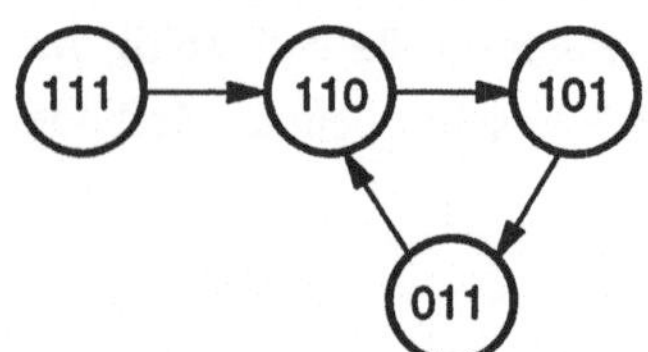


**Bild 4.9**  Zustandsgraph zu Gl. (4.51)

Für den Fall III ergibt sich nach Tabelle 4.3 der binäre Regler

$$u(k) = x_3(k),$$

also hier eine reine *Ausgangsrückführung*, wenn man mit Blick auf Bild 3.1 die Prozeßausgangsgleichung in naheliegender Weise als

$$y(k) = x_3(k)$$

einführt. Mit (3.80) wird die Gleichung des geschlossenen Kreises nun

$$x(k+1) = \begin{bmatrix} 0 & 0 & 1 \\ 1 & 0 & 0 \\ 0 & 1 & 0 \end{bmatrix} x(k). \tag{4.52}$$

Die Systemmatrix $A$ hat die Eigenwerte

$$\lambda_1 = 1,$$

$$\lambda_{2/3} = -\frac{1}{2} \pm j\,\frac{1}{2}\,\sqrt{3} = \exp(\pm j2\pi/3).$$

Der Eigenwert $\lambda_1 = 1$ weist auf einen potentiellen statischen Zustand hin. Nach (4.48) ist dieser hier von der Form

$$x_s = c_1 \cdot \begin{bmatrix} 1 \\ 1 \\ 1 \end{bmatrix}.$$

Dieser Ausdruck enthält zwei binäre Lösungen, nämlich für $c_1 = 0$ und $c_1 = 1$. Von diesen ist jedoch nur

$$x_s = \begin{bmatrix} 1 \\ 1 \\ 1 \end{bmatrix}$$

in der Menge der laut Schalttabelle definierten Zustände enthalten, so daß nur dieser als statischer Zustand bzw. als zyklischer Zustand mit der Periode $k_p = 1$ in Erscheinung tritt.

Um zu prüfen, ob auch zu $\lambda_{2/3}$ ein Zyklus (mit der Periode $k_p = 3$) gehört, wird (4.45) herangezogen. Wegen $a_0 = 0$ ist die Rangbedingung (4.49) erfüllt. Die allgemeine Lösung nach (4.50) hat hier die Gestalt

$$x = \begin{bmatrix} c_1 \\ c_2 \\ c_3 \end{bmatrix}.$$

Die zunächst freien Koeffizienten $c_1$, $c_2$, $c_3$ lassen sich auf dreierlei Weise so einstellen, daß $x$ binär wird *und* der Menge der laut Schalttabelle definierten Zustände angehört. Da der Zustand $x_s^T = [1,1,1]$ bereits als statischer Zustand (entsprechend $k_p = 1$) verbraucht ist, kommen nur noch die restlichen drei Zustände

$$\begin{bmatrix} 1 \\ 1 \\ 0 \end{bmatrix}, \begin{bmatrix} 1 \\ 0 \\ 1 \end{bmatrix}, \begin{bmatrix} 0 \\ 1 \\ 1 \end{bmatrix}$$

in Frage, die zyklisch durchlaufen werden. Bild 4.10 zeigt den Zustandsgraphen, der in der Sprache der Automatentheorie einen *regulären* Automaten beschreibt, da er ausschließlich aus voneinander isolierten Zyklen besteht.

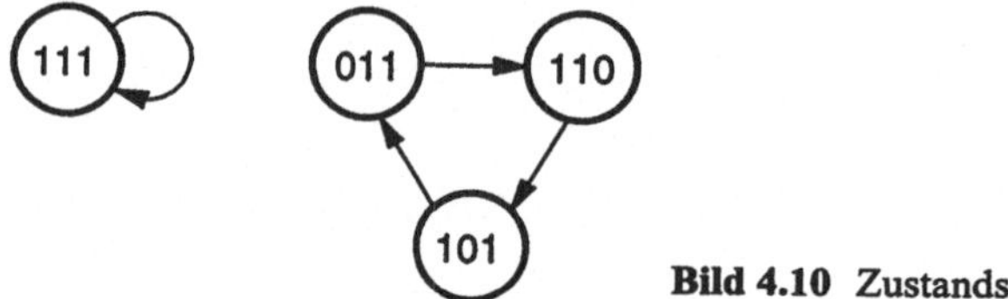

**Bild 4.10**  Zustandsgraph zu Gl. (4.52)

Der Fall IV bedarf keiner langen Diskussion, da der aus Tabelle 4.3 ablesbare "Regler"

$$u(k) \equiv 1$$

entartet ist; es liegt eine reine Steuerung mit konstanter binärer Eingangsgröße vor. Daher bleibt der dreifache Eigenwert $\lambda = 0$ des Prozesses (3.80) unverändert erhalten, und das System erreicht nach höchstens drei Schritten den statischen Zustand $x_s^T = (1,1,1)$. Der Graph ist ein *vollständiger Baum* (Bild 4.11).

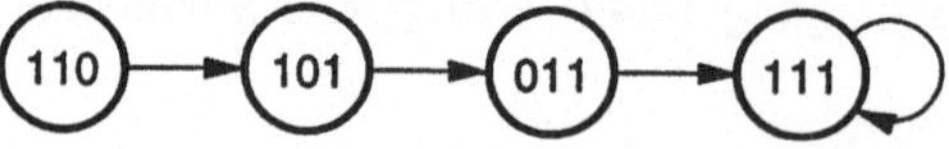

**Bild 4.11**  Zustandsgraph zu Fall IV

Abschließend soll noch ein etwas komplexeres Beispiel eines unvollständig definierten binären Prozesses und seiner Steuerung betrachtet werden. Wie im Bild 4.12 dargestellt ist, werden auf zwei separaten Transportbändern unterschiedliche Werkstücke von einem Lager zu einer Montagestation befördert. Auf der oberen Transportstrecke sollen Teile der Sorten A ($\hat{=}$ binär 1) und B ($\hat{=}$ binär 0) transportiert werden, die im Lager vorrätig sind. Auf dem unteren Förderband werden Teile der Sorten C ($\hat{=}$ binär 1) und D ($\hat{=}$ binär 0) transportiert, die ebenfalls aus dem Lager entnehmbar sind. Bedingt durch unterschiedliche Längsabmessungen der Teile fasse das obere Transportband stets zwei Teile, das untere dagegen nur eines wie im Bild 4.12 skizziert. In der Montagestation sollen die Teile A auf die Teile C aufmontiert werden und die Teile B auf die Teile D.

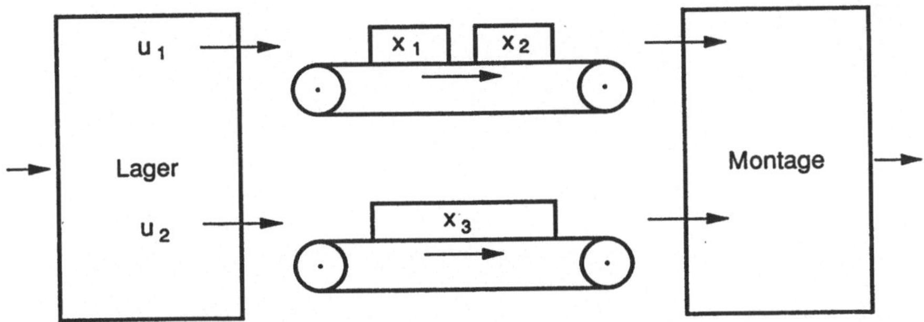


**Bild 4.12** Lager mit Transportstrecke und Montagestation

Dieser binäre Prozeß ist ein Automat mit zwei binären Eingangs- oder Steuergrößen $u_1$ und $u_2$ und drei binären Zustandsgrößen $x_1$, $x_2$ und $x_3$. Als Fließbandprozeß wird er durch die algebraisch linearen Gleichungen

$$x_1(k+1) = u_1(k),$$

$$x_2(k+1) = x_1(k), \qquad (4.53)$$

$$x_3(k+1) = u_2(k)$$

beschrieben, in Matrixform also durch

$$x(k+1) = \begin{bmatrix} 0 & 0 & 0 \\ 1 & 0 & 0 \\ 0 & 0 & 0 \end{bmatrix} x(k) + \begin{bmatrix} 1 & 0 \\ 0 & 0 \\ 0 & 1 \end{bmatrix} u(k). \qquad (4.54)$$

Insoweit ist der Automat zunächst vollständig definiert. Die oben formulierte Aufgabenstellung schließt jedoch bestimmte Zustände aus und schränkt daher die zulässigen Steuerwerte auf diejenigen ein, die auf die definierten Zustände *anwendbar* sind.

Die Forderung, daß ein Teil A stets nur in Kombination mit einem Teil C in die Montagestation einfahren soll und ein Teil B stets nur in Kombination mit einem Teil D, verlangt nämlich

$$x_2(k) = x_3(k) \text{ für alle k,} \tag{4.55}$$

also entweder

$$x_2(k) = x_3(k) = 0$$

oder

$$x_2(k) = x_3(k) = 1.$$

Aus (4.55) folgt weiter

$$x_2(k+1) = x_3(k+1) \text{ für alle k}$$

und daher mit (4.53) die Forderung

$$u_2(k) = x_1(k). \tag{4.56}$$

Dies ist die Gleichung eines *Zustandsreglers*, in Vektorschreibweise

$$u_2(k) = [1,0,0] \cdot x(k), \tag{4.57}$$

der die Beschickung der beiden Transportstrecken aufgabengemäß koordiniert.

Die unvollständig definierte Schalttabelle nimmt damit die in Tabelle 4.4 wiedergegebene Form an. Wie man sieht, sind nur vier mögliche Zustände x definiert. Ihnen sind nach (4.56) bestimmte Werte der Steuergröße $u_2$ zugeordnet. Dagegen sind der weiteren binären Steuergröße $u_1$ bislang noch keine Werte zugewiesen. Diese Steuergröße ist vielmehr noch frei aus $\{0,1\}$ wählbar und wird sich daran zu orientieren haben, in welcher Stückzahl die Montageprodukte (A,C) und (B,D) am Ausgang der Montagestation angefordert werden.

**Tabelle 4.4** Schalttabelle zum Beispielprozeß nach Bild 4.12

| $x_3(k)$ | $x_2(k)$ | $x_1(k)$ | $u_1(k)$ | $u_2(k)$ |
|---|---|---|---|---|
| 0 | 0 | 0 | $u_1^{(1)}$ | 0 |
| 0 | 0 | 1 | $u_1^{(2)}$ | 1 |
| ~~0~~ | ~~1~~ | ~~0~~ | $u_1^{(3)}$ | |
| ~~0~~ | ~~1~~ | ~~1~~ | $u_1^{(4)}$ | |
| ~~1~~ | ~~0~~ | ~~0~~ | $u_1^{(5)}$ | nicht definiert |
| ~~1~~ | ~~0~~ | ~~1~~ | $u_1^{(6)}$ | |
| 1 | 1 | 0 | $u_1^{(7)}$ | 0 |
| 1 | 1 | 1 | $u_1^{(8)}$ | 1 |

Stehen insbesondere die geforderten Produktionsraten der beiden Produkte in einem festen Verhältnis zueinander, so ist hierzu eine zyklische Beschickung erforderlich. Sie läßt sich selbsttätig generieren, indem ein algebraisch linearer *Zustandsregler*

$$u(k) = r_0 + r_1 x_1(k) + r_2 x_2(k) + r_3 x_3(k) = r_0 + r^T x(k) \tag{4.58}$$

angesetzt wird. Setzt man ihn so wie den bereits festgelegten Regler (4.57) in die Prozeßgleichung (4.54) ein, so erhält man die *Gleichung des geschlossenen Kreises*:

$$x(k+1) = \begin{bmatrix} r_1 & r_2 & r_3 \\ 1 & 0 & 0 \\ 1 & 0 & 0 \end{bmatrix} x(k) + \begin{bmatrix} r_0 \\ 0 \\ 0 \end{bmatrix}. \tag{4.59}$$

Sollen beispielsweise die Produktionsraten im Verhältnis 1:1 zueinander stehen, so wird dies durch abwechselnde Montage der Kombinationen (A,C) und (B,D) erreicht. Dies entspricht einem Zyklus mit der Periode $k_p = 2$, wozu notwendig ein Eigenwert der Systemmatrix bei

$$\lambda_1 = -1 \tag{4.60}$$

liegen muß (Tabelle 4.1). Um weitere Zyklen zu vermeiden, plaziert man die beiden weiteren Eigenwerte der Systemmatrix bei

$$\lambda_2 = \lambda_3 = 0. \tag{4.61}$$

Die aufgabengemäße zyklische Beschickung einer Montageanlage läßt sich also in der Sprache der Regelungstechnik als ein Problem der *Eigenwertvorgabe* formulieren!

Mit (4.60) und (4.61) lautet die charakteristische Gleichung des geschlossenen Kreises

$$P(z) = z^2(z+1) = 0.$$

Anderseits läßt sie sich schreiben als

$$P(z) = \det(z\,I - A) = 0,$$

also mit (4.59)

$$\begin{vmatrix} z-r_1 & -r_2 & -r_3 \\ -1 & z & 0 \\ -1 & 0 & z \end{vmatrix} = z \cdot (z^2 - r_1 z - r_2 - r_3) = 0.$$

Aus der Identität

$$z^2(z+1) \equiv z \cdot (z^2 - r_1 z - r_2 - r_3) \tag{4.62}$$

folgt

$$r_3 = -r_2,$$

$$r_1 = -1,$$

und damit nach (4.58) vorläufig der Regler

$$u_1(k) = r_0 - x_1(k) + r_2 \cdot [x_2(k) - x_3(k)].$$

Er garantiert bei beliebigen Zahlenwerten von $r_0$ und $r_2$ die vorgeschriebenen Eigenwerte, jedoch noch nicht den binären Charakter von $u_1(k)$. Um dies sicherzustellen, setzt man die nach Tabelle 4.4 definierten Zustände ein und erhält

$$u_1^{(1)} = r_0, \qquad u_1^{(2)} = r_0 - 1, \qquad u_1^{(7)} = r_0, \qquad u_1^{(8)} = r_0 - 1.$$

Damit $u_1 \in \{0,1\}$ wird, muß also

$$r_0 = 1$$

gewählt werden. Dagegen bleibt $r_2$ beliebig, da in den definierten x-Belegungen stets $x_2 = x_3$ gilt. Dies war ja die Forderung nach (4.55). Um das Rückführgesetz einfach zu halten, wählt man daher am einfachsten

$$r_2 = 0.$$

Damit lautet der Regler für $u_1$ endgültig

$$u_1(k) = 1 - x_1(k). \tag{4.63}$$

In der Sprache der Schaltalgebra ist dies die Negation von $x_1$ (siehe Gl. (2.7)). Mit dem so festgelegten Regler läßt sich die Schalttabelle 4.4 nachträglich vervollständigen, in diesem Fall sogar binär (vgl. Abschnitt 3.5):

$$u_1^{(3)} = 1, \qquad u_1^{(4)} = 0, \qquad u_1^{(5)} = 1, \qquad u_1^{(6)} = 0.$$

Gl. (4.59) für den geschlossenen Kreis lautet nunmehr konkret

$$x(k+1) = \begin{bmatrix} -1 & 0 & 0 \\ 1 & 0 & 0 \\ 1 & 0 & 0 \end{bmatrix} x(k) + \begin{bmatrix} 1 \\ 0 \\ 0 \end{bmatrix}. \tag{4.64}$$

Hieraus läßt sich sofort der Zustandsgraph nach Bild 4.13 gewinnen. Er bestätigt den Zyklus mit der Periode $k_p = 2$.

**Bild 4.13**  Zustandsgraph zu Gl. (4.64)

Das hier ausführlicher durchgerechnete Beispiel eines Transport- und Montageprozesses ist sicher noch so einfach, daß man sein dynamisches Verhalten gut überblicken kann. Gerade daran kann aber der Nutzen der hier vorgestellten neuen Methodik demonstriert werden. Die Behandlung dieses Beispiels zielte über die reine Analyse bereits hinaus auf den Entwurf binärer Rückführgesetze. Dabei besteht das Entwurfsziel durchaus nicht immer darin, Zyklen zu vermeiden, im Gegenteil: Zyklen mit vorgeschriebener Periode können wie in diesem Beispiel Gegenstand der Aufgabenstellung sein. Im Kapitel 5 wird diese Fragestellung nochmals aufgegriffen werden. Zuvor muß jedoch noch das für die Regelung von Zustandsraummodellen fundamentale Begriffspaar der Steuerbarkeit und Beobachtbarkeit beleuchtet werden.


## 4.3  Steuerbarkeit und Erreichbarkeit

Hatte der Abschnitt 4.2 das *freie* Verhalten autonomer Systeme zum Gegenstand, so interessiert jetzt das unter dem Einfluß von Eingangsgrößen *gesteuerte* Verhalten. Von grundlegender Bedeutung ist dabei die Frage, *welches* Verhalten sich überhaupt erzielen läßt. Welches sind insbesondere die Bedingungen dafür, daß sich ein diskretes System mittels einer endlichen Steuerfolge aus einem gegebenen Anfangszustand in einen gewünschten Endzustand überführen läßt? Antworten auf diese Frage hält einerseits die Regelungstechnik für Abtastsysteme bereit, andererseits auch die Automatentheorie für die binären Schaltwerke. Im folgenden soll die Klasse der algebraisch linear beschreibbaren Automaten unter diesem Gesichtspunkt betrachtet werden.


### 4.3.1  Steuerbarkeit und Erreichbarkeit linearer, zeitinvarianter Abtastsysteme

Ausgangspunkt sei die Zustandsdifferenzengleichung

$$x(k+1) = A\,x(k) + B\,u(k), \qquad k = 0, 1, 2, \ldots, \tag{4.65}$$

eines linearen, zeitinvarianten klassischen Abtastsystems, $x \in \mathbb{R}^n$, $u \in \mathbb{R}^p$. Unterwirft man es der endlichen, aus m Schritten bestehenden Steuerfolge

$$\{\,u(0), u(1), \ldots, u(m-1)\}\;,$$

so entsteht aus dem Anfangszustand $x(0)$ die Zustandsfolge

$$x(1) = A\, x(0) + B\, u(0),$$

$$x(2) = A\, x(1) + B\, u(1) = A^2 x(0) + A\, B\, u(0) + B\, u(1),$$

$$x(3) = A\, x(2) + B\, u(2) = A^3 x(0) + A^2 B\, u(0) + A\, B\, u(1) + B\, u(2),$$

.

.

.

$$x(m) = A\, x(m-1) + B\, u(m-1) =$$

$$= A^m x(0) + A^{m-1} B\, u(0) + \ldots + A\, B\, u(m-2) + B\, u\,(m-1). \tag{4.66}$$

In Anlehnung an die Darstellung in [5] werde das lineare Abtastsystem (4.65) *steuerbar* genannt, wenn sein Zustandspunkt $x(k)$ in endlich vielen Schritten aus dem beliebigen Anfangszustand $x(0)$ in den beliebigen Endzustand $x_e$ überführt werden kann.

Soll $x(m) = x_e$ werden, so folgt aus (4.66) eine Bedingung an die Steuerfolge:

$$B\, u(m-1) + A\, B\, u(m-2) + \ldots + A^{m-1} B\, u(0) = x_e - A^m x(0).$$

Dies ist ein lineares Gleichungssystem, bestehend aus n linearen Gleichungen für die $m \cdot p$ unbekannten Komponenten der Vektoren $u(0)$, ..., $u(m-1)$. Schreibt man es in der Form

$$[B, A\, B, A^2 B, \ldots, A^{m-1}B] \cdot \begin{bmatrix} u(m-1) \\ u(m-2) \\ \cdot \\ \cdot \\ \cdot \\ u(0) \end{bmatrix} = x_e - A^m x(0) \tag{4.67}$$

und bezeichnet die Koeffizientenmatrix mit $Q_m$, so ist (4.67) genau dann lösbar, wenn die Verträglichkeitsbedingung [105]

$$\text{Rang } Q_m = \text{Rang } [Q_m, x_e - A^m x(0)] \tag{4.68}$$

erfüllt ist. Bei *beliebigem* $x(0)$ und $x_e$ ist dies nur möglich, wenn die $(n, m \cdot p)$-Matrix $Q_m$ den Höchstrang n hat,

$$\text{Rang } [B, A\, B, A^2 B, \ldots, A^{m-1}B] = n. \tag{4.69}$$

Da die Matrix $Q_m$ $m \cdot p$ Spalten hat, ist (4.69) nur erfüllbar, wenn $m \cdot p \geq n$, also die Schrittzahl

$$m \geq \frac{n}{p}$$

ist. Ist (4.69) für eine natürliche Zahl m erfüllt, so ist das Abtastsystem (4.65) in m Schritten aus dem beliebigen Anfangszustand x(0) in den beliebigen Endzustand $x_e$ überführbar. Falls überhaupt ein derartiges m exstiert, gilt stets $m \leq n$, da mit $m > n$ der Rang von $Q_m$ nicht mehr vergrößert werden kann (Theorem von Cayley-Hamilton [105]). Man gelangt so zu dem fundamentalen Steuerbarkeitskriterium nach *E. Kalman* (1960):

Das Abtastsystem (4.65) ist genau dann steuerbar, wenn die $(n, n \cdot p)$-Matrix

$$Q_s = [B, A\,B, A^2 B, ..., A^{n-1}B] \tag{4.70}$$

den Höchstrang n hat.

Zusammenfassend gilt daher für die kleinste erforderliche Schrittzahl m stets [5]

$$\frac{n}{p} \leq m \leq n,$$

bei Systemen mit *einer* Steuergröße (p = 1) also

$$m = n.$$

Häufig wird in der Literatur der Begriff der Steuerbarkeit von dem der Erreichbarkeit unterschieden (z.B. [1], [18]). Danach liegt der Definition der Steuerbarkeit der spezielle Endzustand $x_e = 0$ und der Definition der Erreichbarkeit der spezielle Anfangszustand x(0) = 0 zugrunde. Bei nichtlinearen und auch bei zeitvarianten Systemen ist diese Unterscheidung wesentlich [18], für lineare, zeitinvariante Abtastsysteme dagegen ist sie verzichtbar. Ist die Rangbedingung (4.70) erfüllt, so ist das steuerbare System (4.65) stets auch erreichbar.

## 4.3.2 Erreichbarkeit in der Automatentheorie

Gegenstand der Erreichbarkeitsanalyse ist jetzt die allgemeine Zustandsgleichung eines endlichen Automaten,

$$x(k+1) = f[x(k), u(k)], \qquad k = 0, 1, 2, \ldots, \qquad\qquad (4.71)$$

mit dem n-dimensionalen binären Zustandsvektor $x$ und dem p-dimensionalen binären Steuervektor $u$. Ist der Automat vollständig definiert, so sind in (4.71) $2^{n+p}$ verschiedene Belegungen $(x,u)$ definiert und zulässig. Es sollen jedoch auch die wichtigen unvollständig definierten Automaten einbezogen werden (vgl. Abschnitt 3.5), bei denen nicht jede der $2^{n+p}$ Belegungen $(x,u)$ definiert bzw. zulässig ist. Der im Abschnitt 3.5 eingeführte Begriff des *anwendbaren* Steuervektors $u(k)$ im Zustand $x(k)$ ist für die jetzt anstehenden Fragen zunächst zu erweitern auf binäre Steuer*folgen* [56]:

Die endliche Steuerfolge

$$\{\, u(0), u(1), \ldots, u(m-1)\}$$

heißt *anwendbar* im Zustand $x(0)$, wenn sie in Verbindung mit der nach (4.71) entstehenden Zustandsfolge

$$\{\, x(0), x(1), \ldots, x(m)\}$$

zu zulässigen Belegungen $(x(k), u(k))$, $k = 0, 1, \ldots, m-1$, führt und auch $x(m)$ ein zulässiger Zustand ist.

Ein binärer Zustand $x_e$ des - vollständig oder unvollständig definierten - Automaten (4.71) heißt *erreichbar* vom Zustand $x(0)$ aus, wenn eine auf $x(0)$ *anwendbare* endliche Steuerfolge

$$\{\, u(0), u(1), \ldots, u(m-1)\}$$

existiert, die den Automaten von $x(0)$ nach $x(m) = x_e$ überführt.

Das Adjektiv "endlich" könnte man bei dieser Definition auch weglassen, denn im Unterschied zu klassischen Abtastsystemen gilt [59]:

Ist in einem Automaten mit N definierten Zuständen ein Zustand $x_e$ überhaupt erreichbar von einem Zustand x(0) aus, so ist dies mit höchstens N - 1 Schritten möglich.

Im Unterschied zu einem Abtastsystem hängt also die maximal benötigte Schrittzahl nicht von der Dimension n des Zustandsvektors ab, sondern von der Anzahl $N \le 2^n$ diskreter Zustandspunkte.

Ein Automat heißt "stark zusammenhängend", wenn *jeder* definierte Zustand $x_e$ von *jedem* definierten Zustand x(0) aus erreichbar ist [61].

Der Begriff des stark zusammenhängenden Automaten weist - bei aller Verschiedenheit der zugrundeliegenden Systeme - weitgehende Verwandtschaft mit dem des steuerbaren linearen Abtastsystems aus Abschnitt 4.3.1 auf. Diese Verwandtschaft geht so weit, daß für die Klasse der *schaltalgebraisch* linearen, vollständig definierten Automaten

$$x(k+1) = A\,x(k) + B\,u(k) \qquad\qquad\qquad (4.72)$$

ein Erreichbarkeitskriterium gilt, das genau der Bedingung (4.69) entspricht [61]. Der Automat (4.72) ist nämlich genau dann stark zusammenhängend, wenn eine natürliche Zahl m existiert, mit der die Bedingung

$$\text{Rang}[B, A\,B, A^2 B, ..., A^{m-1} B] = n \qquad\qquad\qquad (4.73)$$

erfüllt ist. Es sei nochmals darauf hingewiesen, daß in (4.72) und (4.73) wie generell in der binären Automatentheorie die Rechenoperationen Addition und Multiplikation modulo 2 erklärt sind.

Einen anschaulichen Zugang zum Begriff der Erreichbarkeit bei Automaten gewinnt man wiederum mit den Zustandsgraphen. Anders als bei den Graphen eines autonomen Automaten (Abschnitt 4.2.2) schreibt man jetzt an die gerichteten Pfeile (Zweige, Kanten) des Graphen den jeweils wirkenden Eingangsvektor an. Zur Konstruktion des *Erreichbarkeitsgraphen* zeichnet man zunächst das Gerippe der $N \le 2^n$ Knoten, die den definierten Zuständen des Automaten entsprechen. Dann trägt man von jedem Knoten $x^{(i)}$ ausgehend die $P^{(i)} \le 2^p$ Zweige ein, die den *anwendbaren* Steuerungen entsprechen und die diesen Knoten mit anderen Knoten verbinden.

Bild 4.14 zeigt als einfaches Beispiel den Erreichbarkeitsgraphen zur vollständig definierten Schalttabelle 3.3, die der schaltalgebraischen Gleichung (3.45) bzw. der äquivalenten algebraischen Gleichung (3.46) entspricht. Man sieht sofort, daß hier ein stark zusammenhängender Automat vorliegt, denn jeder der $2^n = 2$ Zustände ist vom jeweils anderen aus erreichbar, hier in einem Schritt. Der Vergleich mit Bild 4.4 zeigt: Während der für $u(k) \equiv 1$ *autonome* Automat in einem Zyklus mit der Periode $k_p = 2$

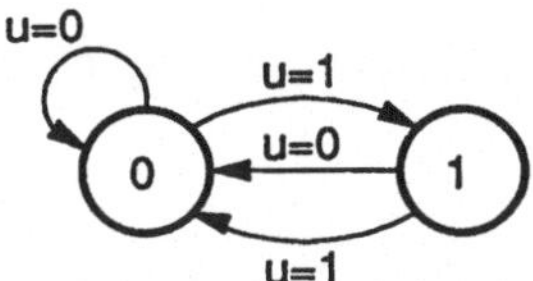


**Bild 4.14**  Erreichbarkeitsgraph zu Tabelle 3.3

gefangen bleibt, kann der *gesteuerte* Automat aus diesem Zyklus heraus in den statischen Nullzustand überführt werden.

Der vollständig definierte Transportprozeß nach Gl. (3.80) ist $2^3 = 8$ Zustände fähig. Wie sein Erreichbarkeitsgraph im Bild 4.15 zeigt, ist auch dieser Automat stark zusammenhängend: Jeder Zustand ist von jedem anderen aus erreichbar, hier in höchstens drei Schritten.

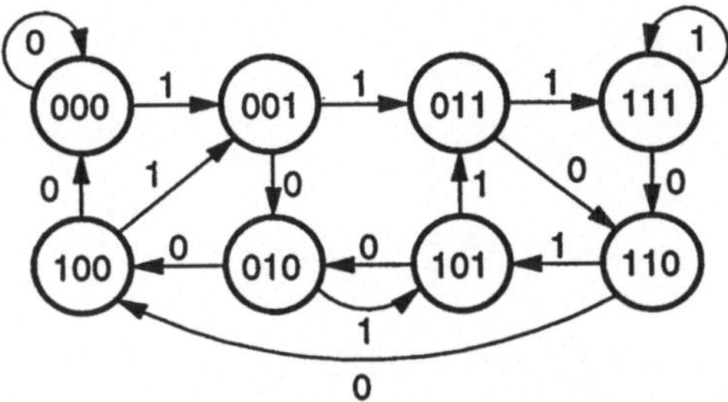


**Bild 4.15**  Erreichbarkeitsgraph zu Gl. (3.80)

Geht man von diesem Beispiel zu dem unvollständig definierten binären Prozeß nach Tabelle 3.5 über und beachtet, daß auch die drei weiteren Steuerstrategien nach Tabelle 4.2 *anwendbar* sind, so gelangt man zu dem im Bild 4.16 dargestellten Erreichbarkeitsgraphen. Er weist nur $4 < 2^3$ Knoten auf. Während von den Knoten (011) und (111) jeweils $P = 2^p = 2$ Zweige ausgehen, ist in den beiden übrigen Knoten jeweils nur ein Zweig verträglich mit der unvollständig definierten Schaltfunktion. Dennoch ist offensichtlich jeder der vier Knoten von jedem anderen aus erreichbar, der Automat

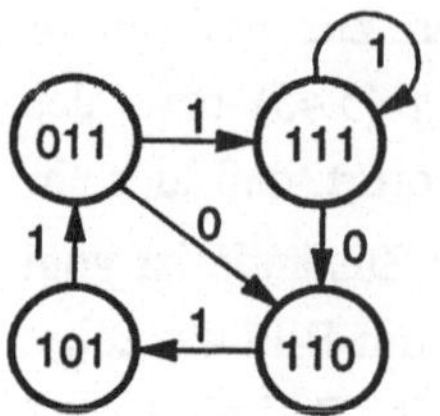

**Bild 4.16** Erreichbarkeitsgraph zu Tabelle 3.5 in Verbindung mit Tabelle 4.2

ist somit stark zusammenhängend. Der Zyklus aus Bild 4.7 ist natürlich als mögliche Verhaltensweise im Bild 4.16 enthalten.

Als Beispiel eines *nicht* stark zusammenhängenden Automaten betrachten wir den zunächst vollständig definierten, algebraisch linearen binären Prozeß

$$
x(k+1) = \begin{bmatrix} 0 & 0 & 0 \\ 1 & 0 & 0 \\ 1 & 0 & 0 \end{bmatrix} x(k) + \begin{bmatrix} 1 \\ 0 \\ 0 \end{bmatrix} u(k) \tag{4.74}
$$

mit $N = 2^3 = 8$ definierten Zuständen. Bild 4.17 zeigt den zugehörigen Erreichbarkeitsgraphen. In der Tat werden die vier gestrichelt markierten Knoten von keinem der vier übrigen Knoten aus erreicht.

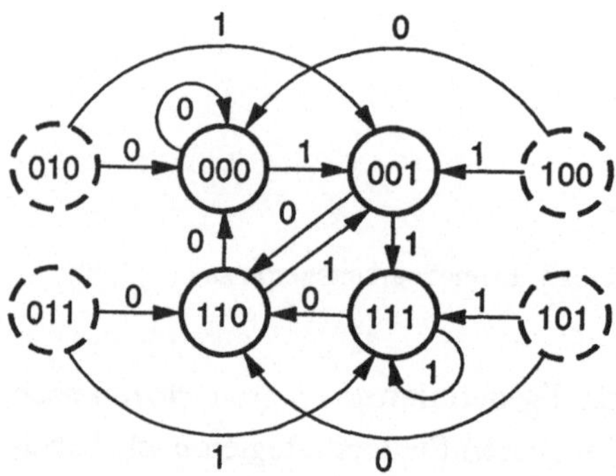

**Bild 4.17** Erreichbarkeitsgraph zu Gl. (4.74)

Definiert man dagegen den Prozeß (4.74) von vornherein *unvollständig*, indem man nur die $N = 4 < 2^3$ Knoten (000), (001), (110) und (111) zuläßt, so ist dieser stark zusammenhängend. Er entspricht dann gerade dem Beispiel (4.54), sofern man dort für $u_2(k)$ die Reglergleichung (4.57) einsetzt und die verbleibende Steuergröße $u_1(k)$ in u(k) umbenennt. In der Tat wurde die Reglergleichung (4.57) gerade so konstruiert, daß die Steuergröße $u_2(k)$ mit der aufgabengemäß unvollständig definierten Schalttabelle 4.4 verträglich ist. Wie man aus Bild 4.17 abliest, ist für diesen unvollständig definierten Prozeß jeder Zustand von jedem anderen aus mittels der verbleibenden Steuergröße $u(k) = u_1(k)$ erreichbar, und zwar in höchstens drei Schritten.

### 4.3.3  Steuerbarkeit und Erreichbarkeit algebraisch linearer Automaten

Die Zustandsdifferenzengleichung eines algebraisch linearen Automaten ist von der Form (vgl. (3.52))

$$x(k+1) = A\,x(k) + B\,u(k) + a_0, \tag{4.75}$$

mit dem n-dimensionalen binären Zustandsvektor $x$ und dem p-dimensionalen binären Steuervektor $u$. Der konstante Vektor $a_0$ trägt wie im Kapitel 3 erläutert dem binären Charakter aller Schaltvariablen in (4.75) Rechnung. Diese Zustandsgleichung läßt sich mit den Methoden linearer Abtastsysteme auf Steuerbarkeit bzw. Erreichbarkeit untersuchen mit den folgenden Besonderheiten:

a)  Der Anfangszustand $x(0)$ und der Endzustand $x_e$ können nicht mehr an beliebiger Stelle im n-dimensionalen Vektorraum liegen, sondern sind je nur $N \leq 2^n$ diskreter Punkte fähig.

b)  Die Steuerfolge

$$\{\,u(0),\,u(1),\,...,\,u(m{-}1)\}\,, \tag{4.76}$$

mit $m \leq N - 1$, unterliegt der Einschränkung, daß nur Binärvektoren $u(k)$ zulässig sind. Bei unvollständig definierten Automaten muß darüber hinaus die Steuerfolge (4.76) *anwendbar* sein.

Zur Steuerfolge (4.76) gehört die aus $x(0)$ entstehende Zustandsfolge

$$x(1) \quad = A\,x(0) + B\,u(0) + a_0,$$

$$x(2) \quad = A\,x(1) + B\,u(1) + a_0 =$$

$$= A^2 x(0) + A\,B\,u(0) + B\,u(1) + (A + I)\,a_0,$$

$$x(3) \quad = A\,x(2) + B\,u(2) + a_0 =$$

$$= A^3 x(0) + A^2 B\,u(0) + A\,B\,u(1) + B\,u(2) + (A^2 + A + I)\,a_0,$$

$$\vdots$$

$$x(m) \quad = A\,x(m-1) + B\,u(m-1) =$$

$$= A^m x(0) + A^{m-1} B\,u(0) + \ldots + A\,B\,u(m-2) + B\,u(m-1) +$$

$$+ \sum_{j=0}^{m-1} A^j\,a_0. \tag{4.77}$$

Soll von $x(0)$ aus mittels der Steuerfolge (4.76) der Endzustand $x(m) = x_e$ erreicht werden, so folgt für die Steuerfolge aus (4.77) das algebraisch lineare Gleichungssystem

$$[B,\,A\,B,\,A^2 B,\,\ldots,\,A^{m-1} B] \cdot \begin{bmatrix} u(m-1) \\ u(m-2) \\ \cdot \\ \cdot \\ \cdot \\ u(0) \end{bmatrix} = x_e - A^m x(0) - \sum_{j=0}^{m-1} A^j\,a_0, \tag{4.78}$$

das gegenüber (4.67) nur durch den Einfluß von $a_0$ modifiziert ist. Bezeichnet man die Koeffizientenmatrix wieder mit $Q_m$, so ist (4.78) genau dann lösbar, wenn die Verträglichkeitsbedingung

$$\text{Rang } Q_m = \text{Rang}\left[Q_m, x_e - A^m x(0) - \sum_{j=0}^{m-1} A^j a_0\right] \tag{4.79}$$

erfüllt ist. Anders als beim linearen Abtastsystem aus Abschnitt 4.3.1 braucht jedoch $Q_m$ hierzu nicht immer den Höchstrang n zu besitzen, da (4.79) *nicht mehr für beliebige* $x(0)$ und $x_e$ aus einem Kontinuum erfüllt sein muß, sondern nur noch für N diskrete Punkte.

Wie beim klassischen Abtastsystem (Abschnitt 4.3.1) gilt jedoch auch hier: Ist die Rangbedingung (4.79) mit keiner Zahl $m \leq n$ erfüllbar, so gelingt dies auch für $m > n$ nicht mehr (Satz von Cayley-Hamilton [105]). Daraus folgt:

In dem algebraisch linearen Automaten (4.75) seien $N \leq 2^n$ binäre Zustände definiert: $\mathscr{Z} = \{ x^{(1)}, x^{(2)}, ..., x^{(N)} \}$. Ist ein Zustand $x_e \in \mathscr{Z}$ überhaupt erreichbar von einem Zustand $x(0) \in \mathscr{Z}$ aus, so ist dies einerseits mit höchstens $N - 1$ Schritten möglich, andererseits mit höchstens $n$ Schritten, also mit höchstens

$$m_{max} = \min (n, N\text{-}1) \tag{4.80}$$

Schritten.

Ist der Automat (4.75) *vollständig definiert*, dann ist $N = 2^n$. Für $n = 1, 2, 3$ ist in diesem Fall $m_{max}$ in Tabelle 4.5 aufgelistet. Wie man sieht, ist (auch für $n > 3$) hier die maximale Schrittzahl durch die Dimension $n$ des Zustandsvektors gegeben. Ist also beispielsweise in einem vollständig definierten algebraisch linearen Automaten mit dreidimensionalem Zustandsvektor ein Zustand $x_e$ von einem Zustand $x(0)$ aus nicht in höchstens drei Schritten erreichbar, dann auch nicht in mehr als drei Schritten. Sind jedoch in diesem Automaten nicht alle $2^3 = 8$ Zustände definiert, sondern z.B. nur $N = 3$ Zustände, dann ist Tabelle 4.5 nicht mehr anwendbar. Nach (4.80) wird jetzt die maximale Schrittzahl

$$m_{max} = \min (3,2) = 2.$$

**Tabelle 4.5** Maximale Schrittzahl $m_{max}$ bei vollständig definierten algebraisch linearen Automaten

| $n$ | $N = 2^n$ | $N-1$ | $m_{max}$ |
|---|---|---|---|
| 1 | 2 | 1 | 1 |
| 2 | 4 | 3 | 2 |
| 3 | 8 | 7 | 3 |

Um zu klären, ob ein Zustand $x_e \in \mathscr{Z}$ in m ($\leq m_{max}$) Schritten von $x(0) \in \mathscr{Z}$ aus erreichbar ist, hat man zu prüfen, ob

1.  die Rangbedingung (4.79) erfüllt ist und

2.  die Folge

$$\{ u(0), u(1), ..., u(m-1)\}$$

als Lösung von (4.78) eine anwendbare binäre Steuerfolge ist.

Erweist sich so *jeder* Zustand $x_e \in \mathscr{Z}$ in höchstens $m_{max}$ = min (n, N - 1) Schritten als erreichbar von *jedem* Zustand $x(0) \in \mathscr{Z}$ aus, so ist der algebraisch lineare Automat (4.75) stark zusammenhängend.

Einige Beispiele sollen die Anwendung illustrieren.

In dem vollständig definierten Transportprozeß (3.80) mit dem Erreichbarkeitsgraphen nach Bild 4.15 ist

$$A = \begin{bmatrix} 0 & 0 & 0 \\ 1 & 0 & 0 \\ 0 & 1 & 0 \end{bmatrix}, b = \begin{bmatrix} 1 \\ 0 \\ 0 \end{bmatrix}, a_0 = 0.$$

Für m = 1 lautet die Bedingung (4.79)

$$\text{Rang} \begin{bmatrix} 1 \\ 0 \\ 0 \end{bmatrix} = 1 \overset{!}{=} \text{Rang} \begin{bmatrix} 1 & x_{e1} \\ 0 & x_{e2} - x_1(0) \\ 0 & x_{e3} - x_2(0) \end{bmatrix}.$$

Sie ist erfüllt für diejenigen Paare $(x(0), x_e)$, für die gilt:

$$\begin{aligned} x_{e1} &= 0 \text{ oder } 1, \\ x_{e2} &= x_1(0), \\ x_{e3} &= x_2(0). \end{aligned} \qquad (4.81)$$

Die zugehörige Steuerung nach (4.78) wird

$$u(0) = x_{e1}. \tag{4.82}$$

Sie ist binär und daher anwendbar auf jeden Zustand $x(0)$ des vollständig definierten Systems. Daher ist jeder Zustand $x_e$ in einem Schritt erreichbar von denjenigen Anfangszuständen $x(0)$ aus, die (4.81) genügen.

Für $m = 2$ lautet die Bedingung (4.79)

$$\text{Rang} \begin{bmatrix} 1 & 0 \\ 0 & 1 \\ 0 & 0 \end{bmatrix} = 2 \overset{!}{=} \text{Rang} \begin{bmatrix} 1 & 0 & x_{e1} \\ 0 & 1 & x_{e2} \\ 0 & 0 & x_{e3} - x_1(0) \end{bmatrix}.$$

Sie ist erfüllt für

$$\begin{aligned} x_{e1} &= 0 \text{ oder } 1, \\ x_{e2} &= 0 \text{ oder } 1, \\ x_{e3} &= x_1(0). \end{aligned} \tag{4.83}$$

Die zugehörige Steuerfolge nach (4.78) wird

$$\begin{aligned} u(0) &= x_{e2}, \\ u(1) &= x_{e1}. \end{aligned} \tag{4.84}$$

Sie ist binär und daher anwendbar auf den vollständig definierten Automaten. Daher ist jeder Zustand $x_e$ in zwei Schritten erreichbar von denjenigen Anfangszuständen $x(0)$ aus, für die $x_1(0) = x_{e3}$ ist.

Für $m = 3$ lautet die Bedingung (4.79)

$$\text{Rang} \begin{bmatrix} 1 & 0 & 0 \\ 0 & 1 & 0 \\ 0 & 0 & 1 \end{bmatrix} = 3 \overset{!}{=} \text{Rang} \begin{bmatrix} 1 & 0 & 0 & x_{e1} \\ 0 & 1 & 0 & x_{e2} \\ 0 & 0 & 1 & x_{e3} \end{bmatrix}.$$

Sie ist offenbar für jeden Binärvektor $x_e$ erfüllt, unabhängig vom Anfangszustand $x(0)$. Die zugehörige Steuerfolge nach (4.78) wird

$$u(0) = x_{e3},$$

$$u(1) = x_{e2}, \qquad\qquad (4.85)$$

$$u(2) = x_{e1}.$$

Sie ist binär und daher anwendbar auf den vollständig definierten Automaten. Daher ist jeder Zustand $x_e$ von jedem Zustand $x(0)$ aus erreichbar in drei Schritten. Dies ist kein Widerspruch dazu, daß man für bestimmte $x(0)$ und $x_e$ auch mit weniger als drei Schritten auskommt. Der Automat ist stark zusammenhängend. Die hier auf einfache Weise analytisch gefundenen Ergebnisse lassen sich ohne weiteres anhand des Erreichbarkeitsgraphen (Bild 4.15) anschaulich nachvollziehen.

Modifiziert man das eben betrachtete Beispiel dahingehend, daß nur noch N = 4 Zustände nach Bild 4.16 definiert bzw. zulässig sind, so ergeben sich Einschränkungen insofern, als $x(0)$ und $x_e$ dieser verkleinerten Menge möglicher Zustände angehören müssen. Wie seither ist jeder zulässige Zustand in maximal drei Schritten erreichbar. Auch dieser Automat ist stark zusammenhängend.

Schränkt man durch Streichen des Zustands (111) die Anzahl der zulässigen Zustände nochmals ein auf N = 3, so kommt man zu dem Erreichbarkeitsgraphen nach Bild 4.18. Wie man aus dem Bild unmittelbar abliest und auch nach der beschriebenen Methode analytisch zeigen kann, ist jeder Zustand $x_e$ von jedem Zustand $x(0)$ aus in höchstens m = N - 1 = 2 Schritten erreichbar. Auch dieser Automat ist also stark zusammenhängend. Hält man sich vor Augen, daß die Dimension des Zustandsvektors hier n = 3 ist, so wären bei einem klassischen Abtastsystem dieser Dimension mit seinem *Kontinuum* möglicher Zustände $x(0)$ und $x_e$ im allgemeinen m = n = 3 Abtastschritte erforderlich.

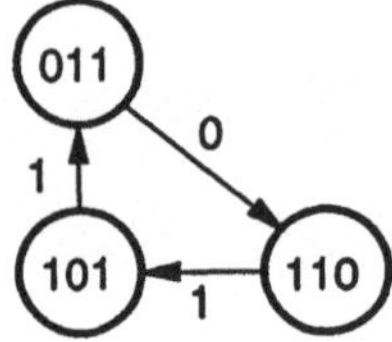


**Bild 4.18**  Aus Bild 4.16 abgeleiteter Erreichbarkeitsgraph

In dem zunächst vollständig definierten Transportprozeß (4.74) mit dem Erreichbarkeitsgraphen nach Bild 4.17 ist

$$A = \begin{bmatrix} 0 & 0 & 0 \\ 1 & 0 & 0 \\ 1 & 0 & 0 \end{bmatrix}, \quad b = \begin{bmatrix} 1 \\ 0 \\ 0 \end{bmatrix}, \quad a_0 = 0.$$

Für m = 1 lautet die Bedingung (4.79)

$$\text{Rang} \begin{bmatrix} 1 \\ 0 \\ 0 \end{bmatrix} = 1 \overset{!}{=} \text{Rang} \begin{bmatrix} 1 & x_{e1} \\ 0 & x_{e2} - x_1(0) \\ 0 & x_{e3} - x_2(0) \end{bmatrix}.$$

Sie ist erfüllt für diejenigen Paare $(x(0), x_e)$, für die gilt:

$$\begin{aligned} x_{e1} &= 0 \text{ oder } 1, \\ x_{e2} &= x_{e3} = x_1(0). \end{aligned} \qquad (4.86)$$

Die zugehörige Steuerung nach (4.78) wird

$$u(0) = x_{e1}. \qquad (4.87)$$

Sie ist binär und daher anwendbar auf jeden Zustand $x(0)$ des vollständig definierten Automaten. Jedoch ist im Unterschied zum Beispiel (3.80) nicht mehr jeder Zustand $x_e$ in einem Schritt erreichbar von einem Nachbarzustand $x(0)$ aus. Nach (4.86) unterliegt $x_e$ vielmehr der Einschränkung $x_{e2} = x_{e3}$. Sie wird erfüllt von den vier Knoten (000), (001), (110) und (111). Jeder dieser vier Zustände ist in einem Schritt erreichbar von denjenigen Anfangszuständen $x(0)$ aus, für die $x_1(0) = x_{e2} = x_{e3}$ ist. Dies wird durch Bild 4.17 bestätigt.

Für m = 2 lautet die Bedingung (4.79)

$$\text{Rang} \begin{bmatrix} 1 & 0 \\ 0 & 1 \\ 0 & 1 \end{bmatrix} = 2 \overset{!}{=} \text{Rang} \begin{bmatrix} 1 & 0 & x_{e1} \\ 0 & 1 & x_{e2} \\ 0 & 1 & x_{e3} \end{bmatrix}.$$

Sie ist unabhängig von $x(0)$ erfüllt für

$$x_e = \begin{bmatrix} 0 \\ 0 \\ 0 \end{bmatrix}, \begin{bmatrix} 1 \\ 0 \\ 0 \end{bmatrix}, \begin{bmatrix} 0 \\ 1 \\ 1 \end{bmatrix} \text{ und } \begin{bmatrix} 1 \\ 1 \\ 1 \end{bmatrix}, \tag{4.88}$$

also wieder für die oben genannten vier Knoten.

Die zugehörige Steuerfolge ergibt sich aus (4.78) zu

$$u(0) = x_{e2} \ (= x_{e3}),$$
$$\tag{4.89}$$
$$u(1) = x_{e1}.$$

Sie ist binär und daher anwendbar auf den vollständig definierten Automaten. Daher ist jeder der vier Zustände $x_e$ nach (4.88) in zwei Schritten erreichbar von jedem Zustand $x(0)$ aus. Auch dies findet man im Bild 4.17 bestätigt.

Für $m = 3$ lautet die Bedingung (4.79)

$$\text{Rang} \begin{bmatrix} 1 & 0 & 0 \\ 0 & 1 & 0 \\ 0 & 1 & 0 \end{bmatrix} = 2 \overset{!}{=} \text{Rang} \begin{bmatrix} 1 & 0 & 0 & x_{e1} \\ 0 & 1 & 0 & x_{e2} \\ 0 & 1 & 0 & x_{e3} \end{bmatrix}.$$

Da hier offenbar $Q_3$ den gleichen Rang wie $Q_2$ hat, erschließen sich mit $m = n = 3$ Schritten keine weiteren erreichbaren Zustände gegenüber $m = 2$, auch nicht mit $m > 3$ Schritten (Tabelle 4.5). Zusammenfassend sind daher nur die vier Knoten (000), (001), (110) und (111) erreichbar, und zwar von jedem Anfangszustand aus in maximal zwei Schritten. Der vollständig definierte Automat ist *nicht* stark zusammenhängend. Dies wurde bereits bei der Diskussion von Bild 4.17 festgestellt.

Definiert man dagegen in diesem Automaten von vornherein nur die soeben als erreichbar festgestellten Zustände, definiert man ihn also unvollständig, so ist er stark zusammenhängend, da (4.88) jetzt die Gesamtheit der möglichen Systemzustände ausmacht und die Steuerfolge (4.89) in keinem Schritt aus dieser Zustandsmenge herausführt. Der besseren Übersicht halber ist der zugehörige Erreichbarkeitsgraph im Bild 4.19 nochmals dargestellt, wenngleich er im Bild 4.17 enthalten ist.

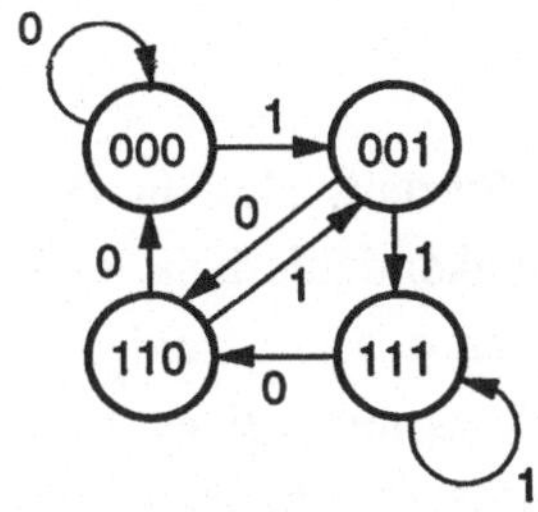


**Bild 4.19**  Erreichbarkeitsgraph zu Gl. (4.74), wenn nur vier Zustände definiert sind

Zusammenfassend bleibt festzustellen, daß die Klasse der stark zusammenhängenden algebraisch linearen Automaten verwandt ist mit den steuerbaren linearen Abtastsystemen. Sie lassen sich nicht nur wie diese durch eine algebraisch lineare Zustandsdifferenzengleichung beschreiben, sondern es ist auch jeder definierte Endzustand $x_e$ in endlich vielen Schritten von jedem Anfangszustand $x(0)$ aus erreichbar. In Erweiterung des Steuerbarkeitsbegriffs aus Abschnitt 4.3.1 könnte man daher einen stark zusammenhängenden Automaten auch als *steuerbar* bezeichnen.

Während beim Abtastsystem der Systemzustand $x$ und damit auch $x(0)$ und $x_e$ im *Kontinuum* des n-dimensionalen Vektorraums definiert sind, ist beim Automaten der *binäre* Zustand $x$ und damit auch $x(0)$ und $x_e$ nur in $N \leq 2^n$ diskreten Punkten dieses Vektorraumes definiert. Dieser extremen "Quantisierung" des Systemzustands entspricht eine ebensolche Quantisierung des *binären* Steuervektors $u$.

Die Steuerbarkeit eines linearen zeitinvarianten Abtastsystems muß vorausgesetzt werden, will man dem System durch lineare Zustandsrückführung (Zustandsregelung) frei vorgebbare Eigenwerte verleihen [1], [5], [18]. Im Abschnitt 4.2 wurde das periodische Verhalten autonomer algebraisch linearer Automaten mit dem Eigenwertbegriff in Verbindung gebracht. Es stellt sich daher die Frage, inwieweit bei einem soeben als steuerbar bezeichneten stark zusammenhängenden algebraisch linearen Automaten durch algebraisch lineare Zustandsrückführung *Eigenwertvorgabe* betrieben werden kann. Hierauf werden wir im Kapitel 5 zurückkommen.

## 4.4  Beobachtbarkeit und Beobachterentwurf

Die Komponenten des Zustandsvektors $x$ eines dynamischen Systems sind in der Regel nicht sämtlich einer Messung zugänglich. Das gilt für zeitkontinuierliche und zeitdiskrete Systeme ebenso wie für Automaten. Dennoch ist man aus unterschiedlichen Gründen an dieser vollständigen Zustandsinformation interessiert, sei es zum Zweck der bloßen Überwachung kritischer Zustandsgrößen, sei es zur Implementierung von Regelungsstrukturen, die diese Zustandsinformation benötigen (Zustandsregler).

Im Bereich der Regelungstechnik ist daher die Aufgabe, den Zustand $x$ wenigstens näherungsweise aus den zugänglichen Meßwerten $y$ einer Regelstrecke zu rekonstruieren, nicht neu und für lineare und bestimmte Klassen nichtlinearer Strecken längst gelöst. Die Lösung dieser Problemstellung ist der Luenberger-Beobachter [4], ein dynamisches System, das im wesentlichen ein Streckenmodell enthält und dessen weitere Parameter so eingestellt werden, daß der Beobachterzustand asymptotisch an den Streckenzustand angeglichen wird. Diese Zustandsrekonstruktion im Beobachter gelingt stets dann, wenn die Strecke "beobachtbar" ist, d.h. wenn durch Messung des Ausgangsvektors der Strecke über eine endliche Zeitspanne der Anfangszustand der Strecke eindeutig bestimmt werden kann (bei bekannt vorausgesetztem Steuervektor).

Beobachtbarkeit und Beobachterentwurf für lineare Systeme der Regelungstechnik sind in nahezu allen neueren einschlägigen Lehrbüchern dargestellt und sollen hier nicht wiederholt werden. Speziell für zeitdiskrete lineare Systeme sei etwa auf [1], [18], [20] verwiesen.

Der letztgenannten Systemklasse stehen die hier interessierenden algebraisch linearen Automaten recht nah, wie die zurückliegenden Abschnitte gezeigt haben. Daher soll für diese Klasse von Automaten die Frage der Beobachtbarkeit untersucht und der Beobachterentwurf durchgeführt werden.

### 4.4.1  Beobachtbarkeit

Während für das Eigenverhalten autonomer Automaten (Abschnitt 4.2) und für die Frage der Steuerbarkeit und Erreichbarkeit (Abschnitt 4.3) die Definition von Ausgangsgrößen belanglos bleibt, ist jetzt die Zustandsdifferenzengleichung des Automaten,

$$x(k+1) = A\, x(k) + B\, u(k) + a_0 \, , \qquad\qquad (4.90)$$

durch eine Ausgangsgleichung zu ergänzen. Sie wird ebenfalls algebraisch linear vorausgesetzt,

$$y(k) = C\,x(k) + D\,u(k) + c_0. \qquad (4.91)$$

Wie seither sei $x$ der n-dimensionale Zustandsvektor, $u$ der p-dimensionale Steuervektor und $y$ der q-dimensionale Ausgangsvektor, jeweils mit Komponenten aus $\{0,1\}$. Der Automat sei zunächst *vollständig definiert*, es seien also in (4.90) ebenso wie in (4.91) alle $2^{n+p}$ möglichen Belegungen $(x,u)$ zugelassen.

Der Automat (4.90), (4.91) heißt *beobachtbar*, wenn sein unbekannter binärer Anfangszustand $x(0)$ aus der endlichen binären Ausgangsfolge

$$\{\,y(0),\,y(1),\,...,\,y(m\text{-}1)\}$$

bei ebenfalls bekannter binärer Eingangsfolge

$$\{\,u(0),\,u(1),\,...,\,u(m\text{-}1)\}$$

eindeutig bestimmt werden kann.

Diese Definition schließt in der Tat unvollständig definierte Automaten zunächst aus, denn bei einem derartigen Automaten hängt die anwendbare Steuerung $u(k)$ vom aktuellen Zustand $x(k)$ ab, der gar nicht bekannt ist! Weiter unten werden jedoch bestimmte Klassen unvollständig definierter Automaten einbezogen.

Zur Herleitung eines Beobachtbarkeitskriteriums geht man genauso vor wie bei linearen Abtastsystemen [1], [5]. Man schreibt die Folge der $y(k)$ konkret an,

$$y(0) \quad = C\,x(0) + D\,u(0) + c_0,$$

$$y(1) \quad = C\,x(1) + D\,u(1) + c_0 =$$

$$= C\,A\,x(0) + C\,B\,u(0) + C\,a_0 + D\,u(1) + c_0,$$

$$y(2) \quad = C\,x(2) + D\,u(2) + c_0 =$$

$$= C\,A\,x(1) + C\,B\,u(1) + C\,a_0 + D\,u(2) + c_0 =$$

$$= C\,A(A\,x(0) + B\,u(0) + a_0) + C\,B\,u(1) + C\,a_0 + D\,u(2) + c_0 =$$

$$= C\,A^2 x(0) + C\,A\,B\,u(0) + C\,B\,u(1) + D\,u(2) + C(A+I)a_0 + c_0\,,$$

$$\vdots$$

$$y(m-1) = C\,A^{m-1}x(0) + C(A^{m-2}B\,u(0) + A^{m-3}B\,u(1) + \ldots + B\,u(m-2)) +$$

$$+ D\,u(m-1) + C(A^{m-2}+ A^{m-3}+ \ldots + I)a_0 + c_0.$$

Bringt man die Terme, die $x(0)$ enthalten, jeweils auf die linke Seite, so entsteht das lineare Gleichungssystem

$$\begin{bmatrix} C \\ C\,A \\ \vdots \\ C\,A^{m-1} \end{bmatrix} x(0): = P_m \cdot x(0) = \alpha_m\,, \tag{4.92}$$

in dem der zur Abkürzung eingeführte $q\cdot m$-dimensionale Vektor $\alpha_m$ auf der rechten Seite bekannt ist, da er nur gemessene Größen enthält. Die Koeffizientenmatrix $P_m$ ist vom Typ $(q\cdot m, n)$. In sinngemäßer Übertragung der Überlegungen aus Abschnitt 4.3 gilt auch hier: Falls (4.92) überhaupt für irgend ein $m$ erfüllt werden kann, dann auch für $m = n$. Daher ist der algebraisch lineare Automat beobachtbar, wenn die $(q\cdot n,n)$-*Beobachtbarkeitsmatrix*

$$P_B = \begin{bmatrix} C \\ C\,A \\ \vdots \\ C\,A^{n-1} \end{bmatrix} \tag{4.93}$$

den Höchstrang $n$ hat.

Dies sichert die Existenz genau n linear unabhängiger Zeilen der Matrix $P_B$. Wählt man diese aus, so entsteht aus (4.92) ein eindeutig nach $x(0)$ auflösbares lineares Gleichungssystem.

Als einfaches Beispiel werde der vollständig definierte Stückguttransportprozeß (3.80) in Verbindung mit der Ausgangsgleichung

$$y(k) = x_3(k) = [0,0,1]\, x(k) \tag{4.94}$$

betrachtet. Damit wird die Beobachtbarkeitsmatrix

$$P_B = \begin{bmatrix} 0 & 0 & 1 \\ 0 & 1 & 0 \\ 1 & 0 & 0 \end{bmatrix}.$$

Da sie den Höchstrang 3 hat, ist der binäre Prozeß beobachtbar.

Das Beispiel (4.54), dem die konkrete Aufgabenstellung nach Bild 4.12 zugrunde liegt, ist durch zwei Steuergrößen charakterisiert. Definiert man für dieses System die Ausgangsgleichung

$$y(k) = x_2(k) = [0,1,0]\, x(k), \tag{4.95}$$

so wird

$$P_B = \begin{bmatrix} 0 & 1 & 0 \\ 1 & 0 & 0 \\ 0 & 0 & 0 \end{bmatrix}.$$

Wegen der Nullzeile hat diese Matrix nur den Rang 2, und daher ist das System vom Ausgang $y = x_2$ aus nicht beobachtbar. Das ist auch anschaulich klar, denn die Ausgangsgleichung (4.95) enthält keinerlei Information über den Zustand des unteren Transportbandes im Bild 4.12. Modifiziert man die Ausgangsgleichung zu

$$y(k) = \begin{bmatrix} x_2(k) \\ x_3(k) \end{bmatrix} = \begin{bmatrix} 0 & 1 & 0 \\ 0 & 0 & 1 \end{bmatrix} x(k) , \tag{4.96}$$

so wird

$$P_B = \begin{bmatrix} 0 & 1 & 0 \\ 0 & 0 & 1 \\ 1 & 0 & 0 \\ 0 & 0 & 0 \\ 0 & 0 & 0 \\ 0 & 0 & 0 \end{bmatrix} .$$

Jetzt sind die ersten drei Zeilen von $P_B$ linear unabhängig. Der Rang ist daher 3 und der binäre Prozeß beobachtbar.

Wie oben angekündigt, lassen sich bestimmte Klassen *unvollständig* definierter algebraisch linearer Automaten einbeziehen:

a)  *Autonome* Automaten der Form

$$x(k+1) = A\, x(k) + a_0,$$

$$y(k) = C\, x(k) + c_0 ,$$

(4.97)

mit $N \leq 2^n$ definierten Zuständen. Da ein derartiger Automat nicht von außen gesteuert wird, entfällt die Frage der Verträglichkeit der Steuerung mit dem Zustand.

b)  Unvollständig definierte Automaten der Form (4.90), (4.91) mit der Besonderheit, daß anhand der *Ausgangs*größe $y(k)$ entscheidbar ist, welche Steuergröße $u(k)$ anwendbar ist.

Beide Fälle sollen durch je ein Beispiel illustriert werden.

Als Beispiel zu Fall a) werde der unvollständig definierte Automat (vgl. (3.86))

$$x(k+1) = \begin{bmatrix} -1 & -1 & -1 \\ 1 & 0 & 0 \\ 0 & 1 & 0 \end{bmatrix} x(k) + \begin{bmatrix} 3 \\ 0 \\ 0 \end{bmatrix}$$

(4.98)

mit den $4 < 2^3$ definierten Zuständen

$$\begin{bmatrix} 0 \\ 1 \\ 1 \end{bmatrix}, \begin{bmatrix} 1 \\ 0 \\ 1 \end{bmatrix}, \begin{bmatrix} 1 \\ 1 \\ 0 \end{bmatrix}, \begin{bmatrix} 1 \\ 1 \\ 1 \end{bmatrix}$$

betrachtet. Die Ausgangsgleichung sei

$$y(k) = x_3(k) = [0,0,1]\, x(k). \tag{4.99}$$

In diesem Fall wird die Beobachtbarkeitsmatrix

$$P_B = \begin{bmatrix} 0 & 0 & 1 \\ 0 & 1 & 0 \\ 1 & 0 & 0 \end{bmatrix}.$$

Sie hat den Höchstrang 3, und daher ist der autonome Automat (4.98), (4.99) beobachtbar.

Als Beispiel zu Fall b) wird auf die Zustandsgleichung (3.93),

$$x(k+1) = \begin{bmatrix} 0 & 0 & -1 \\ 1 & 0 & 0 \\ 0 & 1 & 0 \end{bmatrix} x(k) + \begin{bmatrix} 1 \\ 0 \\ 0 \end{bmatrix} \cdot u(k), \tag{4.100}$$

zurückgegriffen, der der im Bild 3.2 skizzierte binäre Prozeß zugrundeliegt. Es sei daran erinnert, daß bei diesem Beispiel alle $2^n = 8$ x-Belegungen zulässig sind, jedoch $u(k)$ einer Einschränkung unterliegt: $u(k) = 1$, sofern $x_3(k) = 1$. Daher ist der Prozeß unvollständig definiert. Lautet nun die Ausgangsgleichung dieses Systems naheliegenderweise

$$y(k) = x_3(k) = [0,0,1]\, x(k), \tag{4.101}$$

so läßt sich auch ohne vollständige Zustandsinformation allein anhand der verfügbaren Binärgröße $y(k)$ entscheiden, welcher Wert $u(k)$ anwendbar ist. Daher ist die Bestimmung von x(0) aus (4.92) praktikabel und setzt lediglich Höchstrang der Beobachtbarkeitsmatrix $P_B$ nach (4.93) voraus. In diesem Beispiel hat

$$P_B = \begin{bmatrix} 0 & 0 & 1 \\ 0 & 1 & 0 \\ 1 & 0 & 0 \end{bmatrix}$$

den geforderten Höchstrang, und daher ist der unvollständig definierte binäre Prozeß beobachtbar.


### 4.4.2  Beobachterentwurf

Ebenso wie im Abschnitt 4.4.1 wird zunächst ein *vollständig* definierter, algebraisch linearer Automat nach Gl. (4.90) und (4.91) zugrundegelegt, der den zu beobachtenden binären Prozeß beschreibt. In Anlehnung an den zeitdiskreten Luenberger-Beobachter wird der binäre Beobachter für diesen Prozeß wie folgt algebraisch linear angesetzt:

$$\hat{x}(k+1) = A\,\hat{x}(k) + B\,u(k) + a_0 + K \cdot [y(k) - \hat{y}(k)], \tag{4.102}$$

$$\hat{y}(k) = C\,\hat{x}(k) + D\,u(k) + c_0. \tag{4.103}$$

Wie man sieht, wird zum Zählen der Schritte dieses sequentiellen Systems die gleiche Laufvariable k wie in dem zu beobachtenden Binärprozeß (4.90), (4.91) verwendet. Darin kommt - wie beim klassischen zeitdiskreten Problem - die *synchrone Taktung von Prozeß und Beobachter* zum Ausdruck. Arbeitet also der Prozeß *zeitgeführt*, so ist der Beobachter dem gleichen zentralen Zeittakt zu unterwerfen. Arbeitet der Prozeß *ereignisdiskret*, so ist der Beobachter mit den Ereignissen zu synchronisieren. Er ist also stets dann um einen Schritt weiterzuschalten, wenn der Prozeß - durch welches Ereignis auch immer - um einen Schritt weitergeschaltet wird.

Wie beim Luenberger-Beobachter wird nach (4.102) der Ausgangsfehler

$$\tilde{y}(k) = y(k) - \hat{y}(k) \tag{4.104}$$

über die noch nicht festgelegte Matrix $K$ in das Streckenmodell, das der Beobachter darstellt, eingekoppelt.

Mit (4.103) kann man auch schreiben:

$$\hat{x}(k+1) = (A - K\,C)\,\hat{x}(k) + (B - K\,D)\,u(k) +$$

$$+ a_0 - K\,c_0 + K\,y(k). \tag{4.105}$$

Von zentralem Interesse ist das Verhalten des Schätzfehlers

$$\tilde{x}(k) = x(k) - \hat{x}(k). \tag{4.106}$$

Man bildet daher unter Verwendung von (4.90) und (4.102)

$$\tilde{x}(k+1) = x(k+1) - \hat{x}(k+1) = A\cdot[x(k) - \hat{x}(k)] - K\,C\cdot[x(k) - \hat{x}(k)],$$

also

$$\tilde{x}(k+1) = F\,\tilde{x}(k) \tag{4.107}$$

mit

$$F = A - K\,C. \tag{4.108}$$

Es muß darauf hingewiesen werden, daß wegen der Differenzbildung in (4.106) der Schätzfehler $\tilde{x}(k)$ nicht für alle k ein Binärvektor zu sein braucht. Daher beschreibt die Schätzfehlerdifferenzengleichung (4.107) *im allgemeinen keinen binären Automaten.* Dies ist jedoch unbedeutend, sofern es gelingt, den Schätzfehler $\tilde{x}(k)$ *nach endlich vielen Schritten* zum Verschwinden zu bringen. Das wird genau dann erreicht, wenn sämtliche Eigenwerte der Dynamikmatrix $F$ nach (4.108) mittels $K$ in den *Ursprung der komplexen Ebene* gelegt werden können, sofern also das charakteristische Polynom des Systems (4.107) lautet:

$$\det(z\,I - F) = \det(z\,I - A + K\,C) = z^n. \tag{4.109}$$

Aus dieser Gleichung läßt sich die Matrix $\mathbf{K}$ genau dann bestimmen, wenn die (nq,n)-Matrix

$$
\mathbf{P_B} = \begin{bmatrix} \mathbf{C} \\ \mathbf{C\,A} \\ \vdots \\ \mathbf{C\,A}^{n-1} \end{bmatrix}
$$

den Höchstrang n aufweist [5], wenn das System (4.90), (4.91) also beobachtbar ist.

Die Verhältnisse beim Beobachterentwurf für einen vollständig definierten algebraisch linearen Automaten entsprechen also weitgehend denen beim klassischen Abtastsystem. Eine Besonderheit besteht in der Notwendigkeit, die Beobachtereigenwerte sämtlich in den Nullpunkt zu legen, statt sie beliebig im Einheitskreis zu plazieren. Im letzteren Fall würde nämlich der Schätzfehler $\tilde{x}(k)$ und damit auch der Schätzvektor $\hat{x}(k)$ nicht nach endlicher Schrittzahl mit dem binären Prozeßvektor $x(k)$ übereinstimmen. Insbesondere würde $\hat{x}(k)$ nicht nach endlicher Schrittzahl binär.

Die sicher interessante Variante, statt des hier betrachteten Beobachters voller Ordnung n einen reduzierten Beobachter [1] für einen algebraisch linearen Automaten zu entwerfen, soll an dieser Stelle nicht weiter verfolgt werden.

Als einfaches Anwendungsbeispiel soll zunächst ein Beobachter für den in Verbindung mit der Ausgangsgleichung (4.94) beobachtbaren Stückguttransportprozeß (3.80) entworfen werden. Das charakteristische Polynom (4.109) lautet hier

$$
\det(z\mathbf{I} - \mathbf{A} + \mathbf{k}\,\mathbf{c}^T) = \begin{vmatrix} z & 0 & k_1 \\ -1 & z & k_2 \\ 0 & -1 & z+k_3 \end{vmatrix} = z^3 + k_3 z^2 + k_2 z + k_1 \overset{!}{=} z^3 .
$$

Daraus folgt durch Koeffizientenvergleich

$$\mathbf{k} = 0.$$

Eine Rückführung des Ausgangsfehlers (4.104) auf den Beobachtereingang entfällt hier also, was nicht verwunderlich ist, da die Eigenwerte von $\mathbf{A}$ bereits sämtlich Null sind. Damit lautet der binäre Beobachter

$$\hat{x}(k+1) = \begin{bmatrix} 0 & 0 & 0 \\ 1 & 0 & 0 \\ 0 & 1 & 0 \end{bmatrix} \hat{x}(k) + \begin{bmatrix} 1 \\ 0 \\ 0 \end{bmatrix} u(k),$$

$$\hat{y}(k) = \hat{x}_3(k) = [0,0,1]\,\hat{x}(k).$$

(4.110)

Er stellt hier einfach einen *Simulator* des binären Prozesses dar, der mit der gleichen Eingangsfolge $\{u(k)\}$ beaufschlagt wird. Bei beliebig gewähltem binären Beobachteranfangszustand $\hat{x}(0)$ wird nach höchstens drei Schritten Übereinstimmung zwischen $x$ und $\hat{x}$ erreicht. In der Sprache der Nachrichtentechnik ist der Simulator nichts anderes als ein Schieberegister (vgl. auch das gleichartige Beispiel in [40], Bild 3.6).

Hätte man bei diesem Beispiel die Beobachtereigenwerte etwa bei $\lambda_1 = \lambda_2 = \lambda_3 = 0,2$ plaziert - bei einem zeitdiskreten Abtastsystem ohne weiteres zulässig -, so hätte man aus dem charakteristischen Polynom

$$z^3 + k_3 z^2 + k_2 z + k_1 \overset{!}{=} (z - 0,2)^3$$

durch Koeffizientenvergleich

$$k_1 = -0,008\,, \qquad k_2 = 0,12\,, \qquad k_3 = -0,6$$

und damit die Beobachterzustandsgleichung

$$\hat{x}(k+1) = \begin{bmatrix} 0 & 0 & 0 \\ 1 & 0 & 0 \\ 0 & 1 & 0 \end{bmatrix} \hat{x}(k) + \begin{bmatrix} 1 \\ 0 \\ 0 \end{bmatrix} u(k) + \begin{bmatrix} -0,008 \\ 0,12 \\ -0,6 \end{bmatrix} [y(k) - \hat{y}(k)]$$

erhalten. Wie man sieht, wird der Schätzvektor hier *nicht binär*, auch nicht nach beliebig vielen Schritten. Dies illustriert die Notwendigkeit, die Beobachtereigenwerte in den Nullpunkt zu legen.

Beim Problem der Beobachtbarkeit im Abschnitt 4.4.1 konnten bestimmte Klassen *unvollständig* definierter, algebraisch linearer Automaten einbezogen werden. Für diese Systemklassen ist auch ein Beobachterentwurf durchführbar, sofern Beobachtbarkeit im konkreten Fall gegeben ist.

Für die dort unter a) betrachteten *autonomen* Automaten (4.97) mit $N \leq 2^n$ definierten Zuständen nimmt der Beobachter (4.102), (4.103) die folgende Form an:

$$\hat{x}(k+1) = A\,\hat{x}(k) + a_0 + K \cdot [y(k) - \hat{y}(k)] \,,$$

$$\tag{4.111}$$

$$\hat{y}(k) = C\,\hat{x}(k) + c_0.$$

Die Koppelmatrix $K$ wird wie seither aus dem charakteristischen Polynom (4.109) bestimmt. Da die Beobachtereigenwerte sämtlich in Null liegen, wird der Zustand des autonomen binären Prozesses nach höchstens n Schritten exakt geschätzt.

Als Beispiel wird der durch (4.98), (4.99) beschriebene autonome binäre Prozeß mit den dort definierten vier Zuständen betrachtet. Aus dem charakteristischen Polynom

$$\begin{vmatrix} z+1 & 1 & 1+k_1 \\ -1 & z & k_2 \\ 0 & -1 & z+k_3 \end{vmatrix} = z^3 + (1+k_3)\,z^2 + (1+k_2+k_3)z + 1 + k_1 + k_2 + k_3 \stackrel{!}{=} z^3$$

erhält man durch Koeffizientenvergleich

$$k_1 = k_2 = 0, \qquad k_3 = -1$$

und damit die Beobachtergleichungen

$$\hat{x}(k+1) = \begin{bmatrix} -1 & -1 & -1 \\ 1 & 0 & 0 \\ 0 & 1 & 0 \end{bmatrix} \hat{x}(k) + \begin{bmatrix} 3 \\ 0 \\ 0 \end{bmatrix} + \begin{bmatrix} 0 \\ 0 \\ -1 \end{bmatrix} \cdot [y(k) - \hat{y}(k)] \,,$$

$$\tag{4.112}$$

$$\hat{y}(k) = \hat{x}_3(k).$$

Als Beispiel zu der im Abschnitt 4.4.1 unter b) betrachteten Klasse unvollständig definierter Automaten wird der als beobachtbar erkannte binäre Prozeß (4.100), (4.101) gewählt. Seine Unvollständigkeit rührt daher, daß stets dann, wenn $x_3(k) = 1$ ist, $u(k) = 1$ aufgeschaltet werden *muß*. Da $x_3(k) = y(k)$ Ausgangsgröße ist, ist anhand dieser binären Ausgangsinformation in jedem Takt k entscheidbar, welche Steuerung $u(k)$ anwendbar ist.

Für dieses Beispiel lautet das charakteristische Polynom nach (4.109)

$$\begin{vmatrix} z & 1 & 1+k_1 \\ -1 & z & k_2 \\ 0 & -1 & z+k_3 \end{vmatrix} = z^3 + k_3 z^2 + k_2 z + 1 + k_1 \overset{!}{=} z^3.$$

Daraus folgt durch Koeffizientenvergleich

$$k_1 = -1, \qquad k_2 = k_3 = 0.$$

Damit werden die Beobachtergleichungen

$$\hat{x}(k+1) = \begin{bmatrix} 0 & 0 & -1 \\ 1 & 0 & 0 \\ 0 & 1 & 0 \end{bmatrix} \hat{x}(k) + \begin{bmatrix} 1 \\ 0 \\ 0 \end{bmatrix} u(k) + \begin{bmatrix} -1 \\ 0 \\ 0 \end{bmatrix} \cdot [y(k) - \hat{y}(k)] ,$$

$$\hat{y}(k) = \hat{x}_3(k).$$

$$(4.113)$$

Durch Zusammenfassen kann man die Zustandsdifferenzengleichung auch so schreiben:

$$\hat{x}(k+1) = \begin{bmatrix} 0 & 0 & 0 \\ 1 & 0 & 0 \\ 0 & 1 & 0 \end{bmatrix} \hat{x}(k) + \begin{bmatrix} 1 \\ 0 \\ 0 \end{bmatrix} \cdot [u(k) - x_3(k)].$$

$$(4.114)$$

In dieser Form erkennt man in dem Beobachter wieder ein Schieberegister, hier mit der Eingangsgröße $u(k)-x_3(k)$. Auch dieser Beobachter schwingt nach höchstens drei Schritten auf den binären Prozeßzustand ein.


## 4.5 Zusammenfassung

Die spezielle Systemklasse der algebraisch linearen - vollständig oder unvollständig definierten - Automaten wurde im Lichte einiger zentraler Begriffsbildungen der klassischen linearen Abtastsysteme betrachtet. Zunächst wurde die Bedeutung des Eigenwertbegriffs für die Analyse des zyklischen Verhaltens autonomer Automaten dieser Klasse herausgearbeitet. Die klassische Theorie linearer Automaten kennt den Eigenwertbegriff nicht, da sie mit Booleschen Funktionen über dem Galoisfeld GF(2) arbeitet. Die neue Beschreibungsform ermöglicht es, jedem Zyklus eines autonomen, algebraisch linearen Automaten einen bestimmten Eigenwert bzw. ein konjugiert komplexes Eigenwertpaar zuzuordnen. Es wird gezeigt, welche Eigenwerte der Systemmatrix A überhaupt vorkommen können und daß nicht zu jedem dieser Eigenwert(paar)e ein Zyklus gehören muß. Die Verhältnisse werden an Beispielen unter Verwendung von Zustandsgraphen veranschaulicht. In exemplarischer Weise wird auch gezeigt, wie ein vorgeschriebenes zyklisches Verhalten eines Automaten durch Entwurf eines linearen Zustandsreglers nach der klassischen Methode der Eigenwertvorgabe erreicht werden kann.

Was die Begriffe Steuerbarkeit und Erreichbarkeit betrifft, so wird einerseits ihre enge Verwandtschaft mit den entsprechenden Begriffsbildungen und Kriterien bei linearen Abtastsystemen herausgestellt, jedoch auf Besonderheiten hingewiesen. So wird für unvollständig definierte Automaten der wichtige Begriff der anwendbaren Steuerfolge eingeführt. Auf die Verwandtschaft steuerbarer Abtastsysteme und stark zusammenhängender Automaten wird hingewiesen. Mit Hilfe von Erreichbarkeitsgraphen wurde ein anschaulicher Zugang zum Erreichbarkeitsproblem gewählt.

Ebenso wie bei linearen Abtastsystemen sind auch hier die Begriffe Steuerbarkeit und Beobachtbarkeit dual zueinander. Die Definition und die Herleitung eines Kriteriums der Beobachtbarkeit für algebraisch lineare Automaten orientieren sich daher an den linearen Abtastsystemen. Als unproblematisch erweist sich dies jedoch zunächst nur für vollständig definierte Automaten. Im anderen Fall würde die anwendbare Steuerung vom aktuellen Zustand abhängen, der beim Beobachtungsproblem ja gerade nicht bekannt ist. Immerhin läßt sich diese Problematik für zwei spezielle Klassen unvollständig definierter Automaten umgehen, die durch Beispiele illustriert werden.

Abschließend wird für beobachtbare algebraisch lineare Automaten gezeigt, wie man in Anlehnung an den zeitdiskreten Luenberger-Beobachter nunmehr binäre Beobachter konstruieren kann, um den Systemzustand aus Eingangs- und Ausgangsmessungen zu rekonstruieren. Um den Schätzfehler nach endlicher Schrittzahl zum Verschwinden zu bringen, plaziert man sämtliche Beobachtereigenwerte in den Ursprung der komplexen Ebene.

# 5 Regelung algebraisch linearer Binärprozesse durch Eigenwertvorgabe

## 5.1 Vorbemerkungen

Bei den in hohem Maße energetisch und stofflich verkoppelten Prozessen der heutigen Automatisierungstechnik kann der Begriff der Steuerung nicht mehr ausschließlich im Sinn einer reinen Vorwärtssteuerung (Steuerkette) definiert werden. Die Folgeausgabe von DIN 19 226 trägt dieser Entwicklung Rechnung, insbesondere auch im Hinblick auf die wichtigen binären Steuerstrecken, deren Eingangs- und Ausgangsgrößen binären Charakter haben. Typischerweise werden die binären Eingangsgrößen einer derartigen Steuerstrecke in Abhängigkeit von rückgemeldeten binären Prozeßzuständen in einer Steuereinrichtung generiert (Bild 5.1), siehe hierzu auch [4], [44], [47]. Dadurch entsteht formal eine Kreisstruktur, wie man sie von der Regelungstechnik her kennt. Zu den gravierenden Unterschieden gegenüber einer Regelung gehören [4]

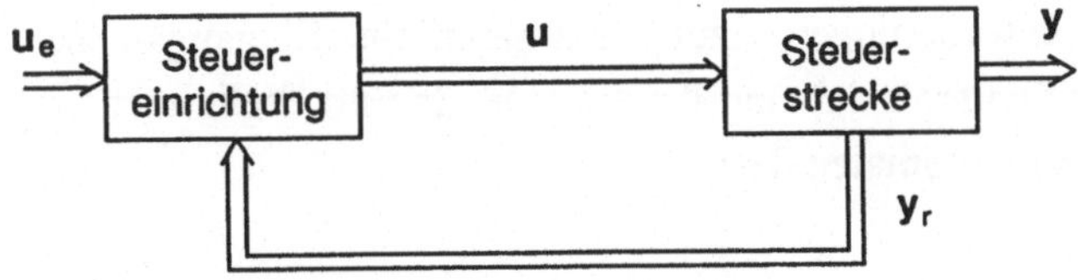


**Bild 5.1** Binäre Steuerung mit Rückmeldungen
$u_e$ binärer Eingangsvektor
u binärer Steuervektor
$y_r$ binärer Rückführvektor
y binärer Ausgangsvektor

a) der binäre Charakter aller Vektoren im Bild 5.1,

b) das Fehlen eines klassischen Soll-Istwert-Vergleiches und

c) die nicht fortlaufende und in der Regel nicht zeitlich äquidistante Schließung des Kreises.

Die Rückkopplung wird stets dann aktiviert, wenn infolge eines bestimmten *Ereignisses* eine oder mehrere Komponenten von $y_r$ von 0 auf 1 oder umgekehrt umschalten.

Im Fall einer kontinuierlichen Steuerstrecke werden diese Binärsignale durch Grenz-
wertmelder erzeugt, die beispielsweise dann ansprechen, wenn ein Behälter voll oder
eine bestimmte Temperaturmarke erreicht ist (siehe hierzu Abschnitt 1.3). Ebenso wie
in der Verfahrenstechnik spielen derartige binäre Prozeßmodelle auch in der Fertigungssteuerung eine große Rolle.

Ein derartiger Prozeß läßt sich durch die Zustandsgleichungen eines endlichen Automaten beschreiben:

$$x(k+1) = f[x(k), u(k)],$$

$$y(k) = g[x(k), u(k)], \tag{5.1}$$

$$y_r(k) = g_r[x(k), u(k)],$$

wobei die Funktionenvektoren $f$, $g$ und $g_r$ Boolesche Verknüpfungen darstellen, die als
gegeben betrachtet werden.

Die Steuereinrichtung gilt es so zu entwerfen, daß die Gesamtstruktur im Bild 5.1 die
an sie gestellten dynamischen Anforderungen erfüllt. Da sämtliche Eingangs-, Zu-
stands- und Ausgangsgrößen der Steuereinrichtung ihrerseits binär sind, stellt auch sie
einen (als endlich vorausgesetzten) Automaten dar:

$$\xi(k+1) = \hat{f}[\xi(k), u_e(k), y_r(k)],$$

$$\tag{5.2}$$

$$u(k) = \hat{g}[\xi(k), u_e(k), y_r(k)].$$

Die aufgabengemäße Festlegung der Booleschen Funktionenvektoren $\hat{f}$ und $\hat{g}$ ist die
eigentliche Syntheseaufgabe, einschließlich der Wahl der Dimension des inneren
Zustands $\xi$ der Steuereinrichtung.

Für die Taktung des Automaten (5.2) gilt sinngemäß das bereits für den binären Beobachter (4.102), (4.103) Gesagte: In den Zählvariablen k kommt die *synchrone Taktung*
von Prozeß (5.1) und Steuereinrichtung (5.2) zum Ausdruck. Ist also der Prozeß (5.1)
*zeitgeführt*, so ist (5.2) dem gleichen zentralen Zeittakt zu unterwerfen. Arbeitet der
Prozeß (5.1) *ereignisdiskret*, so ist die Steuerungseinrichtung (5.2) mit den Ereignissen

zu synchronisieren. Sie ist also stets dann um einen Schritt weiterzuschalten, wenn der Prozeß (5.1) - durch welches Ereignis auch immer - um einen Schritt weitergeschaltet wird.

Nach DIN 19 226 (Folgeausgabe) gehört es zum Wesen einer Steuerung, daß "die durch die Eingangsgrößen (u im Bild 5.1) beeinflußten Ausgangsgrößen nicht wieder über dieselben Eingangsgrößen auf sich selbst wirken". Bei komplexen ereignisdiskreten Binärprozessen mit zahlreichen Rückmeldewegen kann jedoch die Überprüfung, ob eine Steuerung in diesem Sinn vorliegt oder nicht, sehr schwierig werden. Es sei daher betont, daß die in diesem Kapitel zu behandelnde Fragestellung nicht eine Steuerung nach DIN 19 226 betrifft, sondern eine echte Rückkopplungsstruktur und damit einen "binären Regelkreis". Dabei kann die Steuereinrichtung im Bild 5.1 als "binärer Regler" für den durch die Steuerstrecke gegebenen "binären Prozeß" aufgefaßt und so bezeichnet werden. Die nach DIN 19 226 für eine Steuerung zu treffende Voraussetzung wird also fallengelassen, da gerade das dynamische Verhalten *rückgekoppelter* binärer Prozesse interessiert.

Das im Kapitel 2 eingeführte algebraische Äquivalent Boolescher Schaltfunktionen eröffnet einen vielversprechenden Zugang nicht nur zur Analyse, sondern gerade auch zur Synthese binärer Rückkopplungsstrukturen nach Bild 5.1. Die neue stetige Beschreibungsform rückt nämlich die Klasse der binären Schaltsysteme so nah an die klassischen Abtastsysteme heran, daß die oben unter a) bis c) aufgeführten Unterschiede an Bedeutung verlieren.

Nachdem im Kapitel 4 eine spezielle und dennoch wichtige Klasse binärer Prozesse, die algebraisch linearen Automaten, bezüglich ihrer Struktureigenschaften wie Eigenwertkonfiguration, Steuerbarkeit und Beobachtbarkeit behandelt wurden, soll die gleiche Systemklasse jetzt unter dem Aspekt der Rückkopplungsstruktur nach Bild 5.1 untersucht werden. Insbesondere soll nicht nur die binäre Steuerstrecke, sondern auch die binäre Steuereinrichtung als algebraisch linear beschreibbar vorausgesetzt werden.

Binäre Steuerstrecke:

$$x(k+1) = A\,x(k) + B\,u(k) + a_0,$$

$$y(k) = C\,x(k) + D\,u(k) + c_0, \tag{5.3}$$

$$y_r(k) = C_r x(k) + D_r u(k) + c_{0r}.$$

Binäre Steuereinrichtung:

$$\xi(k+1) = \hat{A}\,\xi(k) + \hat{B}\,u_e(k) + K\,y_r(k) + k_0,$$

$$u(k) = \hat{C}\,\xi(k) + \hat{D}\,u_e(k) + R\,y_r(k) + r_0.$$

(5.4)

Wie seither ist $x$ der n-dimensionale Zustandsvektor, $u$ der p-dimensionale Steuervektor, $y$ der q-dimensionale Ausgangsvektor des Binärprozesses und $y_r$ ein $q_r$-dimensionaler Rückführvektor.

Im Spezialfall können $y$ und $y_r$ zusammenfallen. Die Werte $p$, $q$ und $q_r$ werden in der Regel deutlich kleiner als $n$ sein. Sämtliche Matrizen in der Zustandsdarstellung (5.3) der Steuerstrecke seien bekannt.

Die Zustandsdarstellung (5.4) der binären Steuereinrichtung ist dagegen, abgesehen von ihrer algebraisch linearen Bauart, nicht von vornherein festgelegt. Das gilt insbesondere auch für die Dimension $m$ des binären Zustandsvektors $\xi$.

Das aus (5.3) und (5.4) gebildete Gesamtsystem ist wieder ein algebraisch linearer Automat mit der Zustandsgleichung

$$\eta(k+1) = \tilde{A}\,\eta(k) + \tilde{B}\,u_e(k) + \tilde{a}_0,$$

(5.5)

wobei sich der gesamte Zustandsvektor $\eta$ aus den Komponenten von $x$ und $\xi$ zusammensetzt. Hat ein derartiges System keinerlei Eingangsgrößen $u_e$ oder, was auf das Gleiche hinausläuft, ist der Binärvektor $u_e$ konstant, so wird der Automat (5.5) *autonom* (vgl. Abschnitt 4.2). Er kann daher kein anderes Verhaltensrepertoire als jeder autonome Automat aufweisen. Das heißt, jede Zustandsfolge $\eta(k)$ mündet nach endlich vielen Schritten stets in einen Zyklus mit einer Periode $k_p$ ein. Der statische Zustand ist darin als Spezialfall mit $k_p = 1$ enthalten.

Behält man diese Grundsituation vor Augen, so kann auch das Entwurfsziel im Fall eines autonomen Automaten stets nur das Erzeugen eines gewünschten Zyklus sein. Zyklen in dynamischen Systemen gleich welcher Art sind im allgemeinen unerwünscht. Deshalb zielen regelungstechnische Verfahren besonders bei nichtlinearen Systemen vor allem auf die Beseitung zyklischer Vorgänge ab. Auch in der Literatur über binäre Systeme werden zyklische Zustände häufig als unerwünscht bewertet. Das trifft sicher dann zu, wenn es darum geht, Zyklen etwa in elektronischen Schaltkreisen zu verhindern. Stehen dagegen ereignisdiskrete Binärprozesse wie zum Beispiel Stückguttransportsysteme im Blickpunkt des Interesses, so kann ein zyklischer Betrieb geradezu das Entwurfsziel sein (vgl. die Beispiele in den zurückliegenden Abschnitten). Das gilt etwa dann, wenn verschiedenartige Stückgüter in einem (genau oder ungefähr) bekannten Mengenverhältnis an einem Zielort benötigt werden und daher in diesem Mengenverhältnis auf eine Transportstrecke zu schicken sind. Es liegt auf der Hand, daß der zyklische Betrieb hier eine erhebliche Reduktion des Lagerhaltungsaufwandes ermöglicht.

In einem Automaten der Form (5.5) treten einerseits Zyklen auf, anderseits sind diese wegen der algebraisch linearen Beschreibung mit dem *Eigenwertbegriff* analysierbar (Abschnitt 4.2.3). Rückführgesetze, wenn auch in einfacherer Form als (5.4), wurden bereits in den zurückliegenden Abschnitten exemplarisch für verschiedene Beispielprozesse entwickelt. Die Vorgehensweise war dabei durch folgende Schritte gekennzeichnet:

(a)     Verbale Beschreibung der Aufgabenstellung.

(b)     Erstellung der zugehörigen Schalttabelle und Streichen der aufgabengemäß nicht definierten Eingangsbelegungen (unvollständig definierte Schaltfunktionen, siehe Abschnitt 3.5).

(c)     Aufstellen des algebraischen Äquivalents (nach Kapitel 2 und 3) zur unvollständig definierten Schaltfunktion.

(d)     Im Fall algebraisch linearer Beschreibung der Steuerstrecke Ansatz eines algebraisch linearen binären Reglers zur selbsttätigen Erzeugung der aufgabengemäßen Steuerfolge.

(e)     Berechnung der Reglerparameter anhand der aufgabengemäßen Belegung der Schalttabelle.

(f)     Eigenwertanalyse für den geschlossenen Kreis, um die Periode $k_p$ des Zyklus zu verifizieren.

Während hier also die Eigenwertbestimmung am Ende steht, geht man in der klassischen linearen Regelungstechnik für kontinuierliche und zeitdiskrete Systeme oft umgekehrt vor. Man plaziert die Eigenwerte der Regelung an günstigen Stellen in der komplexen Ebene (Eigenwertvorgabe) und bestimmt dann den Regler so, daß er dem geschlossenen Kreis diese Eigenwerte verleiht. Dieser Grundgedanke soll im folgenden auf algebraisch lineare Automaten übertragen werden.

Um die Darstellung überschaubar zu halten und ihren einführenden Charakter zu wahren, greifen wir den folgenden in (5.3), (5.4) enthaltenen Spezialfall heraus:

Die binäre Steuerstrecke

$$x(k+1) = A\, x(k) + b\, u(k) + a_0,$$

$$y(k) = c^T x(k) + d \cdot u(k) + c_0 \tag{5.6}$$

sei ein Eingrößensystem ($p = q = 1$). Für den binären Regler wird im Abschnitt 5.2 zunächst eine konstante Zustandsrückführung

$$u(k) = r^T x(k) + r_0 \tag{5.7}$$

angesetzt, später (Abschnitt 5.3) auch ein dynamischer binärer Regler der Form

$$\xi(k+1) = \hat{A}\, \xi(k) + K\, x(k) + k_0,$$

$$u(k) = \hat{c}^T \xi(k) + r^T x(k) + r_0 \tag{5.8}$$

exemplarisch auf seine Möglichkeiten hin untersucht und schließlich (Abschnitt 5.4) der Einsatz einer Sonderform des bereits im Abschnitt 4.4.2 eingeführten binären Beobachters im geschlossenen Kreis betrachtet. Jeder dieser Regler ist frei von äußeren Eingangsgrößen, so daß in allen Fällen ein *autonomes* Gesamtsystem entsteht.


## 5.2  Regelung durch konstante Zustandsrückführung

Der Entwurf des Zustandsreglers (5.7) soll sich also an der Eigenwertvorgabe für den geschlossenen Kreis orientieren. In einem klassischen linearen Regelkreis mit Zustandsrückführung setzt die freie Eigenwertvorgabe die Steuerbarkeit der Strecke voraus. Nun wurde im Abschnitt 4.3.3 bereits auf die enge Verwandtschaft zwischen einem steuerbaren linearen Abtastsystem und einem stark zusammenhängenden algebraisch linearen Automaten hingewiesen. Daher wird für das weitere vorausgesetzt:

(1)     In der binären Steuerstrecke (5.6) mit dem n-dimensionalen Zustandsvektor $x$ seien $N \leq n + 1$ Zustände definiert: $\mathcal{Z} = \{ x^{(1)}, x^{(2)}, ..., x^{(N)} \}$ .

(2)     Die Steuerstrecke sei ein stark zusammenhängender Automat. Daher ist nach (4.80) jeder Zustand $x_e \in \mathcal{Z}$ von jedem Zustand $x(0) \in \mathcal{Z}$ aus in höchstens

$$m_{max} = \min (n, N\text{-}1)$$

Schritten erreichbar, also wegen $N \leq n + 1$ sicher in höchstens n Schritten.

Die Anzahl N der definierten Zustände ist deshalb vorläufig auf n + 1 zu beschränken, weil auch der Regler (5.7) durch n + 1 Parameter gekennzeichnet ist (vgl. die Ausführungen im Abschnitt 3.5).

So sehr auch der durch die binäre Steuerstrecke gegebene stark zusammenhängende Automat mit einem steuerbaren linearen Abtastsystem verwandt ist, ergeben sich dennoch Unterschiede bei der Eigenwertplazierung mittels algebraisch linearer Zustandsrückführung. Die möglichen Eigenwertkonfigurationen unterliegen wie bei jedem algebraisch linearen Automaten den im Abschnitt 4.2.3 begründeten Einschränkungen, können also nur im Nullpunkt oder nach Tabelle 4.1 auf dem Einheitskreis liegen. Die Periode $k_p$ von auftretenden Zyklen ist dabei auf den Wertebereich $1 \leq k_p \leq$ N der natürlichen Zahlen beschränkt. Aber selbst in diesem Bereich ist nicht immer jeder Wert $k_p$ realisierbar. So liegt etwa dem Erreichbarkeitsgraphen im Bild 4.18 ein stark zusammenhängender Automat mit N = 3 definierten Zuständen zugrunde. Aus dem Zustandsgraphen liest man ab, daß hier nur ein Zyklus mit $k_p$ = N = 3 erzeugt werden kann, $k_p$ = 1 oder $k_p$ = 2 sind in der Menge der definierten Zustände nicht realisierbar! Das Beispiel zeigt: Die Eigenschaft "stark zusammenhängend" ist zwar notwendig, jedoch nicht hinreichend dafür, daß jede Periode $k_p$ aus $1 \leq k_p \leq$ N einstellbar ist.

Um zu prüfen, ob eine gewünschte Periode $k_p$ bzw. eine damit einhergehende Eigenwertplazierung realisierbar ist, orientiert man sich einerseits an der charakteristischen Gleichung des geschlossenen Regelkreises, andererseits an der sinngemäßen Überprüfung der Verträglichkeitsbedingung (4.49) mit zugehörigem Text.

Ein einfaches Beispiel soll die Vorgehensweise verdeutlichen.

Als algebraisch linearer Binärprozeß werde der durch Gl. (3.80) beschriebene Stück-guttransportprozeß mit n = 3 gewählt. Von den $2^n$ = 8 möglichen Zuständen seien N = 4 definiert bzw. zugelassen. Diese vier Zustände werden vorläufig noch nicht spezifiziert. Es soll nämlich herausgefunden werden, welche *verschiedenen* Zyklen mit der Periode $k_p$ = 4 in dem Prozeß (3.80) durch algebraisch lineare Zustandsrückführung erzeugt werden können.

Mit dem algebraisch linearen binären Regler

$$u(k) = r_0 + \sum_{i=1}^{3} r_i x_i(k) = r_0 + r^T x(k) \tag{5.9}$$

lautet die Zustandsgleichung des geschlossenen Kreises

$$x(k+1) = \begin{bmatrix} r_1 & r_2 & r_3 \\ 1 & 0 & 0 \\ 0 & 1 & 0 \end{bmatrix} x(k) + \begin{bmatrix} r_0 \\ 0 \\ 0 \end{bmatrix}, \tag{5.10}$$

kurz

$$x(k+1) = \tilde{A} x(k) + \tilde{a}_0. \tag{5.11}$$

Damit wird das charakteristische Polynom des geschlossenen Kreises

$$P(z) = \det(z\, I - \tilde{A}) = z^3 - r_1 z^2 - r_2 z - r_3. \tag{5.12}$$

Der Regler soll so bestimmt werden, daß sich ein Zyklus mit der Periode $k_p$ = 4 einstellt. Nach Tabelle 4.1 gehört hierzu das konjugiert komplexe Eigenwertpaar

$$\tilde{\lambda}_{1/2} = \pm j, \tag{5.13}$$

während der dritte Eigenwert $\tilde{\lambda}_3$ noch nicht festgelegt ist. Da er hier reell sein muß, kommen für ihn nach Abschnitt 4.2.3 nur die Werte - 1, 0 oder + 1 in Frage.

Wegen (5.13) muß P(z) von der Form

$$P(z) = (z-j)(z+j)(z-\tilde\lambda_3) = z^3 - \tilde\lambda_3 z^2 + z - \tilde\lambda_3 \qquad (5.14)$$

sein, woraus durch Koeffizientenvergleich mit (5.12) folgt:

$$r_1 = r_3 = \tilde\lambda_3,$$

$$r_2 = -1.$$

Verfügt man über $\tilde\lambda_3$ durch die Setzung

$$\tilde\lambda_3 = -1, \qquad (5.15)$$

so wird

$$r_1 = r_2 = r_3 = -1.$$

Damit lautet der Regler (5.9) vorläufig

$$u(k) = r_0 - [x_1(k) + x_2(k) + x_3(k)]. \qquad (5.16)$$

Der Parameter $r_0$ ist noch nicht festgelegt. Nun wird die Verträglichkeitsbedingung (4.49) auf $\tilde A$ und $\tilde a_0$ angewandt. Im vorliegenden Fall wird

$$I - \tilde A^4 = 0, \qquad \sum_{j=0}^{3} \tilde A^j = 0 .$$

Die Bedingung (4.49), angewandt auf $\tilde A$ und $\tilde a_0$, ist daher für beliebige $r_0$ erfüllt. Die allgemeine Lösung der (4.45) entsprechenden Gleichung

$$(I - \tilde A^4)x = \sum_{j=0}^{3} \tilde A^j \tilde a_0$$

lautet daher

$$x = \begin{bmatrix} c_1 \\ c_2 \\ c_3 \end{bmatrix}$$

mit vorläufig beliebigen Binärzahlen $c_1$, $c_2$ und $c_3$.

Wenn auch $r_0$ bislang noch nicht festgelegt ist, kann dieser Parameter dennoch keine beliebigen Werte annehmen. Notwendig dafür, daß $u(k)$ in (5.16) binär wird, ist nämlich

$$r_0 = 0, 1, 2, 3 \text{ oder } 4.$$

Dabei läßt $r_0 = 0$ nur den Zustand $x(k) = 0$ zu und $r_0 = 4$ nur den Zustand $x^T(k) = (1,1,1)$. Diese Parameterwerte können also ausgeschlossen werden, da sie nicht den gewünschten Zyklus mit $k_p = 4$ beteiligten Zuständen hervorbringen.

Für $r_0 = 1$ nimmt (5.10) die Form

$$x(k+1) = \begin{bmatrix} -1 & -1 & -1 \\ 1 & 0 & 0 \\ 0 & 1 & 0 \end{bmatrix} x(k) + \begin{bmatrix} 1 \\ 0 \\ 0 \end{bmatrix} \tag{5.17}$$

an. Aus ihr läßt sich für jeden binären Startvektor $x(0)$ die Zustandsfolge $\{x(k)\}$ berechnen. Man gewinnt auf diese einfache Weise den Zustandsgraphen im Bild 5.2. Dabei haben die gestrichenen vier Zustände die Eigenschaft, nach (5.17) zu einem nicht binären Folgezustand zu führen. Diese vier Zustände bilden daher die Menge der nicht definierten Zustände. Der Zyklus im Bild 5.2 hat erwartungsgemäß die Periode $k_p = 4$.

Für $r_0 = 2$ lautet (5.10)

$$x(k+1) = \begin{bmatrix} -1 & -1 & -1 \\ 1 & 0 & 0 \\ 0 & 1 & 0 \end{bmatrix} x(k) + \begin{bmatrix} 2 \\ 0 \\ 0 \end{bmatrix}. \tag{5.18}$$

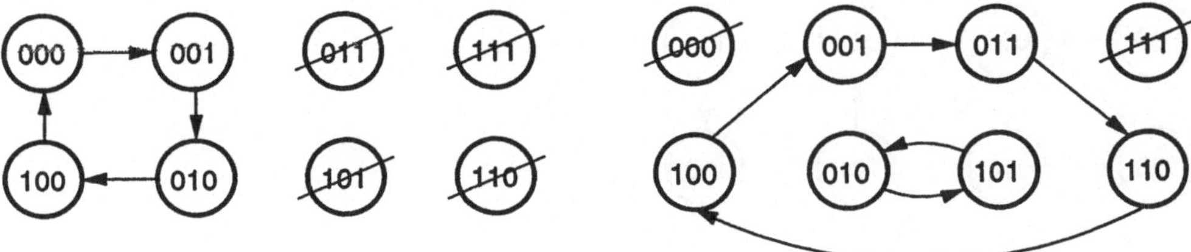

**Bild 5.2** Zustandsgraph zu Gl. (5.17)        **Bild 5.3** Zustandsgraph zu Gl. (5.18)

Hierzu gehört der Zustandsgraph nach Bild 5.3. In diesem Fall sind offensichtlich zwei Zustände als nicht definiert zu streichen. In diesem Beispiel kann sich außer dem erwarteten Zyklus mit $k_p$ = 4 auch ein Zyklus mit $k_p$ = 2 ausbilden. Er gehört zu dem Eigenwert $\tilde{\lambda}_3$ = - 1 nach (5.15). Will man diesen Zyklus ausschließen, so darf man die Anfangszustände (010) und (101) nicht zulassen, muß sie also zur Menge der nicht definierten Zustände zählen.

Mit $r_0$ = 3 ergibt sich der bereits aus Bild 4.7 bekannte Zustandsgraph, da dann (5.10) in (3.86) übergeht. Hier bilden vier der $2^3$ = 8 Zustände die nicht definierte Menge.

Die elementaren Überlegungen, die hier für den Fall $\tilde{\lambda}_3$ = - 1 nach (5.15) angestellt wurden, lassen sich in gleicher Weise für $\tilde{\lambda}_3$ = 0 und $\tilde{\lambda}_3$ = + 1 wiederholen. Die Rechnung im einzelnen sei dem Leser zur Übung überlassen.

Im Fall $\tilde{\lambda}_3$ = 0 ergibt sich

$$r_1 = r_3 = 0, \qquad r_2 = - 1,$$

und für $r_0$ kommt nur der Wert 1 in Frage. Der Zustandsregler lautet daher

$$u(k) = 1 - x_2(k). \tag{5.19}$$

Der zugehörige Zustandsgraph des geschlossenen Regelkreises ist im Bild 5.4 zu sehen. Neben dem Zyklus mit der Periode $k_p$ = 4 erkennt man in diesem Fall, daß alle $2^3$ Zustände zugelassen werden können (*binäre* Vervollständigung eines unvollständig definierten Automaten, siehe Abschnitt 3.5).

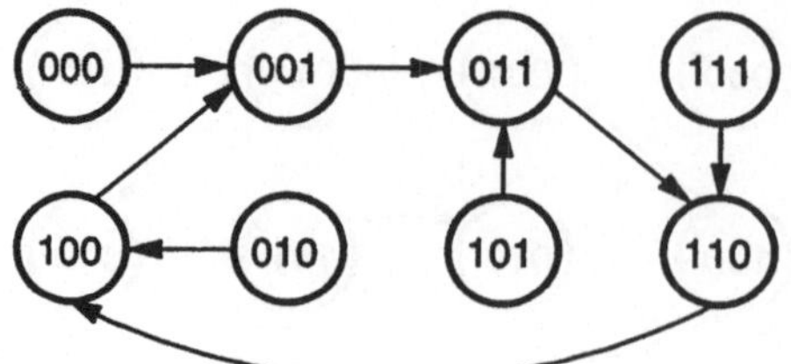

**Bild 5.4** Zustandsgraph des geschlossenen Kreises mit dem binären Regler (5.19)

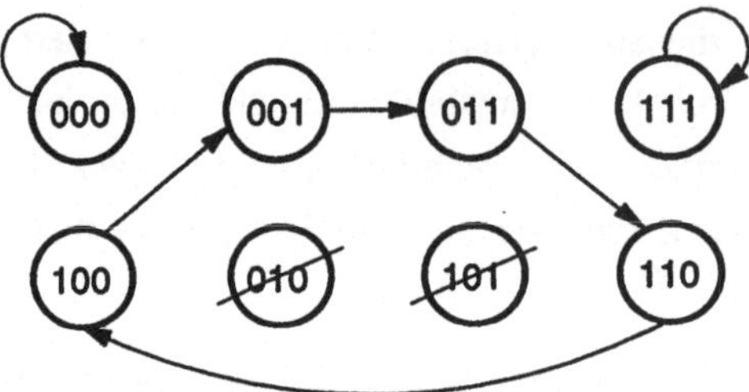

**Bild 5.5** Zustandsgraph des geschlossenen Kreises mit dem binären Regler (5.20)

Verfügt man schließlich $\tilde{\lambda}_3 = +\,1$, so erhält man den eindeutigen Zustandsregler

$$u(k) = x_1(k) - x_2(k) + x_3(k). \tag{5.20}$$

Für den geschlossenen Kreis ergibt dies den im Bild 5.5 dargestellten Zustandsgraphen. Neben einem erwarteten Zyklus mit der Periode $k_p = 4$ treten hier zwei statische Zustände (bzw. Zyklen mit $k_p = 1$) auf. Diese lassen sich dem Eigenwert $\tilde{\lambda}_3 = +\,1$ zuordnen. Die beiden im Bild 5.5 gestrichenen Zustände sind nicht definiert, da sie in (5.20) zu nicht binären u-Werten führen würden.

Das Beispiel zeigt: Gibt man bei der Zustandsregelung eines algebraisch linearen Automaten die Periode $k_p$ eines gewünschten Zyklus vor, so ist dadurch zunächst nur ein konjugiert komplexes Eigenwertpaar festgelegt (bzw. ein reeller Eigenwert im Fall $k_p = 1$ oder 2). Die weiteren Eigenwerte der Matrix $\tilde{A}$ des geschlossenen Kreises, im obigen Beispiel $\tilde{\lambda}_3$, sind wählbare Entwurfsparameter. Diese können jedoch nicht wie bei einem klassischen Abtastsystem aus einem Kontinuum gewählt werden, sondern sind nur bestimmter diskreter Werte fähig, wie im Abschnitt 4.2.3 beschrieben. Zu jeder Eigenwertkonfiguration gehört genau ein Rückführvektor $r^T$ in (5.7), der sich aus dem charakteristischen Polynom berechnen läßt. Der Summand $r_0$ in (5.7) ist seinerseits nur diskreter Werte fähig. Man erhält sie durch Auswerten der Verträglichkeitsbedingung (4.49), angewandt auf $\tilde{A}$ und $\tilde{a}_0$, sowie aus der Forderung, daß u binär werden muß.

Auf diese Weise gehören zu gegebenem $k_p$ entweder keine oder genau eine oder aber mehrere Lösungen für den Zustandsregler (5.7). Die Zustände, die jeweils am Zyklus beteiligt sind, gewinnt man aus der Zustandsgleichung des geschlossenen Kreises. Dabei werden auch diejenigen Zustände gefunden, die als nicht definiert gelten müssen, da sie zu nicht binären Folgezuständen führen würden. Im obigen Beispiel traten in der Lösungsmenge auch Zyklen mit den Perioden $k_p = 1$ und $k_p = 2$ auf. Dies ist übrigens kein Widerspruch zur Vorgabe $k_p = 4$, denn eine $k_p$-periodische Lösung ist stets auch $\rho \cdot k_p$-periodisch, mit beliebiger natürlicher Zahl $\rho$.

Auf die beschriebene Weise werden also alle $k_p$-periodischen Zyklen gefunden, die mit dem Erreichbarkeitsgraphen des binären Prozesses verträglich sind. Der Erreichbarkeitsgraph zum betrachteten Transportprozeß (3.80) wurde bereits im Bild 4.15 angegeben. In den Bildern 4.7 und 5.2 bis 5.5 wurden die Knoten zur besseren Vergleichbarkeit übereinstimmend angeordnet. In der Tat entdeckt man unschwer im Bild 4.15 sämtliche soeben rechnerisch ermittelten Zyklen. Weitere Zyklen mit $k_p = 4$ sind nicht möglich.

Stellt man die hier beschriebene Methode der Reglerberechnung durch Eigenwertvorgabe nochmals der Behandlung des Transportbeispiels im Abschnitt 3.5 (Tabelle 3.5) gegenüber, so ist das Vorgehen genau umgekehrt. Dort wurde zunächst anhand der Aufgabenstellung die unvollständig definierte Schalttabelle aufgestellt, dann die daraus ablesbare Steuerfolge selbsttätig durch algebraisch lineare Zustandsrückführung erzeugt und abschließend eine Eigenwertanalyse vorgenommen (Abschnitt 4.2.3). Jetzt steht die Eigenwertvorgabe am Beginn des Entwurfs, und das Ergebnis ist die Gesamtheit aller $k_p$-periodischen unvollständig definierten algebraisch linearen Lösungen. Betrachtet man diese Lösungen unter dem Aspekt der periodischen Beschickung der Transportstrecke mit Teilen A($\hat{=}$ 1) und B ($\hat{=}$ 0), so läßt die Periode $k_p = 4$ für das Mengenverhältnis A/B die Werte 3:1 (Tabelle 3.5 und Bild 4.7), 1:3 (Bild 5.2) und 2:2 (Bilder 5.3 bis 5.5) zu. Der Regler (5.20) deckt darüber hinaus auch den ausschließlichen Transport von Teilen A oder B ab (Bild 5.5). Ändert sich das geforderte Mengenverhältnis von Zeit zu Zeit, so könnte man an Umschaltstrategien zwischen den verschiedenen Reglern denken. Derartige strukturumschaltende Regler spielen in der traditionellen Regelungstechnik eine große Rolle, der Gedanke soll jedoch hier nicht weitergeführt werden.

## 5.3  Entwurf dynamischer Regler

Einem steuerbaren linearen Abtastsystem kann man durch konstante lineare Zustandsrückführung stets beliebig vorgebbare (reelle oder paarweise konjugiert komplexe) Eigenwerte verleihen. Sofern es nur um die Eigenwertvorgabe geht, braucht man also keinen dynamischen Zustandsregler vorzusehen. Erst wenn Anforderungen etwa an das Führungs- oder Störverhalten gestellt werden, die über die Eigenwertvorgabe hinausgehen, können Dynamikanteile im Regler notwendig werden. So muß man beispielsweise einen Anteil zur Integration der Regeldifferenz einbauen, um konstante Störgrößen ausregeln zu können.

Anders ist die Situation bei einem algebraisch linearen Automaten. Ein derartiger Automat - ob mit oder ohne Rückkopplung - kann stets nur die im Abschnitt 4.2.3 beschriebenen Eigenwertmuster aufweisen (Tabelle 4.1). Daher kann man bei wie auch immer gearteten Rückkopplungsstrukturen stets nur diese Eigenwertmuster vorschreiben. In diesen Eigenwerten kommt das zyklische Verhalten jedes autonomen Automaten zum Ausdruck. Darüber hinaus ist die Periode $k_p$ der einstellbaren Zyklen nach oben begrenzt durch die Anzahl N der definierten Zustände des Automaten.

Die letztgenannte Einschränkung liefert eine Motivation zum Einsatz *dynamischer* Regler zwecks Eigenwertvorgabe in algebraisch linearen Automaten. Will man nämlich eine binäre Steuerstrecke, in der N Zustände definiert sind, zyklisch mit einer Periode $k_p$ > N betreiben, so läßt sich dies durch *Vergrößerung der Anzahl der Zustandsvariablen* erreichen.

Der Zustand **x** der binären Steuerstrecke (5.6) sei n-dimensional, der Zustand $\xi$ des dynamischen Reglers (5.8) sei m-dimensional. Der aus Strecke und Regler gebildete geschlossene binäre Regelkreis wird durch die algebraisch lineare Zustandsgleichung

$$\begin{bmatrix} \mathbf{x}(k+1) \\ \xi(k+1) \end{bmatrix} = \begin{bmatrix} A + \mathbf{b}\,\mathbf{r}^T & \mathbf{b}\,\hat{\mathbf{c}}^T \\ K & \hat{A} \end{bmatrix} \begin{bmatrix} \mathbf{x}(k) \\ \xi(k) \end{bmatrix} + \begin{bmatrix} \mathbf{b}\,r_0 + \mathbf{a}_0 \\ \mathbf{k}_0 \end{bmatrix} \tag{5.21}$$

beschrieben. Die Steuerstrecke sei beispielsweise vollständig definiert, also $N = 2^n$ verschiedener Zustände fähig. Sie soll mit einer vorgeschriebenen Periode $k_p > 2^n$ betrieben werden. Um dies zu erreichen, muß der autonome Automat (5.21) mindestens $k_p$ verschiedener Zustände fähig sein. Die Dimension m des Binärvektors $\xi$ muß deshalb so gewählt werden, daß

$$2^{n+m} \geq k_p \tag{5.22}$$

gilt. Da man den Regleraufwand möglichst niedrig halten möchte, entscheidet man sich für die kleinste natürliche Zahl m, die (5.22) erfüllt.

Ein einfaches Beispiel soll diese Überlegung illustrieren und auch die weiteren Entwurfsschritte veranschaulichen. Stückgüter der Sorten A ($\hat{=}$ 1) und B ($\hat{=}$ 0) werden in getrennten Warteschlangen einer ortsfesten Waage zugeführt (Bild 5.6). Das Unterscheidungsmerkmal zwischen A und B sei nicht das Gewicht, sondern beispielsweise die Farbe. Abhängig davon, ob das Gewicht einen bestimmten Schwellwert über- oder unterschreitet, nehmen die Teile nach dem Wägevorgang den Weg 1 oder 2 zum Zielort. Auf diese Weise kommt es auf den Wegstrecken zwischen Waage und Zielort zu einer Durchmischung der Teile A und B. Am Zielort werde ein vorgeschriebenes Mengenverhältnis der Teile A und B gefordert. Es ist klar, daß bereits die Waage in diesem Verhältnis beschickt werden muß. Die Aufgabe besteht im Entwurf einer binären Regelung zur selbsttätigen Beschickung.

Da die Waage naturgemäß immer nur ein Teil aufnehmen kann, wird ihre binäre Zustandsgleichung skalar:

$$x(k+1) = u(k). \tag{5.23}$$

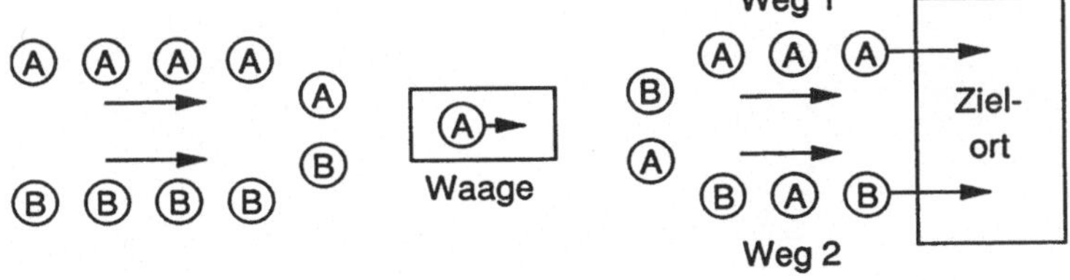


**Bild 5.6** Transport- und Wägeeinrichtung

Wegen $n = 1$ kann dieser vollständig definierte Automat $N = 2^n = 2$ verschiedene Zustände annehmen: $x = 0$ und $x = 1$. Mittels konstanter Zustandsrückführung nach Abschnitt 5.2 lassen sich daher nur die Perioden $k_p = 1$ und $k_p = 2$ einstellen.

In dem betrachteten Beispielprozeß werde nun für die Sorten A und B ein Mengenverhältnis 2:1 gefordert. Der skalare Zustand x in (5.23) muß hierzu die periodische Binärfolge

110110110...

durchlaufen, deren Periode $k_p = 3$ ist. Nach (5.22) ist daher ein dynamischer binärer Regler der Ordnung $m = 1$ anzusetzen.

Die Periode $k_p = 3$ entspricht nach Tabelle 4.1 dem Eigenwertpaar

$$\lambda_{1/2} = \exp(\pm j \tfrac{2\pi}{3}) = -\tfrac{1}{2} \pm j \tfrac{1}{2} \sqrt{3} \, . \tag{5.24}$$

Die Aufgabe besteht nun darin, die freien Parameter des Reglers (5.8) so einzustellen, daß die Dynamikmatrix des geschlossenen Kreises (5.21) das vorgeschriebene Eigenwertpaar (5.24) aufweist. Im Unterschied zu einem linearen Abtastsystem muß außerdem darauf geachtet werden, daß ein Binärzustand im Schritt k einen *binären* Folgezustand im Schritt (k+1) hervorbringt!

Um dies einfacher überschauen zu können, wird vorgeschlagen, die Zustandsgleichung des Reglers (5.8) in einer bestimmten kanonischen Form anzuschreiben, zunächst komponentenweise:

$$\xi_1(k+1) = k^T \cdot x(k) + k_0,$$

$$\xi_2(k+1) = \xi_1(k),$$

$$\xi_3(k+1) = \xi_2(k),$$

$$\cdot$$

$$\cdot$$

$$\cdot$$

$$\xi_m(k+1) = \xi_{m-1}(k).$$

Wie man sieht, bilden die Zustandsgrößen $\xi_2$, ..., $\xi_m$ einen "Fließbandprozeß". Dies hat den Vorteil, daß unabhängig von einzustellenden Reglerparametern der binäre Charakter dieser Größen garantiert ist, sofern nur $\xi_1$, ..., $\xi_{m-1}$ im vorhergehenden Schritt linär sind. Lediglich die Zustandsvariable $\xi_1(k+1)$ wird als Linearkombination der Zustandsgrößen der Strecke angesetzt.

In Matrixschreibweise hat man so die Reglerzustandsgleichung

$$\xi(k+1) = \begin{bmatrix} 0 & 0 & 0 \dots & 0 \\ 1 & 0 & 0 \dots & 0 \\ 0 & 1 & 0 \dots & 0 \\ & & \ddots & \\ 0 & 0 & \dots & 10 \end{bmatrix} \xi(k) + \begin{bmatrix} \mathbf{k}^T \\ 0 \\ 0 \\ \vdots \\ 0 \end{bmatrix} \mathbf{x}(k) + \begin{bmatrix} k_0 \\ 0 \\ 0 \\ \vdots \\ 0 \end{bmatrix}. \tag{5.25}$$

Die Reglerausgangsgleichung wird unverändert von (5.8) übernommen:

$$u(k) = \hat{c}^T \xi(k) + r^T \mathbf{x}(k) + r_0. \tag{5.26}$$

Die Anwendung auf das obige Beispiel mit $m = 1$ und $n = 1$ ergibt einen dynamischen Regler der Form

$$\xi(k+1) = k_1 \cdot x(k) + k_0,$$

$$u(k) = \hat{c} \cdot \xi(k) + r_1 \cdot x(k) + r_0.$$

Damit lautet die Zustandsgleichung (5.21) des geschlossenen Kreises

$$\begin{bmatrix} x(k+1) \\ \xi(k+1) \end{bmatrix} = \begin{bmatrix} r_1 & \hat{c} \\ k_1 & 0 \end{bmatrix} \cdot \begin{bmatrix} x(k) \\ \xi(k) \end{bmatrix} + \begin{bmatrix} r_0 \\ k_0 \end{bmatrix}, \tag{5.27}$$

kurz

$$\eta(k+1) = \tilde{A} \cdot \eta(k) + \tilde{a}_0,$$

wobei $\eta$ der aus x und $\xi$ gebildete Vektor ist. Das zu $\tilde{A}$ gehörende charakteristische Polynom lautet einerseits

$$P(z) = \det(zI - \tilde{A}) = z^2 - r_1 z - \hat{c} k_1,$$

andererseits wegen der vorgeschriebenen Eigenwerte nach (5.24)

$$P(z) = (z-\tilde{\lambda}_1)(z-\tilde{\lambda}_2) = z^2 - (\tilde{\lambda}_1+\tilde{\lambda}_2)z + \tilde{\lambda}_1\tilde{\lambda}_2 = z^2 + z + 1.$$

Aus der Identität

$$z^2 - r_1 z - \hat{c} k_1 \equiv z^2 + z + 1$$

erhält man durch Koeffizientenvergleich

$$r_1 = -1, \qquad\qquad \hat{c} k_1 = -1, \text{ also } \hat{c} = -1/k_1.$$

Damit liefert die Zustandsgleichung (5.27),

$$\begin{bmatrix} x(k+1) \\ \xi(k+1) \end{bmatrix} = \begin{bmatrix} -1 & -1/k_1 \\ k_1 & 0 \end{bmatrix} \begin{bmatrix} x(k) \\ \xi(k) \end{bmatrix} + \begin{bmatrix} r_0 \\ k_0 \end{bmatrix},$$

bei einem angenommenen Startvektor

$$\begin{bmatrix} x(0) \\ \xi(0) \end{bmatrix} = \begin{bmatrix} 0 \\ 0 \end{bmatrix}$$

die Zustandsfolge

$$\begin{bmatrix} 0 \\ 0 \end{bmatrix} \Rightarrow \begin{bmatrix} r_0 \\ k_0 \end{bmatrix} \Rightarrow \begin{bmatrix} -k_0/k_1 \\ r_0 k_1 + k_0 \end{bmatrix} \Rightarrow \begin{bmatrix} 0 \\ 0 \end{bmatrix} \text{ usw.,}$$

also die Bestätigung der Periode $k_p$ = 3. Über die noch freien Reglerparameter wird jetzt so verfügt, daß die Folge $\{x(k)\}$ die geforderte Binärfolge annimmt und ferner $\{\xi(k)\}$ eine Binärfolge wird. Es muß also gelten:

$$r_0 = 1, \qquad -k_0/k_1 = 1, \text{ also } k_0 = -k_1.$$

Damit wird

$$r_0 k_1 + k_0 = 0,$$

und die Zustandsfolge lautet

$$\begin{bmatrix} 0 \\ 0 \end{bmatrix} \Rightarrow \begin{bmatrix} 1 \\ k_0 \end{bmatrix} \Rightarrow \begin{bmatrix} 1 \\ 0 \end{bmatrix} \Rightarrow \begin{bmatrix} 0 \\ 0 \end{bmatrix} \text{ usw.}$$

Für $k_0$ kommt daher nur der Wert

$$k_0 = 1$$

in Frage, womit

$$k_1 = -1, \qquad \hat{c} = 1$$

wird. Damit ist der dynamische binäre Regler aufgabengemäß festgelegt:

$$\xi(k+1) = -x(k) + 1,$$

$$u(k) = \xi(k) - x(k) + 1.$$

Für den geschlossenen Kreis nach (5.27) erhält man

$$\begin{bmatrix} x(k+1) \\ \xi(k+1) \end{bmatrix} = \begin{bmatrix} -1 & 1 \\ -1 & 0 \end{bmatrix} \cdot \begin{bmatrix} x(k) \\ \xi(k) \end{bmatrix} + \begin{bmatrix} 1 \\ 1 \end{bmatrix}. \tag{5.28}$$

Interessant ist ein Blick auf die zugehörige Schalttabelle 5.1. Sie ist unvollständig definiert, da nur $k_p = 3$ der $2^{n+m} = 4$ grundsätzlich möglichen Zustände zyklisch auftreten dürfen. Praktisch kann man das Auftreten des nicht definierten Zustands

$$\begin{bmatrix} x \\ \xi \end{bmatrix} = \begin{bmatrix} 0 \\ 1 \end{bmatrix}$$

hier dadurch ausschließen, daß man den Anfangszustand $\xi(0) = 0$ setzt.


**Tabelle 5.1** Schalttabelle zu dem binären Regelkreis nach (5.28)

| $\xi(k)$ | $x(k)$ | $\xi(k+1)$ | $x(k+1) = u(k)$ |
|---|---|---|---|
| 0 | 0 | 1 | 1 |
| 0 | 1 | 0 | 0 |
| ~~1~~ | ~~0~~ | nicht definiert | |
| 1 | 1 | 0 | 1 |

## 5.4 Modellgestützte Vorsteuerung binärer dynamischer Systeme

Das Prinzip der modellgestützten Vorsteuerung hat sich als strukturelle Maßnahme in der Regelungstechnik außerordentlich gut bewährt (siehe z.B. [21]). Bild 5.7 zeigt eine derartige modellgestützte Steuereinrichtung mit angekoppelter Regelstrecke. Geht man zunächst einmal davon aus, daß die Regelstrecke stabil, genau bekannt und keinen Störungen unterworfen ist, so kann man sie nach Bild 5.7 in der Steuereinrichtung als Modell nachbilden. Dieses Modell hat gegenüber der realen Strecke den Vorzug, daß alle Zustandsvariablen, zusammengefaßt zu dem Vektor $\hat{x}$, problemlos verfügbar sind.

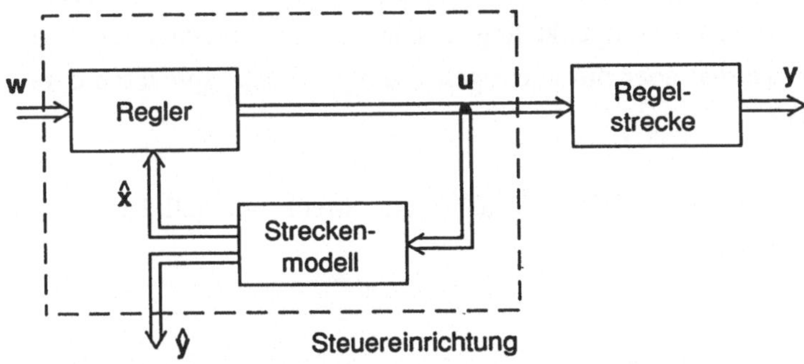


**Bild 5.7**  Regelstrecke mit modellgestützter Vorsteuerung

Man kann daher diesen Vektor innerhalb der Steuereinrichtung einem Regler zuführen und diesen nach bekannten Zustandsraumverfahren beispielsweise so berechnen, daß der Modellregelkreis vorteilhaft plazierte Eigenwerte aufweist. Der auf diese Weise in der Steuereinrichtung erzeugte Steuervektor $u(t)$ wird zugleich auf die reale Strecke geschaltet, wie dies aus Bild 5.7 hervorgeht. Auf diese Weise überträgt sich das günstige Verhalten des zustandsgeregelten Streckenmodells auf die reale Regelstrecke. Allerdings stimmen die Zeitverläufe der Ausgangsvektoren von Strecke und Modell, $y(t)$ und $\hat{y}(t)$, nur dann von Anfang an überein, wenn der Anfangszustand des Modells gleich dem der Strecke ist. Im anderen Fall läßt sich dieser Angleichvorgang beschleunigen, indem die Differenz $y(t) - \hat{y}(t)$ geeignet auf den Steuereingang des Modells eingekoppelt wird, beispielsweise nach Art des Luenberger-Beobachters [1], [4]. Zusätzliche Strukturerweiterungen können notwendig werden, um auch instabile Regelstrecken, Dauerstörungen und Modellierungsunsicherheiten beherrschbar zu machen [21].

Die Grundstruktur nach Bild 5.7 bietet interessante Perspektiven auch für die gezielte Beeinflussung *binärer* dynamischer Prozesse. Um dies zu zeigen, werde die algebraisch lineare binäre Regelstrecke

$$x(k+1) = A\ x(k) + B\ u(k) + a_0, \qquad\qquad (4.90)$$

$$y(k) = C\ x(k) + D\ u(k) + c_0 \qquad\qquad (4.91)$$

nach (4.90), (4.91) zugrundegelegt. Dieser Automat sei zunächst vollständig definiert, es werden also alle $2^{n+p}$ Belegungen $(x,u)$ zugelassen. Weiterhin sei der Automat steuerbar, also stark zusammenhängend (Abschnitt 4.3.3) und beobachtbar (Abschnitt 4.4.1). Schließlich werde noch angenommen, daß die Eigenwerte der Systemmatrix $A$ (vgl. Abschnitt 4.2.3) sämtlich im Nullpunkt liegen. Diese letzte Annahme ist sicher einschneidend, immerhin werden aber die wichtigen Stückguttransportprozesse damit abgedeckt (Abschnitt 3.4).

Das für die Steuereinrichtung nach Bild 5.7 benötigte Streckenmodell hat wegen (4.90), (4.91) die Zustandsdarstellung

$$\hat{x}(k+1) = A\ \hat{x}(k) + B\ u(k) + a_0, \qquad\qquad (5.29)$$

$$\hat{y}(k) = C\ \hat{x}(k) + D\ u(k) + c_0. \qquad\qquad (5.30)$$

Offensichtlich ist dieses Modell als Spezialfall in dem Zustandsbeobachter nach (4.102), (4.103) enthalten, indem dort

$$K = 0$$

gesetzt wird. Dies wiederum ist mit Blick auf (4.108) und den anschließenden Text stets dann geboten, wenn die Eigenwerte von $A$ sämtlich im Nullpunkt liegen, also auch im vorliegenden Fall. Der Schätzfehler $\tilde{x}(k)$ nach (4.107) wird dann wegen $F = A$ nach höchstens n Schritten zum Verschwinden gebracht. Es sei auf das Beispiel Gl. (4.110) hingewiesen.

Das Streckenmodell nach (5.29), (5.30) erweist sich somit als spezieller Zustandsbeobachter, bei dem auf den Koppelterm

$$K \cdot [y(k) - \hat{y}(k)]$$

deshalb verzichtet werden kann, weil die Eigenwerte der Systemmatrix $\mathbf{A}$ bereits sämtlich im Ursprung der komplexen Ebene liegen.

Im nächsten Schritt hat man sich dem in der Steuereinrichtung nach Bild 5.7 enthaltenen Regler zuzuwenden. Um ihn bestimmen zu können, muß zunächst das Entwurfsziel klar formuliert werden. Ebenso wie in den zurückliegenden Abschnitten 5.2 und 5.3 soll es darin bestehen, der binären Regelstrecke (4.90), (4.91) selbsttätig einen gewünschten zyklischen Betrieb mit der Periode $k_p$ aufzuprägen.

Der simple Grundgedanke besteht nun darin, den Regler anhand des Strecken*modells* (5.29), (5.30) auszulegen. Da dessen Zustand $\hat{x}(k)$ vollständig verfügbar ist, kann zur Reglerauslegung auf die in den Abschnitten 5.2 und 5.3 beschriebenen Verfahren zurückgegriffen werden. Die modellgestützte Steuereinrichtung erzeugt somit selbsttätig die geforderte $k_p$-periodische Steuerfolge $\{u(k)\}$, *ohne daß irgendeine Zustands- oder Ausgangsgröße der binären Regelstrecke benötigt wird.*

Diese Regelstrecke wurde oben als vollständig definiert vorausgesetzt. Dagegen wird die Steuereinrichtung im allgemeinen ein unvollständig definierter Automat sein, da die $k_p$ am Zyklus beteiligten Zustände in der Regel nur einen Teil der insgesamt möglichen Zustände ausmachen.

Zur Veranschaulichung werde als erstes Beispiel in Anlehnung an Abschnitt 5.2 der Stückguttransportprozeß (3.80),

$$
x(k+1) = \begin{bmatrix} 0 & 0 & 0 \\ 1 & 0 & 0 \\ 0 & 1 & 0 \end{bmatrix} x(k) + \begin{bmatrix} 1 \\ 0 \\ 0 \end{bmatrix} u(k),
$$

$$
y(k) = x_3(k),
$$

betrachtet, dem ein Zyklus mit der Periode $k_p = 4$ aufgeprägt werden soll. Insbesondere sei die periodische Ausgangsbinärfolge $\{y(k)\}$ vorgeschrieben. Die zugehörigen Modellgleichungen lauten

$$
\hat{x}(k+1) = \begin{bmatrix} 0 & 0 & 0 \\ 1 & 0 & 0 \\ 0 & 1 & 0 \end{bmatrix} \hat{x}(k) + \begin{bmatrix} 1 \\ 0 \\ 0 \end{bmatrix} u(k),
$$

$$
\hat{y}(k) = \hat{x}_3(k),
$$

$$\tag{5.31}$$

und der Regler (5.9), jetzt angewandt auf den Zustand des *Modells*:

$$u(k) = r_0 + r^T \, \hat{x}(k). \tag{5.32}$$

Bild 5.8 zeigt die so entstehende Gesamtstruktur, bestehend aus modellgestützter Steuereinrichtung und Strecke.

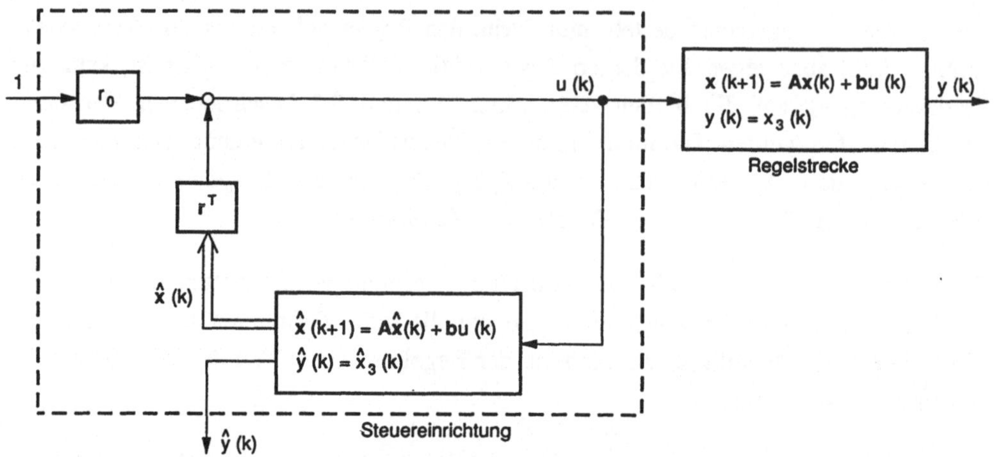


**Bild 5.8**  Beispiel für das Zusammenwirken von binärer Steuereinrichtung und binärer Regelstrecke

Es ist klar, daß in dem Streckenmodell (5.31) nur die $k_p$ = 4 Zustände definiert sind, die in dem gewünschten Zyklus enthalten sein sollen. Daher ist das Streckenmodell und mit ihm die gesamte Steuereinrichtung ein unvollständig definierter Automat. Wird die periodische Ausgangsbinärfolge beispielsweise in der Form

$$\{\,y(k)\} = 1, 0, 0, 0, \; 1, 0, 0, 0, \ldots \tag{5.33}$$

vorgeschrieben, so sind in dem Streckenmodell mit Blick auf Bild 5.2 nur die vier dort am Zyklus beteiligten Zustände

$$\hat{x} = \begin{bmatrix} 0 \\ 0 \\ 1 \end{bmatrix}, \begin{bmatrix} 0 \\ 0 \\ 0 \end{bmatrix}, \begin{bmatrix} 1 \\ 0 \\ 0 \end{bmatrix}, \begin{bmatrix} 0 \\ 1 \\ 0 \end{bmatrix}$$

definiert, und am Zustandsregler (5.32) sind nach Abschnitt 5.2 die Parameter

$$r_0 = 1, \qquad r_1 = r_2 = r_3 = -1 \tag{5.34}$$

einzustellen.

Da man auf den Zustand $\hat{x}$ des Streckenmodells frei zugreifen kann, läßt sich auch der Startvektor $\hat{x}(0)$ so setzen, daß er im Zyklus enthalten ist, beispielsweise

$$\hat{x}(0) = \begin{bmatrix} 0 \\ 0 \\ 1 \end{bmatrix}.$$

Auf diese Weise läuft in der Steuereinrichtung im Bild 5.8 von Anfang an der gewünschte Zyklus ab. Der Streckenzustand im Bild 5.8 stimmt nach höchstens drei Schritten mit dem Modellzustand überein,

$$x(k) = \hat{x}(k),$$

wo auch immer der binäre Anfangszustand $x(0)$ liegt.

Hier wird ein entscheidender Vorzug der Steuerungsstruktur nach Bild 5.8 gegenüber der Zustandsregelung nach Abschnitt 5.2 sichtbar: Dort mußte gefordert werden, daß bereits der Streckenanfangszustand $x(0)$ der zulässigen Zustandsmenge des unvollständig definierten Automaten angehört. Dagegen ist jetzt jeder der $2^n$ möglichen Anfangszustände der Strecke erlaubt, und die Zustandsfolge $\{x(k)\}$ erreicht nach höchstens n Schritten den gewünschten Zyklus.

Der freie Zugriff auf den Modellzustand $\hat{x}$ *und* auf die Reglerparameter $r_0$ und $r^T$ eröffnet noch weitergehende Möglichkeiten. So kann man in jedem beliebigen Taktschritt $k^*$ vom seitherigen Zyklus auf einen neuen Zyklus übergehen. Hierzu muß lediglich im $k^*$-ten Schritt der Modellzustand $\hat{x}(k^*)$ geeignet gesetzt und müssen die Reglerparameter $r_0$ und $r^T$ neu eingestellt werden.

Soll beispielsweise ab dem $k^*$-ten Schritt die periodische Ausgangsfolge (5.33) in die periodische Folge

$$\{y(k)\} = 1, 1, 1, 0, 1, 1, 1, 0, \ldots \tag{5.35}$$

übergehen, so setzt man $\hat{x}(k^*)$ gleich einem der in dem Zustandsgraphen nach Bild 4.7 enthaltenen Zustände, z.B.

$$\hat{x}(k^*) = \begin{bmatrix} 1 \\ 1 \\ 1 \end{bmatrix},$$

und stellt die Reglerparameter nach (3.83) ein:

$$r_0 = 3, \qquad r_1 = r_2 = r_3 = -1.$$

Als Folge einer derartigen *Zustands- und Parameterumschaltung in der Steuereinrichtung* folgt die Regelstrecke wiederum nach höchstens n = 3 Schritten exakt dem Modell.

Der Wunsch nach spontaner Änderung periodischer Binärfolgen kann beispielsweise bei der Beschickung von Transportstrecken oder Fertigungsstraßen mit Stückgütern entstehen, wenn aufgrund plötzlich veränderter Nachfrage das Mengenverhältnis von Teilen A ($\hat{=} 1$) und B ($\hat{=} 0$) neu eingestellt werden muß.

In dem eben betrachteten Beispiel wurde in der modellgestützten Steuereinrichtung eine nichtdynamische Zustandsrückführung vorgesehen. In anderen Fällen kann ein dynamischer Regler erforderlich werden, etwa wenn die gewünschte Periode $k_p$ des Zyklus größer als die Anzahl N der Streckenmodellzustände ist (Abschnitt 5.3).

So läßt sich das im Abschnitt 5.3 behandelte Beispiel einer dynamischen Zustandsregelung sofort in eine modellgestützte Steuerung überführen. Der Streckenzustandsgleichung (5.23) entspricht die Modellgleichung

$$\hat{x}(k+1) = u(k), \tag{5.36}$$

und der dort berechnete dynamische Regler, angewandt auf das Modell (5.36), hat die Darstellung

$$\xi(k+1) = -\hat{x}(k) + 1,$$

$$u(k) = \xi(k) - \hat{x}(k) + 1.$$

Bild 5.9 zeigt zusammenfassend die Gesamtstruktur aus der die Waage verkörpernden realen binären Regelstrecke und der vorgeschalteten Steuereinrichtung. Die Struktur weist alle Vorzüge auf, die bereits bei der Diskussion von Bild 5.8 festgestellt wurden. Es wird keinerlei Zustandsinformation der realen Strecke benötigt. Die gewünschte periodische Binärfolge

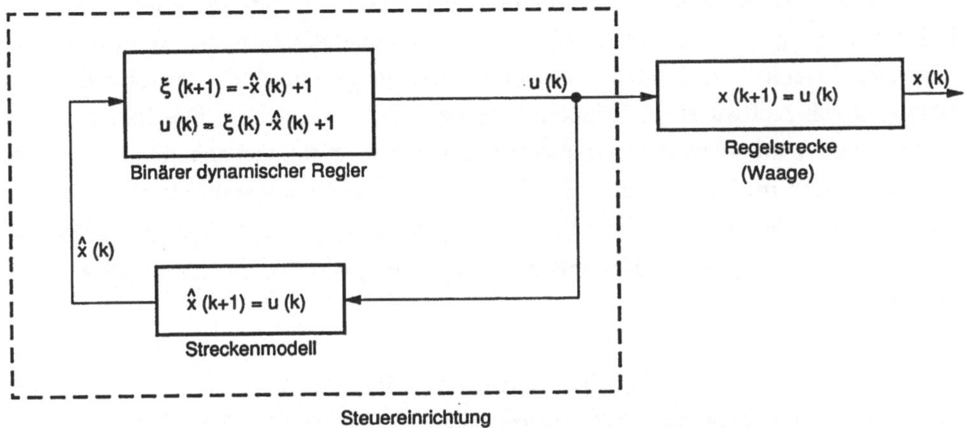


**Bild 5.9**  Beispiel für eine modellgestützte binäre Steuereinrichtung mit dynamischem Regler

$$\{\hat{x}(k)\} = 1, 1, 0, 1, 1, 0, \ldots$$

mit $k_p = 3$ wird in der Steuereinrichtung von Anfang an erzeugt, indem z.B.

$$\begin{bmatrix} \hat{x}(0) \\ \xi(0) \end{bmatrix} = \begin{bmatrix} 1 \\ 1 \end{bmatrix}$$

gesetzt wird. Wegen der Streckenordnung $n = 1$ und des Streckeneigenwertes $\lambda = 0$ folgt die Strecke nach höchstens einem Schritt exakt der Steuerung. Auch in diesem Beispiel stellt die Steuereinrichtung einen unvollständig definierten Automaten dar, da nur drei der $2^2 = 4$ Zustände am Zyklus beteiligt sind.

## 5.5  Zusammenfassung

Das im Kapitel 2 eingeführte stetige algebraische Äquivalent Boolescher Schaltfunktionen rückt die sequentiellen binären Schaltsysteme begrifflich so nah an die klassischen Abtastsysteme heran, daß die für Abtastsysteme gebräuchlichen Methoden zum Reglerentwurf auf Automaten übertragbar sind. Das gilt besonders für die spezielle Klasse der algebraisch linearen Automaten, die Gegenstand des Kapitels 5 sind. Vom Anwendungsaspekt her gehören vor allem Transportsysteme der Materialflußtechnik und der Fertigungstechnik hierzu. Betrachtet man einen derartigen Automaten als "binäre Regelstrecke", so liegt der Gedanke nah, ein gewünschtes Betriebsverhalten selbsttätig durch Aufbau eines "binären Regelkreises" einzustellen. Der hierzu erforderliche Regler wird seinerseits als Automat angesetzt, und zwar naheliegenderweise algebraisch linear im Fall der hier diskutierten algebraisch linearen Strecken. Damit werden die aus der Theorie linearer Abtastsysteme bekannten Entwurfsmethoden anwendbar. Das Anliegen des Kapitels 5 ist, zu zeigen, wie dies im einzelnen geschehen kann.

Hierzu wurde zunächst ein mögliches Entwurfsziel formuliert, nämlich der zyklische Betrieb des binären Prozesses mit vorgeschriebener Periode $k_p$. Ein derartiges Entwurfsziel ist stets dann von praktischem Interesse, wenn verschiedenartige Stückgüter in gewünschtem Mengenverhältnis am Zielort nachgefragt werden. Der zyklische Betrieb trägt dann vorteilhaft dazu bei, aufwendige Lager bzw. Materialpuffer zu vermeiden (siehe hierzu auch [42]).

Vorschreiben der Periode $k_p$ ist aber gleichbedeutend mit einer *Eigenwertvorgabe*. Damit ist das Entwurfsziel überführt in eine Problemstellung, die im Bereich der linearen Abtastregelungen längst gelöst ist. Im Abschnitt 5.2 wird daher gezeigt, wie mit Zustandsraumverfahren die gewünschte Eigenwertplazierung erreicht werden kann. Freilich bestehen Unterschiede zwischen einem linearen Abtastsystem und einem algebraisch linearen Automaten: Die endliche Anzahl N möglicher Systemzustände läßt einerseits nur bestimmte Eigenwertkonstellationen zu (siehe Abschnitt 4.2.3) und begrenzt andererseits die maximal mögliche Periode auf $k_{pmax}$ = N. Dieser Besonderheit hat man bei der Eigenwertvorgabe Rechnung zu tragen.

Möchte man einen Zyklus mit einer Periode $k_p$ > N einstellen, so gelingt dies, indem man von einer konstanten Zustandsrückführung zu einem dynamischen Zustandsregler übergeht. Die Motivation, die hier zur Einführung dynamischer Komponenten im

Regler führt, hat bei linearen Abtastregelungen keine Entsprechung, zumal dort ein zyklischer Betrieb normalerweise nicht Entwurfsziel ist. Im Abschnitt 5.3 wird exemplarisch gezeigt, wie man die Ordnung des dynamischen binären Reglers festlegen und seine Parameter bestimmen kann.

Der Entwurf vollständiger Zustandsrückführungen ist bestechend in seiner Einfachheit und Geradlinigkeit, jedoch sind seine Nachteile bekannt: Nur in Ausnahmefällen verfügt man über die gesamte Zustandsinformation der Strecke. Das gilt für klassische Regelungsprobleme genauso wie für die hier betrachteten binären Systeme. Eine interessante Abhilfe zumindest für spezielle Automatenklassen wird im Abschnitt 5.4 beschrieben: die modellgestützte Vorsteuerung. Dieses in der Regelungstechnik bewährte Prinzip entfaltet seine Vorzüge normalerweise erst dann, wenn es mit zusätzlichen Regelschleifen (Ausgangsrückführungen) kombiniert wird. Ist die binäre Regelstrecke jedoch wie hier angenommen ein Automat, dessen Eigenwerte sämtlich Null sind, so bietet die modellgestützte Vorsteuerung interessante Perspektiven, wie an zwei Beispielen gezeigt wird. Insbesondere läßt sich mit dieser Steuerungsstruktur in jedem beliebigen Taktschritt problemlos der Übergang von einem Zyklus auf einen anderen verwirklichen, da hierzu lediglich die Parameter der Steuereinrichtung und deren aktueller Zustand neu eingestellt werden müssen. Von praktischem Interesse ist ein derartiger Zykluswechsel, wenn bei Transportproblemen einer veränderlichen Nachfrage Rechnung getragen werden soll.

# 6 Regelung algebraisch multilinearer Binärprozesse

Im Abschnitt 3.6 wurde bereits darauf hingewiesen, daß die vollständig definierten algebraisch linearen Binärprozesse nur eine relativ kleine Systemklasse bilden. Sie wird allerdings erheblich vergrößert, wenn man die in den Anwendungen außerordentlich wichtigen unvollständig definierten Automaten hinzunimmt. Dennoch bedeutet auch hier die Beschränkung auf lineare Systeme noch eine starke Einengung. Das kann man bereits daran ermessen, daß alle relevanten Booleschen Funktionen in zwei Variablen, $y = f(x_1,x_2)$, *bilinear* sind, wie im Abschnitt 2.3 gezeigt wurde. Insbesondere UND- sowie ODER-Verknüpfungen kommen bei der aufgabengemäßen binären Prozeßsteuerung ständig vor und führen somit zwangsläufig aus dem Bereich der linearen Systeme heraus.

Der allgemeine Fall multilinearer Überführungsfunktionen $f(x,u)$ und Ergebnisfunktionen $g(x,u)$ in den Automatengleichungen (2.38), (2.39) soll und kann hier nicht erschöpfend behandelt werden. Die Untersuchungen hierzu aus der Sicht der neuen algebraischen Beschreibungsform stehen erst am Anfang. Es soll daher lediglich ein Ausblick gegeben werden, der sich an einigen ausgewählten Beispielen orientiert.

## 6.1 Globale Linearisierung multilinearer Binärprozesse durch multilineare Rückkopplung

Im Bereich der Regelung nichtlinearer dynamischer Systeme hat seit Anfang der 80er Jahre ein interessanter Grundgedanke viel Beachtung gefunden und zu neuen Entwurfsverfahren geführt: Bei gegebener nichtlinearer Regelstrecke setzt man auch den Regler als nichtlineares System an und versucht dieses so zu bestimmen, daß das Gesamtsystem *linear* wird [11], [12], [22]. Über freie Reglerparameter kann man bei dieser Vorgehensweise derart verfügen, daß dem linearen Gesamtsystem eine günstige Dynamik aufgeprägt wird, beispielsweise mittels Plazierung der Eigenwerte dieses Systems. Es muß betont werden, daß es sich bei diesen neueren Entwurfsverfahren nicht um die klassische lokale Linearisierung um einen Arbeitspunkt handelt, vielmehr um eine *globale Linearisierung*. Sie wird durch vollständige Kompensation der Nichtlinearitäten erreicht.

Läßt sich diese Grundidee auf den Entwurf binärer Rückkopplungssteuerungen für multilineare Binärprozesse übertragen? Ein willkürlich gewähltes, sehr einfaches Beispiel soll zeigen, daß der Gedanke nicht abwegig ist:

Der bilineare vollständig definierte Binärprozeß

$$x(k+1) = 1 - x(k)\, u(k) \tag{6.1}$$

werde rückgekoppelt über die binäre Reglergleichung

$$u(k) = r_0 + r_1 x(k). \tag{6.2}$$

Die Strecke (6.1) ist also nicht mehr linear, während die Linearität des allgemeinen Regleransatzes (6.2) aus dem skalaren Charakter des Zustands x resultiert.

Setzt man (6.2) in (6.1) ein, so erhält man die Zustandsgleichung des geschlossenen Kreises:

$$x(k+1) = 1 - r_0 x(k) - r_1 x^2(k).$$

Nun ist wegen des binären Charakters von x stets $x^2(k) = x(k)$, und folglich wird der geschlossene Kreis *linear*:

$$x(k+1) = 1 - (r_0 + r_1)x(k). \tag{6.3}$$

Mit der Wahl der Zahlen $r_0$ und $r_1$ kann man das dynamische Verhalten dieses diskreten Prozesses noch beeinflussen, beispielsweise durch Eigenwertvorgabe (Kapitel 5). So führt die Wahl von $r_0 = 1$, $r_1 = -1$ zu dem Eigenwert $\lambda = 0$ und damit zu dem statischen Zustand $x_s = 1$. Wählt man dagegen $r_0 = 0$, $r_1 = 1$ oder umgekehrt $r_0 = 1$, $r_1 = 0$, so wird der Eigenwert $\lambda = -1$, und das Verhalten des Automaten (6.3) wird zyklisch mit der Periode $k_p = 2$ (Abschnitt 4.2.3).

Um die Frage der Linearisierbarkeit nichtlinearer Binärprozesse durch nichtlineare konstante Zustandsrückführung grundsätzlich anzugehen, werde der - vollständig oder unvollständig definierte - Binärprozeß

$$\mathbf{x}(k+1) = \mathbf{f}[\mathbf{x}(k),\, \mathbf{u}(k)]$$

mit n-dimensionalem Zustand $x$ und p-dimensionaler Steuerung $u$ betrachtet und der binäre Zustandsregler

$$u(k) = r[x(k)] \tag{6.5}$$

angesetzt. Für die weitere Behandlung erweist sich die im Abschnitt 2.6 eingeführte Separation von Variablen und Parametern als zweckmäßig, die auch im Abschnitt 2.7 für die Darstellung der Überführungs- und der Ergebnisfunktion eines Automaten verwendet wurde.

Gleichung (6.4) wird also geschrieben als

$$x(k+1) = F^T \cdot \varphi_{n+p} [x(k), u(k)] \tag{6.6}$$

und Gl. (6.5) als

$$u(k) = R^T \cdot \varphi_n [x(k)]. \tag{6.7}$$

Wie in den Abschnitten 2.6 und 2.7 ausgeführt wurde, ist der Aufbau der Vektoren $\varphi_n$ und $\varphi_{n+p}$ bei gegebenem n und p *bereits völlig festgelegt*. Die konkrete Art der Booleschen Verknüpfungen geht ausschließlich in die Matrizen $F^T$ und $R^T$ ein.

Aus (6.6) und (6.7) ergibt sich die binäre Zustandsdifferenzengleichung des geschlossenen Kreises,

$$x(k+1) = F^T \cdot \varphi_{n+p} [x(k), R^T \cdot \varphi_n (x(k))]. \tag{6.8}$$

In dieser autonomen Automatengleichung sind die Elemente der konstanten Matrix $R^T$ Entwurfsparameter. Aber auch die konstante Matrix $F^T$ ist dann noch nicht völlig festgelegt, wenn der Binärprozeß (6.4) unvollständig definiert ist. Die in $R^T$ und $F^T$ vorhandenen Freiheitsgrade lassen sich nutzen, um den Automaten (6.8) versuchsweise algebraisch linear zu machen. Dies geschieht mit der Zielsetzung, einen gewünschten Zyklus oder statischen Zustand mittels Eigenwertvorgabe einzustellen.

Am Beispiel eines allgemeinen Binärprozesses mit n = 2 und p = 1 sollen die Bedingungen für Linearität von (6.8) einmal konkret hergeleitet werden. Die allgemeine Form der zu (6.4) gehörigen Schalttabelle ist für n = 2, p = 1 in Tabelle 6.1 aufgeführt.

**Tabelle 6.1**  Schalttabelle eines Binärprozesses nach Gl. (6.4)

| $u(k)$ | $x_2(k)$ | $x_1(k)$ | $x_2(k+1)$ | $x_1(k+1)$ |
|---|---|---|---|---|
| 0 | 0 | 0 | $x_2^{(1)}$ | $x_1^{(1)}$ |
| 0 | 0 | 1 | $x_2^{(2)}$ | $x_1^{(2)}$ |
| 0 | 1 | 0 | $x_2^{(3)}$ | $x_1^{(3)}$ |
| 0 | 1 | 1 | $x_2^{(4)}$ | $x_1^{(4)}$ |
| 1 | 0 | 0 | $x_2^{(5)}$ | $x_1^{(5)}$ |
| 1 | 0 | 1 | $x_2^{(6)}$ | $x_1^{(6)}$ |
| 1 | 1 | 0 | $x_2^{(7)}$ | $x_1^{(7)}$ |
| 1 | 1 | 1 | $x_2^{(8)}$ | $x_1^{(8)}$ |

Man geht zunächst von einer vollständig definierten Tabelle aus und arbeitet in einem späteren Entwurfsstadium den Fall unvollständig definierter Tabellen ein.

Im vorliegenden Beispiel ist (6.6) von der Form

$$x(k+1) = F^T \cdot \varphi_3\,[x(k), u(k)], \tag{6.9}$$

wobei nach (2.53)

$$\varphi_3^T\,(x,u) = [1, x_1, x_2, x_1 x_2, u, x_1 u, x_2 u, x_1 x_2 u] \tag{6.10}$$

und $F^T$ durch Tabelle 6.1 bestimmt ist. Mit der im Abschnitt 2.7 eingeführten Matrix

$$X_S = \begin{bmatrix} x_1^{(1)} & x_2^{(1)} \\ x_1^{(2)} & x_2^{(2)} \\ \vdots & \vdots \\ x_1^{(8)} & x_2^{(8)} \end{bmatrix} \tag{6.11}$$

wird nämlich nach (2.50)

$$F = \Psi^{-1} \cdot X_S,$$

wobei $\Psi^{-1}$ die aus den Abschnitten 2.4 und 2.5 bekannte untere Dreiecksmatrix ist. Wegen ihrer einfachen Bauart und des ihr innewohnenden Prinzips der Selbstähnlichkeit läßt sie sich für jeden Wert von (n + p) sofort angeben. Für den hier vorliegenden Fall n + p = 3 ist $\Psi^{-1}$ die Koeffizientenmatrix aus (2.23). Damit liefert die Auswertung von (2.50) die Matrix F nach (6.12).

$$
F = \begin{bmatrix}
x_1^{(1)} & x_2^{(1)} \\[1.2em]
-x_1^{(1)}+x_1^{(2)} & -x_2^{(1)}+x_2^{(2)} \\[1.2em]
-x_1^{(1)}+x_1^{(3)} & -x_2^{(1)}+x_2^{(3)} \\[1.2em]
x_1^{(1)}-x_1^{(2)}-x_1^{(3)}+x_1^{(4)} & x_2^{(1)}-x_2^{(2)}-x_2^{(3)}+x_2^{(4)} \\[1.2em]
-x_1^{(1)}+x_1^{(5)} & -x_2^{(1)}+x_2^{(5)} \\[1.2em]
x_1^{(1)}-x_1^{(2)}-x_1^{(5)}+x_1^{(6)} & x_2^{(1)}-x_2^{(2)}-x_2^{(5)}+x_2^{(6)} \\[1.2em]
x_1^{(1)}-x_1^{(3)}-x_1^{(5)}+x_1^{(7)} & x_2^{(1)}-x_2^{(3)}-x_2^{(5)}+x_2^{(7)} \\[1.2em]
[-x_1^{(1)}+x_1^{(2)}+x_1^{(3)}-x_1^{(4)}+ & [-x_2^{(1)}+x_2^{(2)}+x_2^{(3)}-x_2^{(4)}+ \\[1.2em]
+x_1^{(5)}-x_1^{(6)}-x_1^{(7)}+x_1^{(8)}] & +x_2^{(5)}-x_2^{(6)}-x_2^{(7)}+x_2^{(8)}]
\end{bmatrix}
$$

$$(6.12)$$

Die Reglergleichung (6.5) ist bei unserem Beispiel skalar,

$$
u(k) = r[x(k)] = r^T \cdot \varphi_2[x(k)] =
$$

$$
= r_0 + r_1 x_1(k) + r_2 x_2(k) + r_{12} x_1(k) x_2(k), \tag{6.13}
$$

es stehen also vier Reglerkoeffizienten $r_0$, $r_1$, $r_2$, $r_{12}$ zur Verfügung.

Für die Gleichung (6.8) des geschlossenen Kreises wird nun

$$
\varphi_3[x, r^T \varphi_2(x)]
$$

benötigt. Hierzu setzt man (6.13) in (6.10) ein und erhält unter Verwendung von $x_1^2 = x_1$ und $x_2^2 = x_2$ die Beziehung (6.14).

$$\varphi_3[x, r^T \varphi_2(x)] = \begin{bmatrix} 1 \\ x_1 \\ x_2 \\ x_1 x_2 \\ r_0 + r_1 x_1 + r_2 x_2 + r_{12} x_1 x_2 \\ (r_0 + r_1) x_1 + (r_2 + r_{12}) x_1 x_2 \\ (r_0 + r_2) x_2 + (r_1 + r_{12}) x_1 x_2 \\ (r_0 + r_1 + r_2 + r_{12}) x_1 x_2 \end{bmatrix}. \tag{6.14}$$

Damit ist die benötigte Information zusammengetragen, um die Bedingungen für Linearität der Zustandsgleichung des geschlossenen Kreises,

$$x(k+1) = F^T \cdot \varphi_3[x(k), r^T \varphi_2(x(k))], \tag{6.15}$$

direkt angeben zu können. Man braucht dazu nur in jeder einzelnen skalaren Zustandsgleichung die kritischen Terme zusammenzufassen, die den bilinearen Anteil $x_1(k) x_2(k)$ enthalten, und deren Koeffizienten gleich Null zu setzen. Das ergibt mit (6.12) und (6.14) die Linearitätsbedingungen

$$x_i^{(1)} - x_i^{(2)} - x_i^{(3)} + x_i^{(4)} +$$

$$+ r_0 \cdot [- x_i^{(1)} + x_i^{(2)} + x_i^{(3)} - x_i^{(4)} + x_i^{(5)} - x_i^{(6)} - x_i^{(7)} + x_i^{(8)}] +$$

$$+ r_1 \cdot [x_i^{(2)} - x_i^{(4)} - x_i^{(6)} + x_i^{(8)}] +$$

$$+ r_2 \cdot [x_i^{(3)} - x_i^{(4)} - x_i^{(7)} + x_i^{(8)}] +$$

$$+ r_{12} \cdot [- x_i^{(4)} + x_i^{(8)}] = 0, \qquad i = 1, 2. \tag{6.16}$$

Die unter diesen Voraussetzungen linearen Zustandsgleichungen des geschlossenen Kreises erhält man mit (6.12) und (6.14) zu

$$x_i(k+1) = x_i^{(1)} + [- x_i^{(1)} + x_i^{(2)}]x_1(k) + [- x_i^{(1)} + x_i^{(3)}]x_2(k) +$$

$$+ [- x_i^{(1)} + x_i^{(5)}] \cdot [r_0 + r_1 x_1(k) + r_2 x_2(k)] +$$

$$+ [x_i^{(1)} - x_i^{(2)} - x_i^{(5)} + x_i^{(6)}] \cdot (r_0 + r_1) x_1(k) +$$

$$+ [x_i^{(1)} - x_i^{(3)} - x_i^{(5)} + x_i^{(7)}] \cdot (r_0 + r_2) x_2(k),$$

$$i = 1, 2$$

oder umgeordnet:

$$x_i(k+1) = [- x_i^{(1)} + x_i^{(2)} + r_0 \cdot (x_i^{(1)} - x_i^{(2)} -$$

$$- x_i^{(5)} + x_i^{(6)}) + r_1 \cdot (- x_i^{(2)} + x_i^{(6)})]x_1(k) +$$

$$+ [- x_i^{(1)} + x_i^{(3)} + r_0 \cdot (x_i^{(1)} - x_i^{(3)} -$$

$$- x_i^{(5)} + x_i^{(7)}) + r_2 \cdot (- x_i^{(3)} + x_i^{(7)})]x_2(k) +$$

$$+ x_i^{(1)} + r_0 \cdot (- x_i^{(1)} + x_i^{(5)}), \qquad i = 1, 2. \qquad (6.17)$$

### 6.1.1  Beispiel eines zeitgeführten Prozesses

Als konkretes Zahlenbeispiel werde ein zunächst vollständig definierter Binärprozeß mit der Matrix $X_S$ nach Gl. (6.18) betrachtet.

$$X_S = \begin{bmatrix} 0 & 0 \\ 1 & 0 \\ 0 & 1 \\ 1 & 0 \\ 1 & 0 \\ 0 & 1 \\ 1 & 0 \\ 1 & 1 \end{bmatrix}. \qquad (6.18)$$

Der Prozeß unterliege einem externen Zeittakt (vgl. Abschnitt 1.3). So können *keine* kritischen Übergangssituationen dadurch entstehen, daß in einigen Zeilen der Tabelle 6.1 die Zustände $x(k)$ und $x(k+1)$ sich in mehr als einer Komponente unterscheiden.

Nach der im Abschnitt 2.7 beschriebenen Methode gehört zu $X_S$ in Verbindung mit der Schalttabelle 6.1 die folgende algebraische Streckenbeschreibung:

$$x_1(k+1) = x_1(k) + u(k) - 2x_1(k)\,u(k) + x_1(k)\,x_2(k)\,u(k),$$

$$x_2(k+1) = x_2(k) - x_1(k)\,x_2(k) + x_1(k)\,u(k) - x_2(k)\,u(k) + x_1(k)\,x_2(k)\,u(k).$$

Der vorliegende Beispielprozeß ist also in der Tat nicht mehr algebraisch linear.

Die Linearitätsbedingungen (6.16) für den *geschlossenen* Kreis lauten hier

$$r_0 + r_1 - r_2 = 0, \qquad\qquad\qquad\qquad (6.19)$$

$$r_0 + 2r_2 + r_{12} = 1, \qquad\qquad\qquad\qquad (6.20)$$

und die daraus resultierenden linearen Zustandsgleichungen (6.17):

$$x(k+1) = \begin{bmatrix} 1-2r_0-r_1 & r_2 \\ r_0+r_1 & 1-r_0-r_2 \end{bmatrix} x(k) + \begin{bmatrix} r_0 \\ 0 \end{bmatrix}. \qquad (6.21)$$

Für $r_0$ kommen nach Tabelle 2.7 nur die Werte 0 und 1 in Frage.

<u>Fall a)</u>:     $r_0 = 0$

Dann ist nach (6.19)

$$r_1 = r_2$$

und nach (6.20)

$$2r_2 + r_{12} = 1,$$

und (6.21) lautet

$$x(k+1) = \begin{bmatrix} 1-r_2 & r_2 \\ r_2 & 1-r_2 \end{bmatrix} x(k). \tag{6.22}$$

Da dies ein *vollständig* definierter Automat sein soll, kommen mit Blick auf Abschnitt 3.6 für $r_2$ wiederum nur die Werte 0 und 1 in Frage.

Für $r_2 = 0$ wird $r_1 = 0$, $r_{12} = 1$, der binäre Regler (6.13) lautet also

$$u(k) = x_1(k)\, x_2(k). \tag{6.23}$$

Die Gl. (6.22) des geschlossenen Kreises nimmt dann die Form

$$x(k+1) = \begin{bmatrix} 1 & 0 \\ 0 & 1 \end{bmatrix} x(k) = x(k) \tag{6.24}$$

an. Das System verharrt in diesem Fall offenbar in seinem Anfangszustand, ganz gleich, welcher der vier möglichen binären Anfangszustände vorliegt. Bild 6.1 veranschaulicht die Verhältnisse.

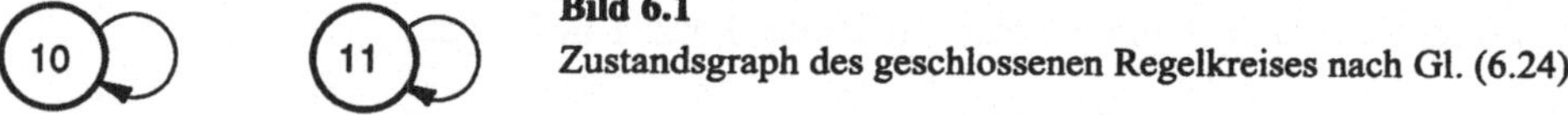

**Bild 6.1**
Zustandsgraph des geschlossenen Regelkreises nach Gl. (6.24)

Für $r_2 = 1$ wird $r_1 = 1$, $r_{12} = -1$, der binäre Regler (6.13) lautet also

$$u(k) = x_1(k) + x_2(k) - x_1(k)\, x_2(k). \tag{6.25}$$

Die Gl. (6.22) des geschlossenen Kreises nimmt dann die Form

$$x(k+1) = \begin{bmatrix} 0 & 1 \\ 1 & 0 \end{bmatrix} x(k) \tag{6.26}$$

an. Die Systemmatrix hat die Eigenwerte

$$\tilde{\lambda}_1 = 1, \tilde{\lambda}_2 = -1.$$

Nach Abschnitt 4.2.3 resultieren aus $\tilde{\lambda}_1 = 1$ die beiden statischen Zustände

$$\mathbf{x}_{s1} = \begin{bmatrix} 0 \\ 0 \end{bmatrix}, \mathbf{x}_{s2} = \begin{bmatrix} 1 \\ 1 \end{bmatrix},$$

während zu $\tilde{\lambda}_2 = -1$ ein Zyklus mit der Periode $k_p = 2$ gehört, an dem die beiden verbleibenden Automatenzustände beteiligt sind. Der Zustandsgraph zu (6.26) ist im Bild 6.2 wiedergegeben.

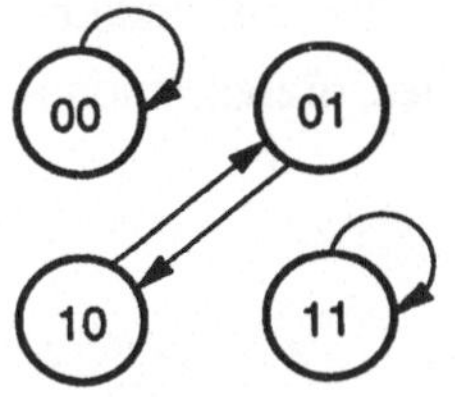


**Bild 6.2**
Zustandsgraph des geschlossenen Regelkreises nach Gl. (6.26)

<u>Fall b)</u>:     $r_0 = 1$

Dann ist nach (6.19)

$$r_1 = r_2 - 1$$

und nach (6.20)

$$r_{12} = 2r_2,$$

und (6.21) lautet

$$x(k+1) = \begin{bmatrix} -r_2 & r_2 \\ r_2 & -r_2 \end{bmatrix} x(k) + \begin{bmatrix} 1 \\ 0 \end{bmatrix}. \tag{6.27}$$

Da dies wieder ein *vollständig* definierter Automat sein soll, kommt nach den Ausführungen im Abschnitt 3.6 für $r_2$ jetzt nur der Wert

$$r_2 = 0$$

in Frage. Damit wird $r_1 = -1$, $r_{12} = 0$, und folglich lautet der binäre Regler (6.13):

$$u(k) = 1 - x_1(k). \qquad (6.28)$$

Die Gl. (6.27) des geschlossenen Kreises wird

$$x(k+1) = \begin{bmatrix} 1 \\ 0 \end{bmatrix}, \qquad k = 0, 1, 2, ..., \qquad (6.29)$$

d.h. der Zustand $x_s^T = [1,0]$ ist ein statischer Zustand, der von jedem der drei anderen Zustände aus nach einem Schritt erreicht wird. Den Zustandsgraphen dieses autonomen Automaten zeigt Bild 6.3.

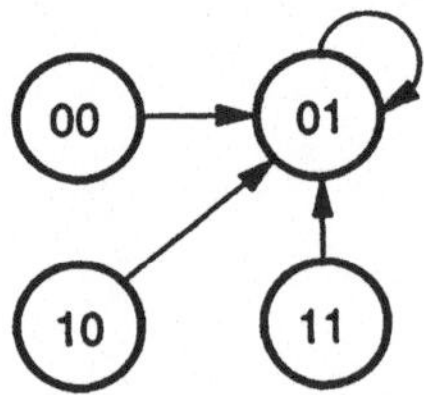


**Bild 6.3**
Zustandsgraph des geschlossenen Regelkreises nach Gl. (6.29)

Soweit die Behandlung dieses Beispiels, basierend auf dem *vollständig* definierten Binärprozeß nach Tabelle 6.1 in Verbindung mit dem Zahlenbeispiel nach Gl. (6.18). Das Beispiel zeigt, wie multilineare binäre Regler für multilineare Binärprozesse so ausgelegt werden können, daß der geschlossene binäre Regelkreis algebraisch linear wird. Die Linearitätsbedingungen (6.16) legen die Reglerparameter nur partiell fest. Dadurch bleiben Freiheitsgrade, um über die Linearität hinaus weitere Entwurfsanforderungen zu erfüllen, sei es bezüglich eines gewünschten zyklischen Verhaltens oder bezüglich eines gewünschten statischen Zustands. Die Bilder 6.1 bis 6.3 illustrieren für das betrachtete Beispiel die verschiedenen Verhaltensweisen des geschlossenen binären Regelkreises, die auf diese Weise hervorgebracht werden können. Das beschriebene Entwurfsverfahren liefert sämtliche multilinearen Regler, die den geschlossenen Kreis algebraisch linear machen.

Das soeben betrachtete Beispiel eines vollständig definierten Binärprozesses werde nun geringfügig modifiziert, so daß ein *unvollständig* definierter Binärprozeß entsteht. Die Restriktionen seien wie folgt gegeben:

a)  Der Zustand $x^T = [1,0]$ ist auszuschließen.

b)  sofern $x(k) = 0$, darf nicht $u(k) = 1$ gewählt werden.

Damit entsteht die in Tabelle 6.2 wiedergegebene unvollständig definierte Schalttabelle.

**Tabelle 6.2**  Unvollständig definierter Binärprozeß

| $u(k)$ | $x_2(k)$ | $x_1(k)$ | $x_2(k+1)$ | $x_1(k+1)$ |
|---|---|---|---|---|
| 0 | 0 | 0 | 0 | 0 |
| 0 | 0 | 1 | $x_2^{(2)}$ | $x_1^{(2)}$ |
| 0 | 1 | 0 | 1 | 0 |
| 0 | 1 | 1 | 0 | 1 |
| 1 | 0 | 0 | $x_2^{(5)}$ | $x_1^{(5)}$ |
| 1 | 0 | 1 | $x_2^{(6)}$ | $x_1^{(6)}$ |
| 1 | 1 | 0 | 0 | 1 |
| 1 | 1 | 1 | 1 | 1 |

Versucht man, diesen unvollständig definierten Automaten nach der im Abschnitt 3.5 beschriebenen Methode der nichtbinären Vervollständigung algebraisch linear zu beschreiben, so stellt man fest, daß dies hier nicht gelingt, da nur drei Restriktionen in den Eingangsbelegungen gegeben sind. Eine multilineare Darstellung (nicht die einzig mögliche!) erhält man in der Form

$$x_1(k+1) = x_1(k) + u(k) - x_1(k)\, x_2(k)\, u(k), \qquad (6.30)$$

$$x_2(k+1) = - x_1(k) + x_2(k) - u(k) + 2 x_1(k)\, x_2(k)\, u(k). \qquad (6.31)$$

Die in Tabelle 6.2 nicht spezifizierten Werte ergeben sich im Zuge dieser Vervollständigung zu

$$x_1^{(2)} = x_1^{(5)} = 1, \qquad\qquad x_1^{(6)} = 2,$$

$$\qquad\qquad (6.32)$$

$$x_2^{(2)} = x_2^{(5)} = - 1, \qquad\qquad x_2^{(6)} = - 2.$$

Dabei blieb die Frage, welche Steuerungen u(k) *anwendbar* sind, zunächst ausgeklammert. Eine Steuerung u(k) ist auf den Zustand x(k) anwendbar, sofern auch der Folgezustand x(k+1) der obigen Restriktion a) genügt. Ein Blick auf Tabelle 6.2 zeigt, daß demnach auch die 4. und die 7. Zeile dieser Tabelle zu streichen sind. Unter dem Aspekt der anwendbaren Steuerungen bleiben also nur die erste, die dritte und die achte Zeile der Tabelle übrig. Die möglichen Verhaltensweisen dieses Systems werden damit auch ohne weitere Rechnung einfach durchschaubar und sind im Bild 6.4 veranschaulicht.

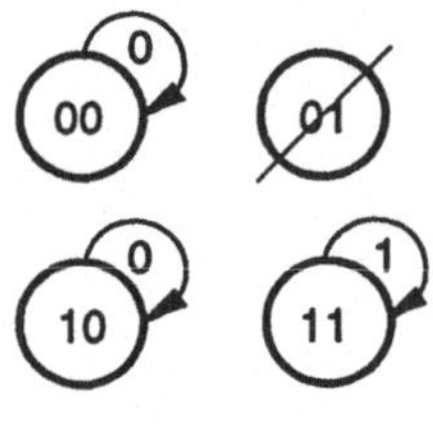

**Bild 6.4**
Zustandsgraph zu Tabelle 6.2

Die oben unter a) und b) formulierten Restriktionen führen also dazu, daß das binäre dynamische System in seinem wo auch immer gelegenen Anfangszustand verharren muß. Vergleicht man diesen Zustandsgraphen mit den Bildern 6.1 bis 6.3, so wird die starke Einschränkung des Verhaltensrepertoires deutlich, die mit derartigen Restriktionen einhergehen kann.

Das Beispiel ist so geartet, daß es bereits anhand der Schalttabelle 6.2 verstanden werden kann. Bei komplexeren Binärprozessen ist dies jedoch nicht mehr möglich, und man ist auf rechnerische Methoden angewiesen. Daher soll die eingangs in diesem Abschnitt beschriebene Methode der globalen Linearisierung multilinearer Binärprozesse jetzt formal auf dieses Beispiel angewandt werden.

Wie bei der Erläuterung der Gl. (6.8) ausgeführt wurde, lassen sich bei unvollständig definiertem Prozeß auch die Freiheitsgrade in der Matrix $\mathbf{F}^T$ bzw. $X_S$ nutzen, um Linearität des rückgekoppelten Systems zu bewirken. Diese Freiheitsgrade dürfen jetzt *nicht* vorab nach (6.32) festgelegt werden, denn (6.32) ist nur *eine* Möglichkeit der Vervollständigung der Tabelle 6.2.

Der Regleransatz (6.13) wird übernommen. Aus der unvollständig definierten Schalttabelle 6.2 resultieren bereits einige Bedingungen an die Reglerparameter:

Aus $r(0) \overset{!}{=} 0$ folgt $r_0 = 0$.

Aus $r(x_1 = 0, x_2 = 1) \overset{!}{=} 0$ folgt $r_2 = 0$.

Aus $r(x_1 = 1, x_2 = 1) \overset{!}{=} 1$ folgt $r_1 + r_2 + r_{12} = 1$,

also

$$r_{12} = 1 - r_1.$$

Der binäre Zustandsregler ist daher von der Form

$$u(k) = r_1 x_1(k) + (1 - r_1)\, x_1(k)\, x_2(k). \tag{6.33}$$

Mit dem verbleibenden Reglerparameter $r_1$ und den Freiheitsgraden in $X_S$ müssen nun die Linearitätsbedingungen (6.16) erfüllt werden:

$$- x_1^{(2)} + 1 + r_1 \cdot \left[ x_1^{(2)} - x_1^{(6)} \right] = 0,$$

$$- x_2^{(2)} + r_1 \cdot \left[ x_2^{(2)} - x_2^{(6)} \right] = 0. \tag{6.34}$$

Damit werden die linearen Zustandsgleichungen (6.17) des geschlossenen Kreises

$$x(k+1) = \begin{bmatrix} x_1^{(2)} + r_1 \cdot \left[ -x_1^{(2)} + x_1^{(6)} \right] & 0 \\ x_2^{(2)} + r_1 \cdot \left[ -x_2^{(2)} + x_2^{(6)} \right] & 1 \end{bmatrix} x(k),$$

also mit den Bedingungen (6.34):

$$x(k+1) = \begin{bmatrix} 1 & 0 \\ 0 & 1 \end{bmatrix} x(k) = x(k). \tag{6.35}$$

Diese Gleichung des geschlossenen Regelkreises bestätigt den Zustandsgraphen nach Bild 6.4.

Wie man sieht, liefern die Linearitätsbedingungen hier keinen bestimmten Zahlenwert für $r_1$. Dieser kann vielmehr in Grenzen beliebig gewählt werden. Mit $r_1 = 1$ wird der Regler (6.33) besonders einfach:

$$u(k) = x_1(k). \tag{6.36}$$

Weiter folgt damit aus (6.34)

$$x_1^{(6)} = 1, \qquad x_2^{(6)} = 0,$$

während die restlichen vier unspezifizierten Werte in Tabelle 6.2 beliebig bleiben. Hätte man alle sechs Werte vorab nach (6.32) festgelegt, so wäre aus (6.34) $r_1 = 0$ und $r_1 = 1$ gefolgt, also ein Widerspruch, und ein linearisierender Regler wäre nicht gefunden worden.

### 6.1.2  Beispiel eines ereignisdiskreten Prozesses

Anders als im Abschnitt 6.1.1 unterliege der Binärprozeß jetzt nicht einem zentralen Zeittakt. Ein Weiterschalten erfolge vielmehr *ereignisdiskret* stets dann, wenn eine der beiden Prozeßzustandsgrößen $x_1$, $x_2$ einen neuen Binärwert annimmt. Um zu verhindern, daß das Weiterschalten von Zufälligkeiten (Hazards) oder kritischen Wettläufen ([43], [53], siehe auch Abschnitt 1.3) beeinflußt wird, dürfen sich die Zustände x(k) und x(k+1) jetzt nur in höchstens einer Komponente unterscheiden. Als Beispiel eines vollständig definierten Prozesses, der dieser Bedingung entspricht, werde Tabelle 6.1 in Verbindung mit

$$X_S^T = \begin{bmatrix} 0 & 1 & 0 & 1 & 0 & 0 & 1 & 0 \\ 0 & 1 & 0 & 0 & 1 & 0 & 1 & 1 \end{bmatrix} \tag{6.37}$$

betrachtet.

Nach der im Abschnitt 2.7 beschriebenen Methode berechnet man leicht die äquivalente algebraische Zustandsdarstellung:

$$x_1(k+1) = x_1(k) - x_1(k)\,u(k) + x_2(k)\,u(k) -$$

$$- x_1(k)\,x_2(k)\,u(k), \tag{6.38}$$

$$x_2(k+1) = x_1(k) - x_1(k)\,x_2(k) + u(k) - 2x_1(k)\,u(k) +$$

$$+ 2x_1(k)\,x_2(k)\,u(k). \tag{6.39}$$

Auch dieser Beispielprozeß ist also multilinear. Sein Erreichbarkeitsgraph kann anhand der vollständig definierten Schalttabelle direkt angegeben werden (Bild 6.5).

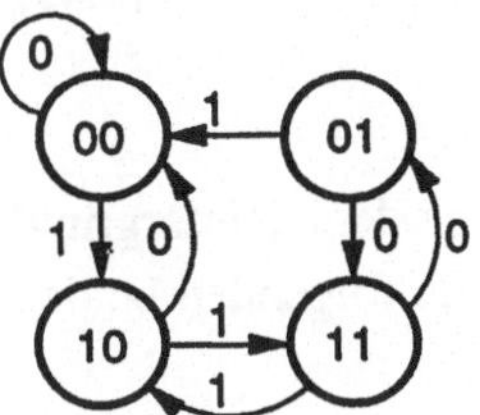

**Bild 6.5**
Erreichbarkeitsgraph des ereignisdiskreten Prozesses

Die Fragestellung ist die gleiche wie im Abschnitt 6.1.1: Läßt sich ein multilinearer binärer Regler (6.13),

$$u(k) = r^T \cdot \varphi_2[x(k)],$$

so konstruieren, daß das rückgekoppelte System algebraisch linear wird?

Die Linearitätsbedingungen (6.16) für den geschlossenen Kreis lauten hier

$$r_0 + 2r_2 + r_{12} = 0, \tag{6.40}$$

$$2r_0 + 2r_1 + r_{12} = 1, \tag{6.41}$$

und die daraus resultierenden linearen Zustandsgleichungen (6.17) ergeben sich nach einfacher Rechnung zu

$$x(k+1) = \begin{bmatrix} 1-r_0-r_1 & r_0+r_2 \\ 1-2r_0-r_1 & r_2 \end{bmatrix} x(k) + \begin{bmatrix} 0 \\ r_0 \end{bmatrix}. \qquad (6.42)$$

Unter Verwendung der umgestellten Linearitätsbedingungen (6.40), (6.41),

$$r_{12} = -r_0 - 2r_2, \qquad (6.43)$$

$$r_2 = \frac{1}{2} \cdot (-1 + r_0 + 2r_1), \qquad (6.44)$$

wird $r_2$ in (6.42) eliminiert:

$$x(k+1) = \begin{bmatrix} 1-r_0-r_1 & \frac{1}{2}(-1+3r_0+2r_1) \\ 1-2r_0-r_1 & \frac{1}{2}(-1+r_0+2r_1) \end{bmatrix} x(k) + \begin{bmatrix} 0 \\ r_0 \end{bmatrix}. \qquad (6.45)$$

Da dies ein *vollständig* definierter Automat sein soll, kommen vor dem Hintergrund von Abschnitt 3.6 nach einfacher Fallüberprüfung schließlich nur die folgenden beiden Wertepaare $(r_0, r_1)$ in Frage:

a)  $r_0 = 1, r_1 = -1$

und folglich nach (6.43), (6.44)

$$r_2 = -1, r_{12} = 1.$$

Der binäre Regler (6.13) lautet in diesem Fall

$$u(k) = 1 - x_1(k) - x_2(k) + x_1(k)\, x_2(k), \qquad (6.46)$$

und die lineare Zustandsgleichung (6.45) des geschlossenen Kreises wird

$$x(k+1) = \begin{bmatrix} 1 & 0 \\ 0 & -1 \end{bmatrix} x(k) + \begin{bmatrix} 0 \\ 1 \end{bmatrix}. \qquad (6.47)$$

b)  $r_0 = 1, r_1 = 0$

und folglich nach (6.43), (6.44)

$$r_2 = 0, r_{12} = -1.$$

Der binäre Regler (6.13) lautet jetzt

$$u(k) = 1 - x_1(k) \, x_2(k), \tag{6.48}$$

und die lineare Zustandsgleichung (6.45) des geschlossenen Kreises wird

$$x(k+1) = \begin{bmatrix} 0 & 1 \\ -1 & 0 \end{bmatrix} x(k) + \begin{bmatrix} 0 \\ 1 \end{bmatrix}. \tag{6.49}$$

Das dynamische Verhalten der autonomen Systeme (6.47) und (6.49) kann wie im Abschnitt 4.2 beschrieben über die Eigenwerte analysiert werden. Im Fall der Gl. (6.47) liest man die Eigenwerte direkt ab:

$$\tilde{\lambda}_1 = 1, \qquad \tilde{\lambda}_2 = -1.$$

Zu $\tilde{\lambda}_1 = 1$ gehört hier kein statischer Zustand, da die sinngemäße Anwendung von (4.47) zu keiner binären Lösung führt.

Zu $\tilde{\lambda}_2 = -1$ gehört nach Abschnitt 4.2 potentiell ein Zyklus mit der Periode $k_p = 2$. Da die Anwendung von (4.45) hier *vier* binäre Lösungen zuläßt, müssen sogar zwei derartige Zyklen existieren. Man findet sie als Trajektorien von (6.47) so, wie dies aus dem Zustandsgraphen im Bild 6.6 hervorgeht. Selbstverständlich sind diese Zyklen als mögliche Verhaltensformen bereits aus dem Erreichbarkeitsgraphen im Bild 6.5 erkennbar.

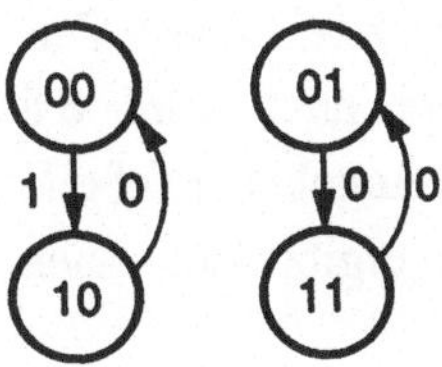


**Bild 6.6**  Zustandsgraph des binären Regelkreises (6.47)

Im Fall der Gl. (6.49) hat die Systemmatrix das konjugiert komplexe Eigenwertpaar

$$\tilde{\lambda}_{1/2} = \pm\, j.$$

Hierzu gehört potentiell ein Zyklus mit der Periode $k_p = 4$. Da Gl. (4.45) jetzt alle vier Automatenzustände als Lösung zuläßt, tritt der Zyklus tatsächlich auf. Die zyklisch durchlaufene Zustandsfolge ergibt sich aus (6.49), sie ist als Zustandsgraph im Bild 6.7 gezeigt. Auch dieser Zyklus ist als mögliches Verhalten bereits in dem Erreichbarkeitsgraphen nach Bild 6.5 angelegt.

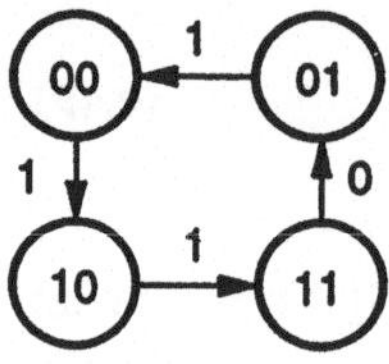

**Bild 6.7**
Zustandsgraph des binären Regelkreises (6.49)

Der Erreichbarkeitsgraph läßt darüber hinaus jedoch weitere zyklische Verhaltensformen zu, die offensichtlich mit der Methode der globalen Linearisierung nicht gefunden werden. So läßt Bild 6.5 die Möglichkeit des statischen Zustands

$$x_s = \begin{bmatrix} 0 \\ 0 \end{bmatrix}$$

zu ($k_p = 1$), sowie einen Zyklus mit der Periode $k_p = 2$, an dem die Zustände

$$\begin{bmatrix} 0 \\ 1 \end{bmatrix} \quad \text{und} \quad \begin{bmatrix} 1 \\ 1 \end{bmatrix}$$

beteiligt sind. Der binäre Zustandsregler soll jetzt unter Verzicht auf globale Linearisierung einmal elementar so bestimmt werden, daß der geschlossene Kreis diese Verhaltensmöglichkeiten verwirklicht. Sein Zustandsgraph wird daher nach Bild 6.8 *vorgegeben*. Hierzu läßt sich direkt die Schalttabelle des Reglers angeben (Tabelle 6.3). Das algebraische Äquivalent zu dieser Tabellendarstellung ergibt sich nach Abschnitt 2.3 zu

$$u(k) = x_1(k) + x_2(k) - x_1(k)\, x_2(k). \tag{6.50}$$

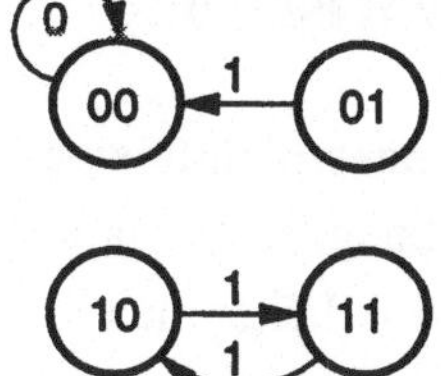

**Bild 6.8**
Vorgeschriebener Zustandsgraph des geschlossenen Kreises

**Tabelle 6.3** Konstruktion des binären Reglers zu Bild 6.8

| $x_2(k)$ | $x_1(k)$ | $u(k)$ |
|---|---|---|
| 0 | 0 | 0 |
| 0 | 1 | 1 |
| 1 | 0 | 1 |
| 1 | 1 | 1 |

Setzt man diese Reglergleichung in die Streckenzustandsgleichungen (6.38), (6.39) ein, so gewinnt man die Zustandsgleichungen des geschlossenen Kreises zu

$$x_1(k+1) = x_2(k) - x_1(k)\,x_2(k), \tag{6.51}$$

$$x_2(k+1) = x_2(k). \tag{6.52}$$

Es kann nicht überraschen, daß sie *nicht mehr algebraisch linear* werden, denn die Gesamtheit der algebraisch linear beschreibbaren Regelkreise wurde bereits mit der Methode der globalen Linearisierung gefunden.

Ebenso wie bei zeitgeführten Prozessen (Abschnitt 6.1.1) kann man auch für ereignisdiskrete Systeme den wichtigen Sonderfall *unvollständig definierter* Automaten einbeziehen. Es zeigt sich auch hier, daß die Freiheitsgrade, die unvollständig spezifizierte Maschinen bereitstellen, einerseits nutzbar sind, um weitere lineare Verhaltensweisen zu erschließen. Andererseits reduziert die eingeschränkte Anzahl der zulässigen Zeilen in der Schalttabelle die Anzahl "legaler Trajektorien". Um Weitschweifigkeiten zu vermeiden, wird auf ein Beispiel hierzu verzichtet.

## 6.2  Regelung multilinearer Binärprozesse ohne Linearisierung

So interessant der Gedanke ist, durch nichtlineare Rückkopplung eines nichtlinearen dynamischen Systems ein global lineares Systemverhalten zu erzeugen, so haften diesem Prinzip doch auch Schwächen an. Das gilt für die genannten Arbeiten aus der nichtlinearen Systemtheorie genauso wie für die hier betrachteten binären dynamischen Systeme. Nicht jeder multilineare Binärprozeß läßt sich durch multilineare Rückkopplung global linearisieren. Aber selbst wo dies gelingt, bedeutet das Entwurfsziel Linearität oftmals eine unnötige Beschneidung der Möglichkeiten. Für ein bestimmtes angestrebtes Systemverhalten kann es notwendig werden, auf eine vollständige Kompensation aller Nichtlinearitäten zu verzichten (siehe das Beispiel nach Bild 6.8 mit zugehörigem Text).

Insbesondere bei den hier betrachteten Problemen der diskreten Steuerungstechnik mag die Suche nach der Gesamtheit der global linearisierenden Rückkopplungsgesetze etwas artifiziell anmuten. Im folgenden soll daher ein Weg beschrieben werden, wie man unter *Verzicht auf Linearisierung* des geschlossenen Kreises eine *problemorientierte* multilineare Rückkopplung für die Selbststeuerung binärer Prozesse konstruieren kann.

Der zu steuernde - vollständig oder unvollständig definierte - Binärprozeß sei wieder durch die Zustandsgleichung (6.4) gegeben. Ebenso wie im Abschnitt 6.1 ist der jetzt zu beschreibende Zugang zustandsorientiert, weshalb eine Ausgangsgleichung nicht einbezogen wird.

Es wird nun die für viele binäre Steuerungsaufgaben typische Annahme getroffen, daß die Steuerstrategie über den Aspekt der *anwendbaren* Steuerung hinausgehend bereits partiell oder vollständig aufgabengemäß formuliert und damit festgelegt ist. Es kommt dann nur noch darauf an, das häufig verbal formulierte "Lastenheft" in ein Rückkopplungsgesetz zwecks Selbststeuerung zu überführen. Dieses Regelungsgesetz kann im einfachsten Fall ein binärer (multilinearer) Zustandsregler nach (6.5) sein. Je nach Aufgabenstellung kann es jedoch auch erforderlich werden, *dynamische* Regelungsgesetze vorzusehen. An zwei Beispielen soll gezeigt werden, wie man die algebraisch multilineare Beschreibungsform vorteilhaft zur Lösung derartiger Aufgaben heranziehen kann.

### 6.2.1  Beispiel: Zwei-Tank-System

Als erstes Beispiel betrachten wir das im Bild 6.9 dargestellte Zwei-Tank-System mit drei Ventilen V1, V2 und V3. Ein Tank ist von Hause aus ein kontinuierliches dynamisches System, dessen Verhalten durch eine gewöhnliche Differentialgleichung beschrieben wird ([4]; vgl. auch das einfacher gehaltene Beispiel im Kapitel 1):

$$A \cdot \dot{h}(t) = q_e(t) - q_a(t). \tag{6.53}$$

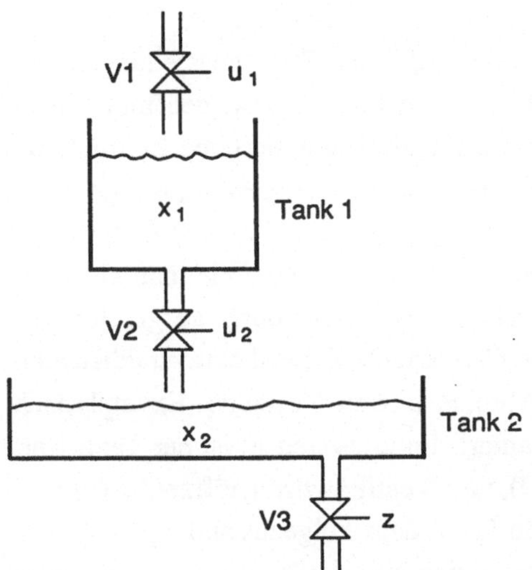


**Bild 6.9**  Zwei-Tank-System

Darin bezeichnet $h(t)$ den Füllstand, $q_e(t)$ den zufließenden und $q_a(t)$ den abfließenden Flüssigkeitsstrom. A ist der Behälterquerschnitt. Bereits bei konstantem Abflußquerschnitt a wird das mathematische Modell nichtlinear, denn nach dem Torricellischen Gesetz gilt

$$q_a(t) = a \cdot \sqrt{2gh(t)}, \tag{6.54}$$

wobei g die Erdbeschleunigung ist. Weitere Nichtlinearitäten kommen durch die Ventilkennlinien im Zufluß- und Abflußrohr herein, die aber hier nicht detailliert betrachtet werden sollen.

Ein Tank mit Zu- und Abfluß soll im folgenden vielmehr einmal als binäres dynamisches System modelliert werden, wozu exemplarisch der Tank 1 im Bild 6.9 herausgegriffen werde. Hierzu werden die Steuer- und Zustandsgrößen zunächst als binäre Variable definiert:

$$u_i = \begin{cases} 0, & \text{Ventil } V_i \text{ geschlossen,} \\ 1, & \text{Ventil } V_i \text{ geöffnet,} \end{cases} \qquad i = 1, 2,$$

$$x_1 = \begin{cases} 0, & \text{Tank 1 leer,} \\ 1, & \text{Tank 1 voll.} \end{cases}$$

Bei dieser Betrachtungsweise nehmen die Ventile also keine Zwischenstellungen ein, sondern werden nur in ihren extremen Positionen - geschlossen bzw. geöffnet - betätigt. In gleicher Weise wird der Füllstand nicht mehr als kontinuierliche Zeitfunktion betrachtet, sondern es wird nur noch mittels zweier Sensoren festgestellt, ob der Tank leer oder voll ist. Diese *ereignisdiskrete Modellierung* (vgl. Abschnitt 1.3) findet ihren Niederschlag in der in Tabelle 6.4 wiedergegebenen Schalttabelle. Wie man sieht, ist sie *unvollständig definiert*, weil bestimmte Eingangskombinationen ausgeschlossen werden müssen. Es sei daran erinnert, daß die Zählvariable k hier keine äquidistanten Zeitschritte zählt, sondern Schritte in einer Abfolge binärer Zustände. Exemplarisch sei dies anhand der 3. Zeile in Tabelle 6.4 erläutert: Im k-ten Schritt ist der Tank leer, $x_1(k) = 0$, Ventil 2 bleibt geschlossen, $u_2(k) = 0$, und Ventil 1 wird geöffnet, $u_1(k) = 1$. Damit beginnt der Füllvorgang, der zwangsläufig zu dem Folgezustand $x_1(k+1) = 1$, also einem vollen Tank führt. Die für den Füllvorgang erforderliche *Zeit* geht in diese Art der Modellbildung nicht ein. Ebensowenig geht eine wie auch immer gekrümmte

**Tabelle 6.4** Ereignisdiskrete Modellierung des Tanks 1

| $u_2(k)$ | $u_1(k)$ | $x_1(k)$ | $x_1(k+1)$ | |
|:---:|:---:|:---:|:---:|:---|
| 0 | 0 | 0 | 0 | |
| 0 | 0 | 1 | 1 | |
| 0 | 1 | 0 | 1 | |
| ~~0~~ | ~~1~~ | ~~1~~ | $x_1^{(4)}$ | $\Big\}$ nicht definiert |
| ~~1~~ | ~~0~~ | ~~0~~ | $x_1^{(5)}$ | |
| 1 | 0 | 1 | 0 | |
| ~~1~~ | ~~1~~ | ~~0~~ | $x_1^{(7)}$ | $\Big\}$ nicht definiert |
| ~~1~~ | ~~1~~ | ~~1~~ | $x_1^{(8)}$ | |

Ventilkennlinie ein. Ein so geartetes mathematisches Modell bleibt daher auch dann unverändert richtig, wenn sich beispielsweise durch Schlammablagerungen die Ventilcharakteristik verändert.

In gleicher Weise ergeben sich die anderen Zeilen in Tabelle 6.4 unmittelbar aus der Physik dieses Prozesses. Die Eingangsbelegung der 4. Zeile ist unzulässig, weil sie den Tank zum Überlaufen brächte. Die Eingangsbelegung der 5. Zeile ist unzulässig, weil bei leerem Tank ein Öffnen des Abflußventils V2 sinnlos ist. Durch Streichen der 7. und der 8. Zeile wird sichergestellt, daß die Ventile V1 und V2 nicht gleichzeitig geöffnet werden. Andernfalls wäre nämlich der sich einstellende binäre Folgezustand nicht immer klar definiert, weil er kritisch von den Ventilcharakteristiken abhängt.

Die der Tabelle 6.4 äquivalente multilineare Zustandsdarstellung ist nach Abschnitt (2.7) von der allgemeinen Form

$$x_1(k+1) = a_0 + a_1\, x_1(k) + a_2\, u_1(k) + a_3\, u_2(k) +$$

$$+ a_{12}\, x_1(k)\, u_1(k) + a_{13}\, x_1(k)\, u_2(k) +$$

$$+ a_{23}\, u_1(k)\, u_2(k) + a_{123}\, x_1(k)\, u_1(k)\, u_2(k).$$

Da die Voraussetzungen für eine algebraisch lineare Darstellung hier erfüllt sind, erhält man nach Abschnitt 3.5 zunächst die nichtbinäre Vervollständigung der Tabelle 6.4,

$$x_1^{(4)} = 2 \qquad (\text{aus } a_{12} = 0),$$

$$x_1^{(5)} = -1 \qquad (\text{aus } a_{13} = 0),$$

$$x_1^{(7)} = 0 \qquad (\text{aus } a_{23} = 0),$$

$$x_1^{(8)} = 1 \qquad (\text{aus } a_{123} = 0),$$

und weiter

$$a_0 = 0, \quad a_1 = a_2 = 1, \quad a_3 = -1,$$

also die ereignisdiskrete binäre Beschreibung des Tanks 1 in der Form

$$x_1(k+1) = x_1(k) + u_1(k) - u_2(k). \tag{6.55}$$

Diese streng *lineare algebraische Zustandsdifferenzengleichung* ist umso bemerkenswerter, als das zugrundeliegende dynamische System bei kontinuierlicher Betrachtungsweise keineswegs linear modelliert werden kann!

Da die ereignisdiskrete Modellierung des Tanks 1 unabhängig von physikalischen Parametern und Geometriedaten ist, kann auch das entsprechende Modell für den Tank 2 ohne weitere Rechnung angeschrieben werden, unabhängig von dessen Abmessungen und den Ventilcharakteristiken:

$$x_2(k+1) = x_2(k) + u_2(k) - z(k). \tag{6.56}$$

Für die unvollständige Definition dieses Teilautomaten gilt sinngemäß das bereits für Tabelle 6.4 Gesagte.

Die Gln. (6.55) und (6.56) können in Vektor- und Matrizenschreibweise zur binären Prozeßzustandsgleichung

$$x(k+1) = x(k) + \begin{bmatrix} 1 & -1 & 0 \\ 0 & 1 & -1 \end{bmatrix} \cdot \begin{bmatrix} u_1(k) \\ u_2(k) \\ z(k) \end{bmatrix} \tag{6.57}$$

zusammengefaßt werden.

Die aufgabengemäße *Steuerung* dieses Systems werde zunächst verbal formuliert:

Ventil V1 soll geöffnet werden ($u_1 = 1$), wenn Tank 1 leer ist ($x_1 = 0$). In allen anderen Prozeßzuständen soll V1 geschlossen bleiben ($u_1 = 0$).

Ventil 2 soll geöffnet werden ($u_2 = 1$), wenn Tank 1 voll ($x_1 = 1$) *und* Tank 2 leer ist ($x_2 = 0$). In allen anderen Prozeßzuständen soll V2 geschlossen bleiben ($u_2 = 0$).

Ventil V3 wird je nach externer Anforderung geöffnet ($z = 1$) oder geschlossen ( $z = 0$). Für den binären Prozeß hat z daher den Charakter einer *Störgröße*. Sie unterliegt allerdings den bereits erwähnten Einschränkungen des unvollständig definierten Prozesses:

Ist Tank 2 leer ($x_2$ = 0), bleibt V3 geschlossen (z = 0).

Solange V2 geöffnet ist ($u_2$ = 1), bleibt V3 geschlossen (z = 0).

Damit ergibt sich für das Zusammenwirken von Prozeß und Steuerstrategie die Schalttabelle 6.5. Zum Verständnis dieser Tabelle ist es wichtig, sich die ereignisdiskrete und damit asynchrone Taktung des durch sie beschriebenen Automaten vor Augen zu halten. Bei einem derartigen Automaten kann es zu unbeabsichtigten Zustandsfolgen kommen, wenn beim Übergang vom k-ten zum (k+1)-ten Schritt mehrere Komponenten von x umgeschaltet werden. Das ist offensichtlich in der zweiten Zeile der Tabelle 6.5 der Fall und auch in der dritten Zeile, sofern z(k) = 1. Der physikalische Hintergrund ist bei diesem Beispiel sehr einfach (siehe Bild 6.9):

**Tabelle 6.5** Dynamisches Verhalten des aufgabengemäß gesteuerten Systems

| $x_2(k)$ | $x_1(k)$ | $z(k)$ | $u_2(k)$ | $\dot{u}_1(k)$ | $x_2(k+1)$ | $x_1(k+1)$ |
|---|---|---|---|---|---|---|
| 0 | 0 | 0 | 0 | 1 | 0 | 1 |
| 0 | 1 | 0 | 1 | 0 | 1 | 0 |
| 1 | 0 | 0(oder 1) | 0 | 1 | 1(bzw. 0) | 1 |
| 1 | 1 | 0 oder 1 | 0 | 0 | 1 bzw. 0 | 1 |

Die zweite Zeile der Tabelle 6.5 beschreibt das Umladen des Inhalts von Tank 1 in den Tank 2. Daher ändern sich die binären Zustände *beider* Tanks. Die Meldung des neuen Zustands

$$x(k+1) = \begin{bmatrix} 0 \\ 1 \end{bmatrix}$$

kann offenbar nur dann einwandfrei erfolgen, wenn die Zustandswerte $x_1$ = 0 (Tank 1 leer) und $x_2$ = 1 (Tank 2 voll) *gleichzeitig* erreicht werden.

Das erfordert beim vorliegenden Beispiel eine entsprechend genaue Plazierung der Sensoren für den Füllstand, was für das weitere unterstellt werde.

In der dritten Zeile der Tabelle 6.5 ist im Falle $z(k) = 1$ die Ursache für das Umschalten beider x-Komponenten eine andere als eben. Hier wird wegen $u_2(k) = 0$ ohne Kopplung der beiden Tanks zugleich Tank 1 gefüllt und Tank 2 geleert. Füllen und Entleeren brauchen jedoch keineswegs gleichzeitig beendet zu sein! Wie bereits zu Beginn dieses Beispiels ausgeführt wurde, geht nämlich der Zeitbedarf nicht in die ereignisdiskrete Modellierung ein. Je nach Charakteristik der Ventile V1 und V3 ist entweder der Füllvorgang oder das Entleeren zuerst beendet. Gleichzeitigkeit kann nicht erwartet werden. Daher ist in der dritten Zeile der Tabelle 6.5 die Möglichkeit $z(k) = 1$ zu streichen (dort durch Einklammern zum Ausdruck gebracht).

Für die Betätigung des Abflußventils V3 ergibt sich aus diesen Überlegungen, daß V3 lediglich dann geöffnet werden darf, wenn *beide* Tanks voll sind!

Doch nun zur Steuerstrategie für die Steuergrößen $u_1$ und $u_2$. Da nach Tabelle 6.5 alle $n^2 = 4$ Prozeßzustände definiert sind, ergeben sich die vollständig definierten Booleschen Funktionen

$$u_1(k) = r_1[x(k)],$$

$$u_2(k) = r_2[x(k)]$$

anhand dieser Tabelle mit Abschnitt 2.3 zu

$$u_1(k) = 1 - x_1(k), \tag{6.58}$$

$$u_2(k) = x_1(k) \cdot [1 - x_2(k)] . \tag{6.59}$$

Das binäre Regelungsgesetz für $u_1$ ist also algebraisch linear, das für $u_2$ multilinear. Damit wird durch Einsetzen in die lineare Prozeßgleichung (6.57) auch die Zustandsgleichung des geschlossenen binären Regelkreises multilinear:

$$x_1(k+1) = 1 - x_1(k) + x_1(k)\, x_2(k), \tag{6.60}$$

$$x_2(k+1) = x_1(k) + x_2(k) - x_1(k)\, x_2(k) - z(k). \tag{6.61}$$

Das dynamische Verhalten eines derartigen Systems kann nicht mehr mit dem Eigenwertbegriff analysiert werden, man ist vielmehr auf geeignete Methoden angewiesen, die dem nichtlinearen Charakter der Zustandsgleichungen Rechnung tragen. Im Abschnitt 6.3 wird hierzu eine Variante der Direkten Methode von Ljapunow vorgeschlagen werden.

An dieser Stelle werde das dynamische Verhalten von (6.60), (6.61) durch direkte Bestimmung der möglichen Zustandsfolgen { x(k)} analysiert, also durch "Simulation". Dieses Vorgehen hat bei endlichen Automaten eine weit höhere Aussagekraft als die Simulation eines klassischen Abtastsystems. Da nämlich der Automat nur endlich vieler Zustände fähig ist, gelingt es stets, durch *endlich viele* Simulationen alle überhaupt möglichen Zustandsfolgen zu erfassen.

Der Automat (6.60), (6.61) ist zunächst noch nicht autonom, er wird über z(k) gesteuert. Diese binäre Größe darf jedoch nicht frei gewählt werden, sie muß partiell vom aktuellen Prozeßzustand x(k) abhängig gemacht werden, wie die Diskussion der Tabelle 6.5 gezeigt hat. Zwei der zulässigen Betriebsfälle sollen exemplarisch herausgegriffen werden:

a) $z(k) \equiv 0$.

In diesem Fall bleibt Ventil V3 ständig geschlossen. Dann entwickelt sich nach (6.60), (6.61) aus dem Anfangszustand x(0) = 0 die Zustandsfolge

$$\mathbf{x}(0) = \begin{bmatrix} 0 \\ 0 \end{bmatrix} \Rightarrow \begin{bmatrix} 1 \\ 0 \end{bmatrix} \Rightarrow \begin{bmatrix} 0 \\ 1 \end{bmatrix} \Rightarrow \begin{bmatrix} 1 \\ 1 \end{bmatrix} \Rightarrow \begin{bmatrix} 1 \\ 1 \end{bmatrix} \ldots \tag{6.62}$$

Wie nicht anders zu erwarten, sind nach einigen Schritten beide Tanks gefüllt, und damit stellt sich ein *statischer Zustand* ein.

b) $\quad z(k) = \begin{cases} 1, & \text{falls } x_1(k) = 1 \text{ } und \text{ } x_2(k) = 1, \\ 0, & \text{sonst.} \end{cases}$

Die hier vorliegende UND-Verknüpfung läßt sich algebraisch als Multiplikation darstellen (Abschnitt 2.3):

$$z(k) = x_1(k)\, x_2(k).$$

Aus (6.60), (6.61) entsteht so der *autonome* Automat

$$x_1(k+1) = 1 - x_1(k) + x_1(k)\, x_2(k), \tag{6.63}$$

$$x_2(k+1) = x_1(k) + x_2(k) - 2x_1(k)\, x_2(k). \tag{6.64}$$

Aus dem Anfangszustand $x(0) = 0$ entwickelt sich jetzt die Zustandsfolge

$$x(0) = \begin{bmatrix} 0 \\ 0 \end{bmatrix} \Rightarrow \begin{bmatrix} 1 \\ 0 \end{bmatrix} \Rightarrow \begin{bmatrix} 0 \\ 1 \end{bmatrix} \Rightarrow \begin{bmatrix} 1 \\ 1 \end{bmatrix} \Rightarrow \begin{bmatrix} 1 \\ 0 \end{bmatrix} \Rightarrow \begin{bmatrix} 0 \\ 1 \end{bmatrix} \dots \tag{6.65}$$

Offenbar mündet sie bereits nach einem Schritt in einen *Zyklus* mit der Periode $k_p = 3$. Während bei den Beispielen in den zurückliegenden Kapiteln zyklisches Verhalten mit vorgeschriebener Periode häufig Entwurfsziel war, ist hier ein Zyklus nicht bereits in der Formulierung der Aufgabe vorgesehen. Er ergibt sich vielmehr als Folgeerscheinung der aufgabengemäßen Steuerung des Binärprozesses. Insofern ist der Zyklus hier nicht als unerwünschte Verhaltensweise zu bewerten.

## 6.2.2  Beispiel: Pneumatische Stellzylinder

Das folgende Anwendungsbeispiel zum Entwurf einer binären Steuerung ist der Literatur entnommen [43], der Lösungsweg und die Art der Lösung sind jedoch neu. Zur Auslösung mechanischer Bewegungsvorgänge in schrittweise arbeitenden Systemen werden häufig pneumatische Stellzylinder verwendet. Ähnlich wie bei dem ganz anders gearteten Beispiel im Abschnitt 6.2.1 handelt es sich auch hier um dynamische Systeme, für die man klassische mathematische Modelle in Form von Differentialgleichungen angeben könnte. Diese Art der Modellbildung wird jedoch dem Verwendungszweck nicht gerecht, denn die Stellzylinder werden nur in ihren beiden Endpositionen betrieben: voll eingefahren bzw. voll ausgefahren. Daher ist ein diskretes mathematisches Modell angemessen.

Bild 6.10 zeigt das aus [43, Seite 103] entnommene Funktionsdiagramm für zwei Stellzylinder 1 und 2, die aufeinander abgestimmt in einem vorgeschriebenen Zyklus aus- und eingefahren werden sollen. Nach jeweils sechs Taktschritten wird die vorgegebene Zustandsfolge von neuem durchlaufen. Dabei handelt es sich nicht um ein zeitgetaktetes, sondern um ein *ereignisdiskretes* System. Wie aus Bild 6.10 ersichtlich ist, soll nämlich im zweiten Taktschritt der Bewegungsablauf "Kolben 2 ausfahren"

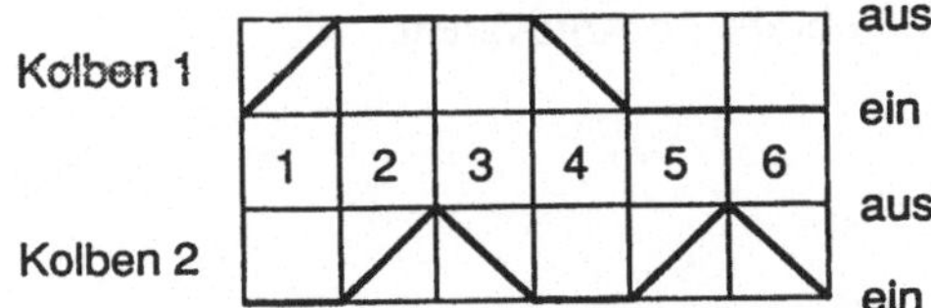


**Bild 6.10** Funktionsdiagramm für zwei Stellzylinder

dann initiiert werden, wenn ein Endlagenschalter das Ereignis "Kolben 1 ausgefahren" signalisiert. In sinngemäßer Weise sind die weiteren Taktschritte im Bild 6.10 zu verstehen. Wie man aus dem Bild weiter ersehen kann, wird in jedem Taktschritt immer nur der Zustand *eines* Stellzylinders verändert. Dies ist die bereits mehrfach angesprochene unabdingbare Voraussetzung für fehlschaltungsfreies Verhalten eines asynchronen Automaten, wie er hier vorliegt. Aus der Art der grafischen Darstellung im Bild 6.10 ist übrigens andeutungsweise noch zu erkennen, daß jeder Stellzylinder originär ein klassisches dynamisches System mit Speicherverhalten ist: Die rampenförmigen Verläufe beim Aus- und Einfahren des Kolbens bringen dies zum Ausdruck.

Für die binäre Modellbildung ordnet man jedem der beiden Stellzylinder (i = 1,2) eine skalare Steuergröße $u_i \in \{0,1\}$ und eine skalare Zustandsgröße $x_i \in \{0,1\}$ zu:

$$u_i = \begin{cases} 1, & \text{Kolben i ausfahren,} \\ 0, & \text{Kolben i einfahren,} \end{cases} \quad i = 1,2,$$

$$x_i = \begin{cases} 1, & \text{Kolben i ausgefahren,} \\ 0, & \text{Kolben i eingefahren.} \end{cases} \quad i = 1,2,$$

Aus der physikalisch evidenten Wirkungsweise der Stellzylinder ergibt sich unmittelbar die vollständig definierte Schalttabelle 6.6. Sie beschreibt das Verhalten des binären dynamischen Systems "Stellzylinder", wobei k die Taktschritte des ereignisdiskreten Systems zählt.

**Tabelle 6.6** Schalttabelle des i-ten Stellzylinders (i = 1,2)

| $u_i(k)$ | $x_i(k)$ | $x_i(k+1)$ |
|---|---|---|
| 0 | 0 | 0 |
| 0 | 1 | 0 |
| 1 | 0 | 1 |
| 1 | 1 | 1 |

Nach Abschnitt 2.3 gehört zu Tabelle 6.6 das algebraische Äquivalent

$$x_i(k+1) = u_i(k), \qquad i = 1,2, \tag{6.66}$$

es liegt also erneut ein algebraisch linearer Binärprozeß vor.

Die Steuerungsaufgabe braucht nicht mehr im einzelnen verbal formuliert zu werden, sie geht bereits aus Bild 6.10 hervor. Gesucht ist ein binäres Rückkopplungsgesetz, das selbsttätig aus dem binären Prozeßzustand die binären Steuergrößen erzeugt. Zunächst wird man der Einfachheit halber einen nichtdynamischen Regler

$$u(k) = r[x(k)]$$

anstreben. Ein Blick auf Bild 6.10 zeigt jedoch, daß dieser hier nicht zum Ziel führen kann. Bei gleicher x-Belegung sind nämlich je nach Taktschritt unterschiedliche u-Vektoren zu erzeugen. So liegt etwa zu Beginn des zweiten und des vierten Taktes der gleiche Zustand vor, es sind jedoch unterschiedliche Steuervektoren aufzuschalten. Aus diesem Grund kommt nur ein *dynamischer Regler* in Frage. Man könnte ihn in multilinearer Zustandsdarstellung ansetzen, in sinngemäßer Verallgemeinerung des im Abschnitt 5.3 beschrittenen Weges. Es läuft auf das gleiche hinaus, wenn man im Regelungsgesetz außer dem aktuellen Zustand x(k) auch zeitlich zurückliegende Zustände x(k-1), x(k-2), ... berücksichtigt. Im einfachsten Fall ist dann der dynamische Regler von der Form

$$u(k) = r[x(k), x(k-1)]. \tag{6.67}$$

Bezogen auf das vorliegende Beispiel (n = 2) gehört hierzu eine Schalttabelle mit $2^{2n}$ = 16 Zeilen (Tabelle 6.7). Jedoch sind nur sechs dieser Zeilen aufgabengemäß definiert, entsprechend den sechs zyklisch zu durchlaufenden Taktschritten aus Bild 6.10. Um welche Zeilen es sich handelt, kann man unschwer anhand von Bild 6.10 ermitteln. Sie sind in Tabelle 6.7 markiert. Nur in diesen Zeilen sind die Binärwerte der Steuergrößen definiert und konkret eingetragen. Alle restlichen Steuerwerte in der *unvollständig definierten* Schalttabelle sind aufgabengemäß nicht festgelegt und damit frei wählbar. In den zurückliegenden Kapiteln gelang es unter bestimmten Voraussetzungen, die Schalttabelle *nichtbinär* so zu vervollständigen, daß die unvollständig definierte Schaltfunktion algebraisch linear wurde. Eine der Voraussetzungen ist hier offensichtlich verletzt, denn für die algebraisch lineare Darstellung einer Booleschen Funktion von vier Variablen dürften nur fünf Eingangsbelegungen definiert sein.

**Tabelle 6.7** Schalttabelle zu Bild 6.10

| | $x_2(k-1)$ | $x_1(k-1)$ | $x_2(k)$ | $x_1(k)$ | $u_2(k)$ | $u_1(k)$ |
|---|---|---|---|---|---|---|
| | 0 | 0 | 0 | 0 | $u_2^{(1)}$ | $u_1^{(1)}$ |
| ② | 0 | 0 | 0 | 1 | 1 | 1 |
| ⑥ | 0 | 0 | 1 | 0 | 0 | 0 |
| | 0 | 0 | 1 | 1 | $u_2^{(4)}$ | $u_1^{(4)}$ |
| ⑤ | 0 | 1 | 0 | 0 | 1 | 0 |
| | 0 | 1 | 0 | 1 | $u_2^{(6)}$ | $u_1^{(6)}$ |
| | 0 | 1 | 1 | 0 | $u_2^{(7)}$ | $u_1^{(7)}$ |
| ③ | 0 | 1 | 1 | 1 | 0 | 1 |
| ① | 1 | 0 | 0 | 0 | 0 | 1 |
| | 1 | 0 | 0 | 1 | $u_2^{(10)}$ | $u_1^{(10)}$ |
| | 1 | 0 | 1 | 0 | $u_2^{(11)}$ | $u_1^{(11)}$ |
| | 1 | 0 | 1 | 1 | $u_2^{(12)}$ | $u_1^{(12)}$ |
| | 1 | 1 | 0 | 0 | $u_2^{(13)}$ | $u_1^{(13)}$ |
| ④ | 1 | 1 | 0 | 1 | 0 | 0 |
| | 1 | 1 | 1 | 0 | $u_2^{(15)}$ | $u_1^{(15)}$ |
| | 1 | 1 | 1 | 1 | $u_2^{(16)}$ | $u_1^{(16)}$ |

Wenngleich keine Linearität des Reglers (6.67) im vorliegenden Beispiel erwartet werden kann, so wird man doch versuchen, diesen Regler möglichst einfach zu gestalten, indem man ihn weitgehend linear macht. Hierzu setzt man in der zu Tabelle 6.7 äquivalenten multilinearen Darstellung der Steuergrößen (Kapitel 2) soviele mehrfach indizierte Koeffizienten gleich Null, daß die nichtbinäre Vervollständigung noch widerspruchsfrei gelingt.

Für das Steuergesetz

$$u_1(k) = r_0 + r_1 x_1(k) + r_2 x_2(k) + r_3 x_1(k-1) +$$

$$+ r_4 x_2(k-1) + \dots + r_{1234} x_1(k) x_2(k) x_1(k-1) x_2(k-1)$$

erhält man so nach elementarer Rechnung aus $r_{12} = r_{13} = r_{23} = r_{123} = 0$:

$$u_1^{(1)} = u_1^{(7)} = 0, \qquad u_1^{(4)} = u_1^{(6)} = 1,$$

aus $r_{14} = r_{24} = r_{124} = r_{34} = 0$:

$$u_1^{(10)} = u_1^{(12)} = 2, \qquad u_1^{(11)} = u_1^{(13)} = 1,$$

aus $r_{234} = r_{1234} = 0$:

$$u_1^{(15)} = -1, \qquad u_1^{(16)} = -2.$$

Mit den verbleibenden Reglerkoeffizienten

$$r_0 = r_2 = r_3 = 0, \qquad r_1 = r_4 = 1, \qquad r_{134} = -2$$

lautet der multilineare Regler für $u_1$:

$$u_1(k) = x_1(k) + x_2(k-1) - 2x_1(k)x_1(k-1)x_2(k-1). \tag{6.68}$$

Für das Steuergesetz

$$u_2(k) \quad = \rho_0 + \rho_1 x_1(k) + \rho_2 x_2(k) + \rho_3 x_1(k-1) +$$

$$+ \rho_4 x_2(k-1) + \ldots + \rho_{1234} x_1(k)x_2(k)x_1(k-1)x_2(k-1)$$

ergibt sich

aus $\rho_{12} = \rho_{13} = \rho_{23} = \rho_{123} = 0$:

$$u_2^{(1)} = u_2^{(6)} = 1, \qquad u_2^{(4)} = u_2^{(7)} = 0,$$

aus $\rho_{14} = \rho_{24} = \rho_{124} = \rho_{34} = 0$:

$$u_2^{(10)} = u_2^{(13)} = 0, \qquad u_2^{(11)} = u_2^{(12)} = -1,$$

aus $\rho_{234} = \rho_{1234} = 0$:

$$u_2^{(15)} = u_2^{(16)} = -1.$$

Mit den verbleibenden Reglerkoeffizienten

$$\rho_0 = 1, \qquad \rho_1 = \rho_3 = \rho_{134} = 0, \qquad \rho_2 = \rho_4 = -1$$

wird der Regler für $u_2$ sogar linear:

$$u_2(k) = 1 - x_2(k) - x_2(k-1). \tag{6.69}$$

Mit (6.68) und (6.69) ist der binäre Regler (6.67) aufgabengemäß festgelegt. Führt man die Zustandsvariablen

$$\xi_1(k) = x_1(k-1), \tag{6.70}$$

$$\xi_2(k) = x_2(k-1) \tag{6.71}$$

des Reglers ein, so kann man diesen auch in (ereignis-)diskreter Zustandsdarstellung schreiben:

$$\xi(k+1) = x(k),$$

$$u_1(k) = x_1(k) + \xi_2(k) - 2x_1(k)\xi_1(k)\xi_2(k),$$

$$u_2(k) = 1 - x_2(k) - \xi_2(k).$$

Wie man sieht, ist der Regler von zweiter Ordnung, denn es wird in jedem Takt außer dem aktuellen Zustand auch der um einen Schritt zurückliegende Zustand verwendet. In der technischen Implementierung erfordert dies nur zwei Speicherglieder für binäre Variable im Vergleich zum sonst üblichen Schrittregister, das im vorliegenden Beispiel sechs Speicherglieder hätte [43].

Einsetzen in die binären Prozeßgleichungen (6.66) ergibt die Zustandsdifferenzengleichungen des *geschlossenen Kreises*:

$$x_1(k+1) = x_1(k) + \xi_2(k) - 2x_1(k)\xi_1(k)\xi_2(k), \tag{6.72}$$

$$x_2(k+1) = 1 - x_2(k) - \xi_2(k), \tag{6.73}$$

$$\xi_1(k+1) = x_1(k), \tag{6.74}$$

$$\xi_2(k+1) = x_2(k), \tag{6.75}$$

insgesamt also ein System von vierter Ordnung. Der multilineare Term in der ersten dieser Gleichungen macht die Linearität des Gesamtsystems zunichte. Der Eigenwertbegriff ist daher nicht mehr anwendbar.

## 6.3 Eine Variante der Direkten Methode von Ljapunow für diskrete Prozesse

Binäre Rückkopplung eines Binärprozesses führt auf ein dynamisches System, das sich durch die Zustandsgleichung

$$x(k+1) = f[x(k)] \tag{6.76}$$

eines *autonomen* endlichen Automaten beschreiben läßt. Beispiele aus dem Abschnitt 6.2 sind die Gln. (6.63), (6.64) des binär geregelten Zwei-Tank-Systems und die Gln. (6.72) - (6.75) des geregelten Systems pneumatischer Stellzylinder.

Nun ist bekannt, daß die Zustandsfolge jedes autonomen endlichen Automaten stets nach endlicher Schrittzahl in einen Zyklus mündet (siehe Abschnitt 4.2.2). Im Fall der Gleichungen (6.63), (6.64) ist ein derartiger Zyklus nicht von der Aufgabenstellung her vorgeschrieben, er ergibt sich vielmehr durch nachträgliche Systemanalyse (Gl. (6.65)). Anders im Fall der Gln. (6.72) - (6.75). Hier wird bereits aufgabengemäß ein Zyklus mit der Periode $k_p$ = 6 vorgeschrieben (siehe Bild 6.10) und das binäre Rückführgesetz entsprechend ausgelegt.

Wie auch immer der autonome Automat (6.76) entstanden sein mag, die Überprüfung seines zyklischen Verhaltens ist von Interesse. Da die Komponenten des Funktionenvektors f jetzt im allgemeinen multilineare Funktionen der $x_i$ sind, scheidet eine Analyse über den Eigenwertbegriff aus. Jedoch kommen andere Methoden in Frage, wie sie von nichtlinearen Abtastsystemen her bekannt sind, insbesondere die Direkte Methode von Ljapunow [3], [13], [20]. Man muß sich lediglich vor Augen halten, daß der Zweck dieser Methode jetzt nicht im Nachweis asymptotischer Stabilität liegen kann, sieht man einmal von dem Sonderfall $k_p$ = 1 ab. Vielmehr geht es um den Nachweis von Zyklen und um die Bestimmung der Periode $k_p$ dieser Zyklen.

Ist der Zustand x von der Dimension n, so ist der Ansatz einer quadratischen "Energie"-Funktion

$$V(x) = x^T \, \text{diag}(p_i) \, x = \sum_{i=1}^{n} p_i \, x_i^2 \tag{6.77}$$

naheliegend ($p_i > 0$, $i = 1, ..., n$). Wegen $x_i \in \{0,1\}$ gilt stets $x_i^2 = x_i$ und daher das lineare Àquivalent zu (6.77):

$$V(x) = \sum_{i=1}^{n} p_i \, x_i = p^T \, x. \tag{6.78}$$

Die Wichtungsfaktoren $p_i$ müssen nach anderen Gesichtspunkten gewählt werden als bei der klassischen Direkten Methode. Sind $x^{(1)}$ und $x^{(2)}$ zwei Zustände des Automaten (6.76), so muß gefordert werden:

$$V(x^{(1)}) = V(x^{(2)}) \text{ dann und nur dann,}$$

$$\text{wenn } x^{(1)} = x^{(2)}.$$

Nur so ist sichergestellt, daß eine Änderung des Zustands $x$ über die Funktion $V(x)$ detektiert wird. Daher scheidet etwa die Funktion

$$V = \sum_{i=1}^{n} x_i$$

aus. Geeignete Wichtungsfaktoren sind z.B.

$$p_i = 2^{i-1}, \; i = 1, ..., n, \tag{6.79}$$

womit

$$V(x) = \sum_{i=1}^{n} 2^{i-1} \, x_i = x_1 + 2x_2 + 4x_3 + ... + 2^{n-1} \, x_n \tag{6.80}$$

wird.

Ein Zustand $x(k)$ ist $k_p$-periodisch, wenn

$$x(k + k_p) = x(k),$$

d.h. wenn

$$V[x(k + k_p)] = V[x(k)]$$

oder kurz

$$V_{k+k_p} = V_k. \tag{6.81}$$

Die skalare Funktion $V(x)$ bietet damit eine einfache Möglichkeit, alle Zyklen des Automaten (6.76) aufzufinden. Man startet mit einem beliebigen Anfangszustand $x(0)$ und berechnet mittels (6.76) und (6.81) die Zahlenfolge $\{V_k\}$. Nach endlicher Schrittzahl wird *immer* ein Wert $V_k$ erreicht, der zuvor schon einmal durchlaufen wurde:

$$V_k = V_{k-k_p}.$$

Daher ist der zugehörige Zustand $x(k)$ zyklisch mit der Periode $k_p$. Hat man auf diese Weise noch nicht alle definierten Zustände des Automaten (6.76) abgearbeitet, so wiederholt man den Vorgang mit einem noch nicht verbrauchten Anfangszustand $x(0)$ usw. Auf diese Weise werden alle Zyklen des Automaten gefunden.

Im Beispiel des Systems (6.63), (6.64) wählt man wegen $n = 2$

$$V(x) = x_1 + 2x_2.$$

Startet man mit $x(0) = 0$, so durchläuft $V_k$ die Wertefolge 0, 1, 2, 3, 1, ... Wegen $V_4 = V_1$ liegt ein Zyklus mit $k_p = 3$ vor. Bereits in (6.65) wurde er durch Simulation erkannt. Da in die Folge $\{V_k\}$ hier alle $2^2 = 4$ Automatenzustände eingehen, erübrigt sich eine Suche nach weiteren Zyklen.

Im Beispiel des Systems (6.72) - (6.75) wählt man wegen $n = 4$

$$V(x, \xi) = x_1 + 2x_2 + 4\xi_1 + 8\xi_2.$$

Der Anfangszustand muß jetzt aus der Menge der definierten Zustände gewählt werden, beispielsweise

$$[x^T, \xi^T] = [0, 0, 0, 1].$$

Hierzu berechnet man die Folge

$$\{V_k\} = 8, 1, 7, 13, 4, 2, 8, \dots$$

Wegen $V_6 = V_0$ wird ein Zyklus mit der Periode $k_p = 6$ bestätigt, wie er per Aufgabenstellung vorgeschrieben war. Da in die Folge $\{V_k\}$ bereits alle sechs definierten Automatenzustände eingehen, erübrigt sich eine Suche nach weiteren Zyklen.

Sollte die Analyse eines Automaten (6.76) mit dem beschriebenen Verfahren einmal auf eine Folge

$$V_0, V_1, V_2, \dots, V_{k-1}, V_k, V_k, \dots$$

führen, also auf einen Zyklus mit der Periode $k_p = 1$, so ist $x(k)$ ein statischer Zustand $x_s$, und die Zustände $x(0)$, $x(1)$, ..., $x(k-1)$ gehören zu seinem Einzugsbereich. In diesem Sinn läßt sich die Begriffswelt der klassischen Systemtheorie durchaus auf endliche Automaten übertragen.

# 7 Querverbindung zur Fuzzy Regelung

In diesem letzten Kapitel soll eine direkte Verbindung zwischen der diesem Buch zugrundeliegenden multilinearen Beschreibungsform Boolescher Schaltfunktionen und der in der aktuellen Regelungstechnik intensiv diskutierten Fuzzy Logik hergestellt werden. Zum Wesen der Fuzzy Logik gehört ein *kontinuierlicher Wertebereich* aller Variablen anstelle der binärwertigen Größen in der Booleschen Logik. Ein kontinuierlicher Wertebereich wird naturgemäß vielen physikalischen Größen viel besser gerecht als eine scharfe binäre Aussage. Die Temperatur ist eine derartige Größe. Ob ein Objekt "heiß" oder "kalt" ist, läßt sich sinnvollerweise nicht in binären Größen ausdrücken. Wohin soll man die Schwelle zwischen "heiß" und "kalt" auch legen?

Die Idee der Fuzzy (= unscharfen) Logik geht auf L. ZADEH [90] zurück, ist also schon seit mehr als einem Vierteljahrhundert bekannt. Der damalige Zeitgeist war in der Phase stürmischer Entwicklung der Digitalrechentechnik ganz auf die exakte Boolesche Logik ausgerichtet und hielt Ideen einer "unscharfen Logik" für abwegig. In unseren Tagen wurde, vor allem durch einige aufsehenerregende Anwendungen in Japan, das Fuzzy-Thema wiederentdeckt und führte zu einer Flut einschlägiger Veröffentlichungen. Auf einige deutschsprachige Arbeiten sei besonders hingewiesen [81], [82], [85], [88], [89], da sie nicht nur eine gut verständliche Einführung bieten, sondern auch kritisch auf Schwächen und ungelöste Fragen beim Fuzzy Reglerentwurf hinweisen. Da diese Arbeiten jedem Interessenten leicht zugänglich sind, soll hier nicht nochmals eine allgemeine Einführung in die Fuzzy Logik und ihre regelungstechnische Anwendung vermittelt werden. Statt dessen wird sogleich eine Variante der Fuzzy Logik vorgestellt, die gestützt auf die in diesem Buch vorgeschlagene multilineare Darstellung Boolescher Funktionen auf den Begriff der "Zugehörigkeitsfunktion" verzichtet. Damit werden auch die in der Fuzzy Logik zentralen Operationen "Fuzzifizierung" und "Defuzzifizierung" entbehrlich. Übrig bleibt das *Regelwerk* ("Inferenz"), das den unscharfen Eingangsgrößen *unmittelbar* die Ausgangsgrößen zuordnet. Insgesamt ergibt sich so gegenüber der üblichen Fuzzy Logik eine erhebliche Vereinfachung, eine transparente Parametrierung und ein Ansatzpunkt, um die Stabilitätsfrage einer Fuzzy Regelung zu klären.

Wenn auch die in den oben genannten Quellen nachlesbaren Grundlagen der Fuzzy Logik hier nicht wiederholt werden, so ist der folgende Text doch so abgefaßt, daß er auch ohne dieses Hintergrundwissen verstanden werden kann.

## 7.1  Unscharfe Logik mit arithmetischen SHEGALKIN-Polynomen

Die von SHEGALKIN eingeführte "Arithmetisierung der symbolischen Logik" [104] basiert auf den Rechenoperationen der Booleschen Algebra (Konjunktion und Antivalenz) und ist damit ausschließlich auf *binäre* Variable zugeschnitten. Daher sind die originären SHEGALKIN-Polynome für eine unscharfe Logik nicht geeignet. Das im Kapitel 2 vorgestellte algebraische Äquivalent Boolescher Schaltfunktionen führt auf multilineare Funktionen, die zwar den gleichen Aufbau wie die SHEGALKIN-Polynome haben, jedoch nur die *arithmetischen* Operationen Addition und Multiplikation benötigen. Dies ist der entscheidende Punkt für unsere weiteren Überlegungen. Die neue Funktionsdarstellung läßt nämlich außer den binären Variablen, für die sie zunächst ausschließlich definiert ist, *auch beliebige Zwischenwerte aller Variablen aus dem Intervall* [0,1] *zu*. (Aus diesem Grund haben sich arithmetische Polynome bereits seit Anfang der 60er Jahre in der Zuverlässigkeitstheorie bewährt [99 bis 102], denn auch Wahrscheinlichkeiten nehmen alle Zwischenwerte aus dem Intervall [0,1] an. Im Unterschied zur Zuverlässigkeitstheorie ist die Fuzzy Logik eine *deterministische* Technik der Interpolation von Daten).

Am Beispiel der elementaren logischen Operationen der Negation, der UND- sowie der ODER-Verknüpfung soll dies einführend veranschaulicht werden.

Die Negation y = $\bar{x}$ hat nach Abschnitt 2.2 das stetige algebraische Äquivalent

$$y = 1 - x. \tag{7.1}$$

Bereits im Bild 1.5 wurde das Schaubild dieser Funktion der sonst gebräuchlichen schaltenden Funktion gegenübergestellt. Gl. (7.1) ist zunächst nur für die binären Werte x = 0 und x = 1 erklärt, kann aber im nachhinein für die gesamte "unscharfe Menge" $0 \leq x \leq 1$ definiert werden. Die Linearität der Funktion stellt sicher, daß auch der Wertebereich von y das Intervall [0,1] ist. Charakteristisch für diese Funktion ist der "sanfte" Übergang, der an die Stelle willkürlicher Schwellwerte tritt.

Die UND-Verknüpfung zweier Boolescher Variabler,

$$y = x_1 \wedge x_2,$$

hat nach Abschnitt 2.3 das stetige algebraische Äquivalent

$$y = x_1 x_2, \tag{7.2}$$

zu verstehen als gewöhnliche Multiplikation. Auch diese Funktion kann nachträglich für das gesamte Quadrat

$$0 \le x_1 \le 1,$$

$$0 \le x_2 \le 1$$

definiert werden. Die Bilinearität in $x_1$ und $x_2$ garantiert, daß auch der Funktionswert von y stets im Intervall [0,1] liegt. Bild 7.1 zeigt die Höhenlinienkarte der Funktion (7.2).

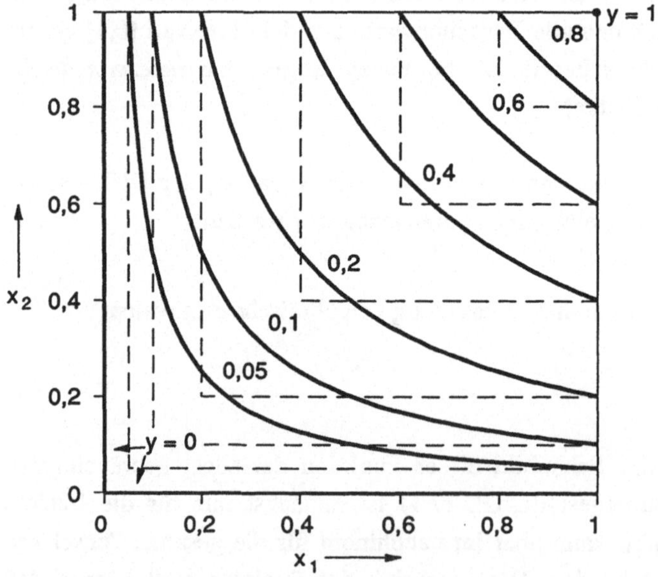


**Bild 7.1** Höhenlinienkarte der Fuzzy UND-Verknüpfung $y = x_1 x_2$
(gestrichelt: Höhenlinien zu Gl. (7.4))

Die ODER-Verknüpfung zweier Boolescher Variabler,

$$y = x_1 \vee x_2,$$

hat nach Abschnitt 2.3 das stetige algebraische Äquivalent

$$y = x_1 + x_2 - x_1 x_2, \tag{7.3}$$

das nur arithmetische Operationen enthält. Daher kann der Definitionsbereich auch dieser Booleschen Funktion nachträglich ausgedehnt werden auf das gesamte Quadrat

$$0 \leq x_1 \leq 1,$$

$$0 \leq x_2 \leq 1.$$

Die Bilinearität in $x_1$ und $x_2$ stellt sicher, daß auch der Funktionswert von y stets im Intervall [0,1] liegt. Bild 7.2 zeigt die Höhenlinienkarte der Funktion (7.3).

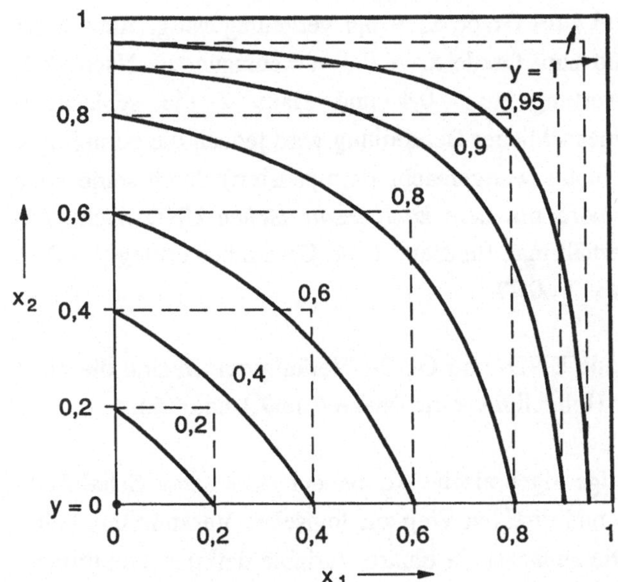


**Bild 7.2**  Höhenlinienkarte der Fuzzy ODER-Verknüpfung $y = x_1 + x_2 - x_1 x_2$
(gestrichelt: Höhenlinien zu Gl. (7.5))

Die soeben veranschaulichten algebraischen Fuzzy Realisierungen der wichtigsten logischen Grundfunktionen werden zwar gelegentlich auch in der gängigen Fuzzy Logik verwendet, gebräuchlicher sind dort jedoch die Minimumbildung

$$y = \min (x_1, x_2) \tag{7.4}$$

für das unscharfe UND sowie die Maximumbildung

$$y = \max (x_1, x_2) \tag{7.5}$$

für das unscharfe ODER. Die zugehörigen Höhenlinien sind in den Bildern 7.1 und 7.2 gestrichelt eingetragen.

Der Minimum-Operator (7.4) für die UND-Verknüpfung ergibt sich aus der Überlegung, für ein linguistisches UND den minimalen Erfülltheitsgrad zu wählen. Mit Recht weist jedoch C. VON ALTROCK [82] auf die fehlende empirische Rechtfertigung hin. Das UND in unserer Sprache und Denkweise ist nämlich bis zu einem gewissen Grad ein *kompensatorisches* UND. An einem Beispiel, entnommen aus [82], soll veranschaulicht werden, was damit gemeint ist. Es werden die beiden unscharfen Mengen aller attraktiven und verkehrsgünstig gelegenen Häuser betrachtet. Haus 1 sei zum Grade $x_1$ = 0,4 attraktiv und zum Grade $x_2$ = 0,4 verkehrsgünstig. Haus 2 sei zum Grade $x_1$ = 0,9 attraktiv und zum Grade $x_2$ = 0,3 verkehrsgünstig. Nach (7.4) erhält Haus 1 die Gesamtbewertung y = 0,4 und Haus 2 die schlechtere Gesamtbewertung y = 0,3. Nach menschlicher Beurteilung wird jedoch die geringfügig schlechtere Lage von Haus 2 mehr als wettgemacht (kompensiert) durch seine hohe Attraktivität. Dieser Sachverhalt wird mit dem *kompensatorischen* UND nach (7.2) adäquat wiedergegeben. Danach erhält man für Haus 1 die Gesamtbewertung y = 0,16 und für Haus 2 den besseren Wert y = 0,27.

Charakteristisch für kompensierende UND- und ODER-Verknüpfungen sind die nicht achsenparallelen Niveaulinien der Höhenlinienkarte (siehe Bild 7.1 und 7.2).

Das im Kapitel 2 eingeführte stetige algebraische Äquivalent Boolescher Schaltfunktionen weist einen sehr einfachen und direkten Weg zur logischen Verknüpfung beliebig vieler unscharfer Variabler: Die zunächst für binäre Variable definierte multilineare Funktion (siehe Gl. (2.25))

$$y = f(x) = a_0 + \sum_{i=1}^{n} a_i x_i + \sum_{j=2}^{n} \sum_{i=1}^{j-1} a_{ij} x_i x_j + \ldots$$

$$+ a_{123\ldots n} x_1 x_2 x_3 \ldots x_n \tag{7.6}$$

wird jetzt für den gesamten n-dimensionalen Kubus

$$0 \leq x_i \leq 1, \qquad i = 1, \ldots, n, \tag{7.7}$$

definiert. In den $2^n$ Eckpunkten dieses Kubus nimmt die Funktion nur die Werte $y = 0$ bzw. $y = 1$ an. In allen anderen Punkten des Kubus (7.7) gilt $0 \leq y \leq 1$. Das folgt direkt aus der *Linearität* der Funktion (7.6) bezüglich jeder *einzelnen* Variablen $x_i$. Damit eignet sich die Darstellung (7.6) ohne weitere Modifikation dazu, jeder Fuzzy Eingangsbelegung x eindeutig einen Funktionswert $y \in [0,1]$ zuzuordnen, bei gleichzeitiger Beibehaltung der Bedeutung einer Booleschen Funktion für die Eckpunkte des Kubus.

Versteht man die spezifischen Techniken der Fuzzy Logik als eine systematische Methode der *Interpolation* diskreter Datenpunkte, so liefern die multilinearen arithmetisierten SHEGALKIN-Polynome eine besonders naheliegende und einfache Variante für ein derartiges Interpolationsschema.

## 7.2 Fuzzy Reglerentwurf mit arithmetischen SHEGALKIN-Polynomen

Multilineare Funktionen der Form (7.6) sollen jetzt direkt als Regler eingesetzt werden, wozu nur wenige Vorbereitungen und Voraussetzungen zu treffen sind. Dazu werde die im Bild 7.3 skizzierte Grundstruktur eines nichtlinearen Regelkreises mit Ausgangsrückführung betrachtet. Ein mathematisches Modell der dynamischen Regelstrecke wird beim Fuzzy Reglerentwurf nicht benötigt, solange nicht der strikte Nachweis der Stabilität des Regelkreises verlangt wird. Der Fuzzy Entwurf arbeitet nämlich "regelbasiert" und nicht modellgestützt. Daher soll auch hier die Stabilitätsfrage vorläufig zurückgestellt werden (siehe später Abschnitt 7.3). Weiterhin braucht zunächst nicht zwischen zeitkontinuierlichen und zeitdiskreten Regelungen unterschieden zu werden.

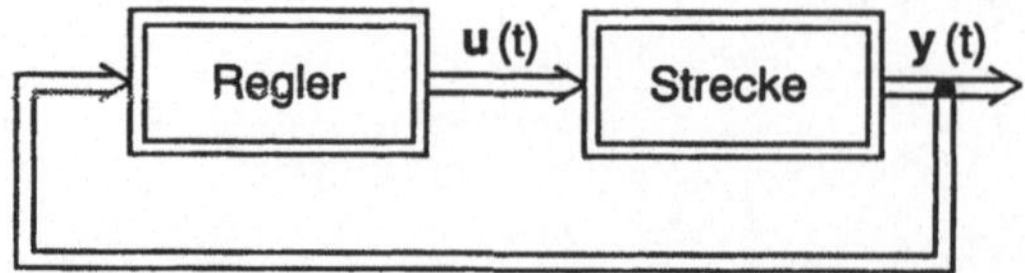


**Bild 7.3** Nichtlinearer Regelkreis

Der Regler im Bild 7.3 mit dem q-dimensionalen Vektor **y** der Regelgrößen und dem
p-dimensionalen Steuervektor **u** werde für unsere Betrachtungen nichtdynamisch
angesetzt,

$$\mathbf{u}(t) = \mathbf{r}[\mathbf{y}(t)]. \tag{7.8}$$

Die Bestimmung des Funktionsvektors **r** ist die eigentliche Entwurfsaufgabe.

Zur Vorbereitung des regelbasierten Entwurfs werde angenommen, daß aus heuristi-
schem ''Erfahrungswissen'' über die Strecke folgendes bekannt sei:

a)  Sofern zu einem beliebigen Zeitpunkt $t_0$ der Regelgrößenvektor $\mathbf{y}(t_0)$ in dem vorgegebenen quaderförmigen Gebiet $\mathcal{Y}$ liegt,

$$\mathcal{Y} = \{\, \mathbf{y} \,|\, y_{i,min} \leq y_i \leq y_{i,max}, \quad i = 1, ..., q\}, \tag{7.9}$$

existiert ein Steuervektor $\mathbf{u}(t)$, $t \geq t_0$, in dem zulässigen Steuerbereich

$$\mathcal{U} = \{\, \mathbf{u} \,|\, m_i \leq u_i \leq M_i, \quad i = 1, ..., p\}, \tag{7.10}$$

derart, daß $\mathbf{y}(t)$ für alle $t \geq t_0$ im Quader $\mathcal{Y}$ bleibt.

b)  Jeder vorgegebene feste Sollwert $\mathbf{y}_R = \mathbf{w} \in \mathcal{Y}$ läßt sich mit einem geeignet gewählten festen Steuervektor $\mathbf{u}_R \in \mathcal{U}$ statisch einstellen.

Basierend auf diesem Erfahrungswissen werden im nächsten Schritt die physikalischen
Größen $u_i$ und $y_i$ so normiert, daß die jeweiligen Minimal- und Maximalwerte in die
Binärwerte 0 und 1 übergehen:

$$\hat{u}_i = \frac{u_i - m_i}{M_i - m_i}, \qquad i = 1, ..., p, \tag{7.11}$$

$$\hat{y}_i = \frac{y_i - y_{i,min}}{y_{i,max} - y_{i,min}}, \qquad i = 1, ..., q. \tag{7.12}$$

  

Die normierten Größen $\hat{u}_i$ und $\hat{y}_i$ überstreichen kontinuierlich das Intervall [0,1], wenn die entsprechenden physikalischen Variablen zwischen ihrem minimalen und ihrem maximalen Wert verändert werden. Dabei spielt es keine Rolle, ob Minimal- und Maximalwert einer Größe gleiches oder unterschiedliches Vorzeichen haben.

Das oben unter a) charakterisierte Erfahrungswissen sei nun so geartet, daß es eine aufgabengemäße Regelbasis in Form einer *vollständig definierten Booleschen Schalttabelle* zu erstellen gestattet (Tabelle 7.1). Durch diese Tabelle wird jedem der $2^q$ Eckpunkte des Kubus

$$0 \leq \hat{y}_i \leq 1, \qquad i = 1, ..., q, \tag{7.13}$$

ein bestimmter Eckpunkt des Kubus

$$0 \leq \hat{u}_i \leq 1, \qquad i = 1, ..., p, \tag{7.14}$$

zugeordnet, die $u_i^{(j)}$ in Tabelle 7.1 sind also *bekannte* Binärwerte.

Da den Kuben (7.13) und (7.14) die Gebiete $\mathcal{Y}$ und $\mathcal{U}$ der ursprünglichen physikalischen Größen entsprechen (Gl. (7.9) und (7.10)), wird durch eine Regelbasis nach Tabelle 7.1 der zulässige Stellbereich gut ausgeschöpft.

**Tabelle 7.1** Regelbasis als Boolesche Schalttabelle

| $\hat{y}_q$ | $\cdots$ | $\hat{y}_2$ | $\hat{y}_1$ | $\hat{u}_p$ | $\cdots$ | $\hat{u}_2$ | $\hat{u}_1$ |
|---|---|---|---|---|---|---|---|
| 0 | $\cdots$ | 0 | 0 | $u_p^{(1)}$ | $\cdots$ | $u_2^{(1)}$ | $u_1^{(1)}$ |
| 0 | $\cdots$ | 0 | 1 | $u_p^{(2)}$ | $\cdots$ | $u_2^{(2)}$ | $u_1^{(2)}$ |
| 0 | $\cdots$ | 1 | 0 | $u_p^{(3)}$ | $\cdots$ | $u_2^{(3)}$ | $u_1^{(3)}$ |
| 0 | $\cdots$ | 1 | 1 | $u_p^{(4)}$ | $\cdots$ | $u_2^{(4)}$ | $u_1^{(4)}$ |
| $\vdots$ | | $\vdots$ | $\vdots$ | $\vdots$ | | $\vdots$ | $\vdots$ |
| 1 | $\cdots$ | 1 | 1 | $u_p^{(2^q)}$ | $\cdots$ | $u_2^{(2^q)}$ | $u_1^{(2^q)}$ |

Wie am Ende von Abschnitt 7.1 ausgeführt, wird nun das stetige algebraische Äquivalent der Regelbasis formelmäßig ermittelt (siehe Kapitel 2). Das ergibt für jede der p normierten Steuergrößen $\hat{u}_1(t)$, ..., $\hat{u}_p(t)$ ein eindeutig bestimmtes *arithmetisiertes* SHEGALKIN-Polynom, für kontinuierliche Systeme in der Form

$$\hat{u}_i(t) = \hat{r}_i[\hat{y}(t)], \qquad i = 1, ..., p, \tag{7.15}$$

für Abtastsysteme in der Form

$$\hat{u}_i(k) = \hat{r}_i[\hat{y}(k)], \qquad i = 1, ..., p. \tag{7.16}$$

Eine so gewonnene Regelbasis ist von Hause aus vollständig, eindeutig und widerspruchsfrei. Darauf sei hier besonders hingewiesen, denn das Garantieren dieser wichtigen Eigenschaften ist bei dem sonst üblichen Zugang zur Fuzzy Regelung durchaus keine einfache Aufgabe!

Wie am Ende von Abschnitt 7.1 beschrieben, werden die Funktionen $\hat{r}_i$ nun über die $2^q$ Eckpunkte des Kubus (7.13) hinaus *für das gesamte Kontinuum* dieses Kubus definiert. Auf diese Weise bilden die Funktionen $\hat{r}_i$ jeden Punkt des Kubus (7.13) eindeutig in einen Punkt des Kubus (7.14) ab.

Die Komponenten von $\hat{y}$ werden nach (7.12) durch Normierung der physikalischen Regelgrößen gewonnen. Umgekehrt ergeben sich wegen (7.11) aus den normierten Größen $\hat{u}_i$ die tatsächlichen Stellgrößen zu

$$u_i = m_i + (M_i - m_i) \cdot \hat{u}_i, \qquad i = 1, ..., p. \tag{7.17}$$

Danach setzt sich also der Regler im Bild 7.3 aus den folgenden drei Komponenten zusammen:

- Normierung der Regelgrößen $y_i$ nach (7.12),

- Anwendung der Fuzzy Logik (7.15) bzw. (7.16) auf die normierten Regelgrößen $\hat{y}_i$.

- Übergang von den normierten auf die tatsächlichen Stellgrößen $u_i$ nach (7.17).

Vergleicht man dieses Vorgehen mit dem in der Literatur beschriebenen Fuzzy Reglerentwurf [81], [84], [88], [91], so fällt die hier vorgenommene starke Vereinfachung auf. Der übliche Fuzzy Regler besteht aus den Komponenten "Fuzzifizierung", "Inferenz" (= Fuzzy Logik) und "Defuzzifizierung" (Bild 7.4). Insbesondere die Blöcke "Fuzzifizierung" und "Defuzzifizierung" können aufwendig werden, wenn der Wertebereich der physikalischen Größen durch viele Zugehörigkeitsfunktionen dargestellt wird.

**Bild 7.4** Übliche Struktur eines Fuzzy Reglers

Die hier vorgenommene erhebliche Vereinfachung läßt sich durch die Struktur im Bild 7.5 darstellen. Die Fuzzifizierung wurde durch die simple Normierung ersetzt, was als äußerste *Beschränkung auf eine einzige Zugehörigkeitsfunktion* für jede Komponente von y interpretiert werden kann. Gl. (7.12) stellt diese Zugehörigkeitsfunktion dar. Die Fuzzy Logik basiert jetzt nicht auf einer Inferenztabelle, die bei mehr als zwei Komponenten von y ohnehin nicht mehr erstellt werden kann, sondern auf der Booleschen Schalttabelle 7.1. Die meist aufwendige Defuzzifizierung, beispielsweise nach der verbreiteten Schwerpunktmethode [81], [88], [91], wurde durch einfaches Rückgängigmachen der Normierung ersetzt. Freilich muß eingeräumt werden, daß die resultierende multilineare Reglerstruktur unter Umständen zu speziell sein mag, um insbesondere Strecken mit stark nichtlinearem Verhalten gerecht zu werden.

**Bild 7.5** Struktur des hier vorgeschlagenen Fuzzy Reglers

Soweit enthält der nach Bild 7.5 vorgeschlagene Regler keinerlei einstellbare Parameter, um beispielsweise den statischen Ausgangsvektor $y_R$ an einen festen Sollwert w angleichen zu können. Freie Entwurfsparameter lassen sich jedoch leicht einführen durch eine Modifikation der die Stellgrößen erzeugenden Gl. (7.17). Diese Gleichung wird ersetzt durch die allgemeinere lineare Zuordnung

$$u_i = a + b \cdot \hat{u}_i, \qquad i = 1, ..., p. \tag{7.18}$$

Indem man in Kauf nimmt, daß nicht mehr der gesamte zulässige Stellbereich (7.10) ausgeschöpft wird, bieten sich insbesondere die folgenden drei Varianten zur Parametrierung an. Dabei ist jeweils $\alpha_i$ ein wählbarer reeller Parameter aus dem Intervall $0 \leq \alpha_i \leq 1$:

$$u_i = m_i + \alpha_i(M_i - m_i)\hat{u}_i, \tag{7.19}$$

$$u_i = M_i - \alpha_i(M_i - m_i)(1 - \hat{u}_i), \tag{7.20}$$

$$u_i = \frac{M_i + m_i}{2} - \alpha_i \frac{M_i - m_i}{2}(1 - 2\hat{u}_i). \tag{7.21}$$

Gl. (7.19) garantiert das Ausschöpfen der unteren Schranke $m_i$, verzichtet jedoch im Fall $\alpha_i < 1$ auf das Ausschöpfen der oberen Schranke $M_i$.

Gl. (7.20) garantiert das Ausschöpfen der oberen Schranke $M_i$, verzichtet jedoch im Fall $\alpha_i < 1$ auf das Ausschöpfen der unteren Schranke $m_i$.

Gl. (7.21) verwirklicht einen mittleren Stellbereich, der sich symmetrisch um den Mittelwert $(M_i + m_i)/2$ erstreckt, ohne jedoch im Fall $\alpha_i < 1$ die untere Schranke $m_i$ und die obere Schranke $M_i$ auszuschöpfen.

Welche dieser drei Varianten man auch wählt, so hat man doch eine einfache und transparente Parametrierung des Reglers. Es sei darauf hingewiesen, daß auch die ungleich aufwendigere Schwerpunktmethode den "Schönheitsfehler" aufweist, den Wertebereich der Stellgröße nicht voll auszuschöpfen, es sei denn man greift zu einer erweiterten Form der Schwerpunktmethode [88].

Indem an das eingangs in diesem Abschnitt formulierte "Erfahrungswissen" (Punkte a) und b)) erinnert wird, kann man beispielsweise die Entwurfsparameter $\alpha_1, ..., \alpha_p$ dazu nutzen, um im Hinblick auf Punkt b) statische Führungsgenauigkeit $y_R = w$ zu garantieren.

Die Vorgehensweise soll nun an einem einfachen Beispiel zusammenfassend erläutert werden. Die gewählte Regelstrecke ist so geartet, daß auch ein modellgestützter Reglerentwurf leicht möglich wäre. Dennoch soll das mathematische Streckenmodell zunächst zurückgestellt werden (siehe Abschnitt 7.3).

Bei der Regelstrecke handle es sich um das bereits aus Bild 6.9 bekannte Zwei-Tank-System, jedoch mit den folgenden technischen Änderungen:

Die Ventile V1, V2 und V3 werden durch Pumpen P1, P2 und P3 ersetzt, mit denen die Förderleistung beliebig zwischen Null und einem Maximalwert eingestellt werden kann. Nach (7.10) ist daher der zulässige Steuerbereich von der Form

$$\mathscr{U} = \{ \, \mathbf{u} \, | \, 0 \leq u_i \leq M_i, \quad i = 1, 2 \}, \tag{7.22}$$

und auch für die Störgröße z gilt

$$0 \leq z \leq z_{max}.$$

Ebenso wie $u_1$, $u_2$ und z seien auch die gemessenen Füllstandshöhen $x_1$ und $x_2$ jetzt keine quantisierten Größen mehr. Entsprechend (7.9) werde ihr Variationsbereich zu

$$\mathscr{X} = \{ \, \mathbf{x} \, | \, 0 \leq x_i \leq x_{i,max}, \quad i = 1, 2 \} \tag{7.23}$$

angenommen.

Die Störgröße z(t) schwanke mehr oder weniger stark um einen mittleren Betriebswert $z_R$. Die Aufgabe der Regelung besteht darin, die Nachfrage z(t) zu decken, indem sichergestellt wird, daß jederzeit ein ausreichender Pegel in jedem Tank gewährleistet ist, ohne jedoch die Maximalpegel zu überschreiten. Der zu entwerfende Fuzzy Regler soll *zeitdiskret* arbeiten.

Nach (7.11) und (7.12) ergeben sich in den Abtastzeitpunkten die normierten Steuergrößen

$$\hat{u}_i(k) = \frac{u_i(k)}{M_i}, \qquad \begin{array}{l} i = 1, 2, \\[4pt] k = 0, 1, 2, \ldots \end{array} \tag{7.24}$$

und die normierten Pegel

$$\hat{x}_i(k) = \frac{x_i(k)}{x_{i,max}}, \qquad \begin{array}{l} i = 1, 2, \\[4pt] k = 0, 1, 2, \ldots \end{array} \tag{7.25}$$

In Anlehnung an Tabelle 6.5 für das dort ereignisdiskret modellierte System wird jetzt die zunächst binäre Regelbasis nach Tabelle 7.2 aufgestellt. Ihr entspricht nach (6.58), (6.59) die algebraische Beschreibungsform

$$\hat{u}_1(k) = 1 - \hat{x}_1(k), \tag{7.26}$$

$$\hat{u}_2(k) = \hat{x}_1(k) \cdot [1 - \hat{x}_2(k)]. \tag{7.27}$$

**Tabelle 7.2** Regelbasis für das Zwei-Tank-System

| $\hat{x}_2(k)$ | $\hat{x}_1(k)$ | $\hat{u}_2(k)$ | $\hat{u}_1(k)$ |
|---|---|---|---|
| 0 | 0 | 0 | 1 |
| 0 | 1 | 1 | 0 |
| 1 | 0 | 0 | 1 |
| 1 | 1 | 0 | 0 |

Es sei nochmals daran erinnert, daß mit der Laufvariablen k jetzt nicht wie in (6.58), (6.59) Ereignisse gezählt werden, sondern äquidistante Abtastschritte! Die Gln. (7.26), (7.27) konkretisieren in unserem Beispiel die allgemeine Beziehung (7.16). Diese Gleichungen werden nun über die vier Eckpunkte nach Tabelle 7.2 hinaus für das gesamte Quadrat

$$0 \leq \hat{x}_i \leq 1, \qquad i = 1, 2,$$

definiert. Wählt man noch zur Parametrierung des Reglers beispielsweise die Variante (7.19), so lautet der gesamte Fuzzy Abtastregler

$$u_1(k) = \alpha_1 \cdot M_1 \cdot \left[ 1 - \frac{x_1(k)}{x_{1,\max}} \right], \tag{7.28}$$

$$u_2(k) = \alpha_2 \cdot M_2 \cdot \frac{x_1(k)}{x_{1,\max}} \cdot \left[ 1 - \frac{x_2(k)}{x_{2,\max}} \right]. \tag{7.29}$$

Man erhält also ein vergleichsweise einfaches, analytisch angebbares, nichtlineares Regelungsgesetz. Solange man auf ein mathematisches Modell der Strecke verzichtet, kann man natürlich die beiden Parameter $\alpha_1$ und $\alpha_2$ nicht rechnerisch bestimmen. Man wird sie experimentell vor Ort so einstellen, daß beispielsweise bei festem mittleren Betriebswert $z_R$ ein mittlerer Pegel in beiden Tanks vorliegt.

Es gibt jedoch noch eine andere gewichtige Frage, die mit dem regelbasierten Fuzzy Entwurf nicht beantwortet ist: *die Stabilitätsfrage!* Ihr wendet sich der nächste Abschnitt zu.


## 7.3 Modellgestützte Stabilitätsanalyse

Fuzzy Regler können als eine bestimmte Form eines Echtzeit-Expertensystems angesehen werden, denn hier wie dort stützt sich die Generierung des Regelwerkes auf menschliches Erfahrungswissen. Der wissensbasierte Zugang zur Lösung komplexer Automatisierungsprobleme hat originär nicht die Absicht, irgendetwas zu *beweisen*, sei es Stabilität, Optimalität oder Robustheit. Das *Experiment* ist die Validierungsmethode. Das Konzept der Fuzzy Regelung ermöglicht es daher dem Anwender, auch ohne regelungstheoretische Kenntnisse effiziente Problemlösungen zu finden. Es darf jedoch nicht übersehen werden, daß dieser Vorzug gegenüber modellgestützten Entwurfsverfahren zugleich eine Schwäche des wissensbasierten Zugangs im allgemeinen und der Fuzzy Methodik im besonderen ist. Überall dort, wo in einer technischen Anwendung dem Aspekt der *Zuverlässigkeit* und damit der gesicherten Stabilität höchste Priorität zukommt, ist es geboten, wissensbasierte Entwürfe mit einer modellgestützten Vorgehensweise zu kombinieren.


Man kann zum Beispiel daran denken, einen mit Fuzzy Methoden entworfenen Regelkreis nachträglich einer Stabilitätsanalyse zu unterziehen, wo immer ein mathematisches Modell der Strecke verfügbar ist. Wenn überhaupt, wurde dieser Weg seither nur in Ansätzen beschritten [83], [86]. Das kann nicht überraschen angesichts der Nichtlinearität des Problems. Insbesondere die hochkomplexen Fuzzifizierungs- und Defuzzifizierungsprozesse (Bild 7.4) bei der üblichen Fuzzy Regelung machen es in Verbindung mit einer im allgemeinen nichtlinearen Strecke nahezu unmöglich, irgendetwas zu beweisen.


Hier bietet nun die mit Bild 7.5 und zugehörigem Text vorgeschlagene Variante der Fuzzy Regelung einen interessanten Ansatzpunkt. Der einzige nichtlineare Block in diesem Strukturbild ist nämlich die Inferenz (Fuzzy Logik), während Normierung und

Entnormierung lineare Operationen sind. Und auch die genannte Nichtlinearität ist von
einer sehr speziellen Form. Es handelt sich um multilineare Ausdrücke. Selbst wenn
die Regelstrecke ebenfalls nichtlinear ist, werden dennoch in vielen Fällen klassische
Konzepte der Stabilitäts*analyse* praktikabel sein. Hier ist zunächst an die Linearisierung um den Arbeitspunkt in Verbindung mit einem linearen Stabilitätstest zu denken
(Eigenwertkontrolle), vor allem aber auch an die Direkte Methode von Ljapunow, die
die Sicherung eines Einzugsbereiches der asymptotischen Stabilität ermöglicht [3], [6],
[15], [20].

Diese aus der klassischen Regelungstechnik bekannten Konzepte sollen hier nicht im
einzelnen wiederholt werden. Es soll vielmehr sogleich an dem bereits begonnenen
Beispiel des Zwei-Tank-Systems ihre Praktikabilität und ihr Nutzen aufgezeigt
werden.

Das bereits normierte mathematische Modell des Zwei-Tank-Systems, modelliert als
Abtastsystem, laute

$$\frac{x_1(k+1)}{x_{1,max}} = \frac{x_1(k)}{x_{1,max}} + 0{,}4 \cdot \left[ \frac{u_1(k)}{M_1} - \frac{u_2(k)}{M_2} \right],$$

$$\frac{x_2(k+1)}{x_{2,max}} = \frac{x_2(k)}{x_{2,max}} + 0{,}4 \cdot \frac{u_2(k)}{M_2} - 0{,}1,$$

mit (7.24), (7.25) also kurz

$$\hat{x}_1(k+1) = \hat{x}_1(k) + 0{,}4[\hat{u}_1(k) - \hat{u}_2(k)], \tag{7.30}$$

$$\hat{x}_2(k+1) = \hat{x}_2(k) + 0{,}4\,\hat{u}_2(k) - 0{,}1. \tag{7.31}$$

Dabei wurde für die Störgröße der normierte Wert

$$z_R/z_{max} = 0{,}1$$

angenommen, der ab k = 0 die Nachfrage wiedergeben möge.

Schreibt man auch den Fuzzy Abtastregler (7.28), (7.29) in der Form

$$\hat{u}_1(k) = \alpha_1[1 - \hat{x}_1(k)], \tag{7.32}$$

$$\hat{u}_2(k) = \alpha_2\,\hat{x}_1(k)[1 - \hat{x}_2(k)], \tag{7.33}$$

so gewinnt man durch Einsetzen in (7.30), (7.31) sofort die nichtlineare Zustandsdarstellung des geschlossenen Abtastregelkreises. (Da von jetzt an nur noch mit den normierten Werten weitergearbeitet wird, werden diese im folgenden der Einfachheit halber ohne (^) geschrieben):

$$x_1(k+1) = x_1(k) + K_1[1 - x_1(k)] - K_2 x_1(k)[1 - x_2(k)], \tag{7.34}$$

$$x_2(k+1) = x_2(k) + K_2 x_1(k)\,[1 - x_2(k)] - 0{,}1. \tag{7.35}$$

Dabei wurden die Abkürzungen

$$K_1 = 0{,}4\,\alpha_1\,, \tag{7.36}$$

$$K_2 = 0{,}4\,\alpha_2 \tag{7.37}$$

verwendet.

Wie am Ende von Abschnitt 7.2 angedeutet, können die beiden Parameter $\alpha_1$, $\alpha_2$ bzw. $K_1$, $K_2$ zur Arbeitspunkteinstellung genutzt werden. Wegen des jetzt vorliegenden mathematischen Modells läßt sich dies rechnerisch erledigen. Vorgeschrieben werde beispielsweise der Arbeitspunkt

$$x_{1R} = x_{2R} = 0{,}5. \tag{7.38}$$

Dann erhält man mit

$$x_i(k+1) = x_i(k) = 0{,}5, \qquad i = 1, 2,$$

aus (7.34), (7.35) durch Lösen eines einfachen linearen Gleichungssystems die Parameterwerte

$$K_1 = 0{,}2, \qquad K_2 = 0{,}4, \tag{7.39}$$

also mit (7.36), (7.37)

$$\alpha_1 = 0{,}5, \qquad \alpha_2 = 1. \tag{7.40}$$

Damit ist der Fuzzy Regler (7.32), (7.33) bereits festgelegt, allein durch Spezifizieren des gewünschten Arbeitspunktes. In diesem Fall wird offenbar die Steuergröße $u_1$ bis zu 50 % ausgeschöpft, und zwar bei leerem Tank 1, die Steuergröße $u_2$ bis zu 100 %, nämlich bei vollem Tank 1 und leerem Tank 2.

Welche *dynamischen* Eigenschaften hat aber der so entstehende nichtlineare Regelkreis? Zur Klärung dieser Frage wird wie oben vorgeschlagen zunächst der Regelkreis (7.34), (7.35) um den Arbeitspunkt (7.38) linearisiert, indem

$$x_i(k) = x_{iR} + \Delta x_i(k), \qquad\qquad i = 1, 2, \tag{7.41}$$

gesetzt wird, mit kleinen Abweichungen $\Delta x_i(k)$ vom Arbeitspunkt. Das ergibt den linearisierten Regelkreis

$$\Delta x(k+1) = \begin{bmatrix} 1-K_1-K_2(1-x_{2R}) & K_2 x_{1R} \\ K_2(1-x_{2R}) & 1-K_2 x_{1R} \end{bmatrix} \Delta x(k) = \begin{bmatrix} 0{,}6 & 0{,}2 \\ 0{,}2 & 0{,}8 \end{bmatrix} \Delta x(k). \tag{7.42}$$

Er besitzt die Eigenwerte

$$\tilde{\lambda}_1 = 0{,}924, \qquad \tilde{\lambda}_2 = 0{,}476.$$

Da diese im Inneren des Einheitskreises liegen, ist der nichtlineare Abtastregelkreis stabil "im Kleinen", wenn auch nicht sonderlich schnell, wie der Wert von $\tilde{\lambda}_1$ zeigt, der nah bei 1 liegt.

Sollte sich bei einem derartigen Stabilitätstest bereits der linearisierte Regelkreis als instabil erweisen, so ist dies ein Hinweis darauf, die Entwurfsparameter $\alpha_i$ zu modifizieren. Es ist in einem solchen Fall jedoch auch nicht auszuschließen, daß die rein heuristisch gewonnene binäre Regelbasis die Ursache der Instabilität ist. Die Regeln müßten dann kritisch überdacht werden.

Da man sich dafür interessiert, über die Stabilität im Kleinen hinaus eine gesicherte Aussage über die Größe zulässiger Störauslenkungen aus dem Arbeitspunkt zu gewin-

nen, wird nun die Direkte Methode von Ljapunow in ihrer zeitdiskreten Version [3]
auf das Beispiel angewandt.

Hierzu werden die Gleichungen (7.34), (7.35) des geschlossenen Regelkreises mittels
der Abweichungen (7.41) vom Arbeitspunkt angeschrieben, ohne jedoch zu linearisieren. Das ergibt

$$\Delta x_1(k+1) \quad = [1 - K_1 - K_2(1-x_{2R})] \cdot \Delta x_1(k) +$$

$$+ K_2 \, x_{1R} \, \Delta x_2(k) + K_2 \cdot \Delta x_1(k) \, \Delta x_2(k), \tag{7.43}$$

$$\Delta x_2(k+1) \quad = K_2(1-x_{2R}) \cdot \Delta x_1(k) +$$

$$+ (1-K_2 \cdot x_{1R}) \cdot \Delta x_2(k) - K_2 \cdot \Delta x_1(k) \, \Delta x_2(k). \tag{7.44}$$

Im Hinblick auf das bewährte und im folgenden angewandte Aiserman-Verfahren [6]
zur Konstruktion einer Ljapunow-Funktion schreibt man die Zustandsgleichungen
vektoriell in einer formal linearen Form:

$$\Delta x(k+1) = f[\Delta x(k)] = A \Delta x(k) + A_R[\Delta x(k)] \cdot \Delta x(k). \tag{7.45}$$

Dabei achtet man darauf, daß der streng lineare Anteil, der die konstante Matrix $A$
enthält, genau mit dem linearisierten System (7.42) übereinstimmt. Die Restmatrix
$A_R[\Delta x]$ hat dann die Eigenschaft

$$A_R[\Delta x] \rightarrow 0 \quad \text{für} \quad \Delta x \rightarrow 0. \tag{7.46}$$

Im vorliegenden Beispiel wird so

$$A_R[\Delta x(k)] = K_2 \cdot \begin{bmatrix} \Delta x_2(k) & 0 \\ 0 & -\Delta x_1(k) \end{bmatrix}. \tag{7.47}$$

Man setzt nun eine quadratische Ljapunow-Funktion

$$V(\Delta x) = \Delta x^T P \, \Delta x \tag{7.48}$$

als verallgemeinerte Energiefunktion an, mit einer symmetrischen und positiv definiten, ansonsten aber noch nicht festgelegten quadratischen Matrix **P**. Die *Änderung* dieser Energiefunktion beim Übergang vom k-ten zum (k+1)-ten Abtastschritt ist

$$\Delta V_k = V[\Delta x(k+1)] - V[\Delta x(k)] =$$

$$= \Delta x^T(k+1)\, \mathbf{P}\, \Delta x(k+1) - \Delta x(k)\, \mathbf{P}\, \Delta x(k),$$

also mit (7.45)

$$\Delta V_k = \Delta x^T(k)[\mathbf{A}^T\, \mathbf{P}\, \mathbf{A} - \mathbf{P}]\Delta x(k) +$$

$$+ \Delta x^T(k)\, \mathbf{A}_R^T[\Delta x(k)]\, \mathbf{P}\, \mathbf{A}_R\, [\Delta x(k)]\Delta x(k). \tag{7.49}$$

Läßt sich nun zeigen, daß die Änderung $\Delta V_k$ *negativ definit* ist für alle k, die "Energie" $V[\Delta x(k)]$ also mit jedem Schritt abnimmt, so ist die Ruhelage $x_R$ asymptotisch stabil [3], [6]. Nun hängen wegen (7.46) für kleine Abweichungen $\Delta x(k)$ die Definitheitseigenschaften von (7.49) allein von dem ersten Summanden der rechten Seite dieser Gleichung ab. Man verfügt daher im Zuge des Aiserman-Verfahrens

$$\mathbf{A}^T\, \mathbf{P}\, \mathbf{A} - \mathbf{P} = -\mathbf{Q}, \tag{7.50}$$

mit einer wählbaren symmetrischen und positiv definiten Matrix **Q**, um zumindest für kleine $\Delta x$ die negative Definitheit von $\Delta V_k$ zu erzwingen:

$$\Delta V_k \approx -\Delta x^T(k)\, \mathbf{Q}\, \Delta x(k). \tag{7.51}$$

Gl. (7.50) ist eine Matrixgleichung für die unbekannte Matrix **P**. Entscheidend für das Weitere ist nun ein Satz [13], wonach eine derartige Gleichung stets dann eine eindeutige und positiv definite Lösung **P** liefert, wenn **A** eine *stabile* Matrix ist, wenn also das um den Arbeitspunkt linearisierte System stabil ist. In unserem Beispiel trifft dies zu.

Unter Verzicht auf eine zielgerichtete Nutzung der Freiheitsgrade der Matrix **Q** werde **Q** = **I** gewählt. Mit den numerischen Werten der Matrix **A** nach (7.42) hat (7.50) dann die positiv definite Lösung

$$\mathbf{P} = \begin{bmatrix} 2{,}8 & 2{,}43 \\ 2{,}43 & 5{,}225 \end{bmatrix}. \tag{7.52}$$

Damit ist zunächst nur gezeigt, daß $\Delta V_k$ in einer Umgebung des Arbeitspunktes negativ definit und der nichtlineare Regelkreis daher in dieser Umgebung asymptotisch stabil ist - ein Ergebnis, das gegenüber der zuerst angewandten Linearisierungsmethode noch keinen Fortschritt bedeutet. Die Stärke der Ljapunow-Methode und insbesondere des Aiserman-Verfahrens liegt jedoch gerade darin, einen *gesicherten Einzugsbereich der asymptotischen Stabilität* garantieren zu können.

Hierzu wird im nächsten Schritt überprüft, wie groß der Bereich im Zustandsraum ist (bei unserem Beispiel ist dies die Zustandsebene), in dem $\Delta V_k$ negativ definit ist. Offenbar ist dies mit Blick auf (7.49) *der* Bereich, in dem die Matrix

$$Q(\Delta x) = Q - A_R^T(\Delta x)\, P\, A_R\, (\Delta x) \tag{7.53}$$

*positiv* definit ist. In unserem Beispiel ergibt sich mit $Q = I$ nach elementarer Rechnung

$$Q(\Delta x) = \begin{bmatrix} 1-0,448\Delta x_2^2 & 0,388\Delta x_1 \Delta x_2 \\ & \\ 0,388\Delta x_1 \Delta x_2 & 1-0,836\Delta x_1^2 \end{bmatrix} \overset{!}{>} 0.$$

Die Anwendung des Kriteriums von Sylvester [3], [6] liefert so das durch die Kurve a im Bild 7.6 umschlossene Gebiet der $\Delta x_1$, $\Delta x_2$-Ebene, in dem $\Delta V_k$ negativ definiert ist.

Die Ljapunow-Methode garantiert nun nicht etwa dieses Gebiet als gesicherten Einzugsbereich der asymptotischen Stabilität, sondern nur dasjenige Teilgebiet, in dem

$$V = \Delta x^T\, P\, \Delta x < c \tag{7.54}$$

ist, mit einer festen positiven Zahl c.

Gl. (7.54) beschreibt das Innere eines Ellipsoids (in unserem Fall einer Ellipse). Um den größtmöglichen Einzugsbereich zu sichern, wählt man die Zahl c so groß, daß das Ellipsoid gerade noch in dem Gebiet liegt, in dem $\Delta V_k$ negativ definit ist. In unserem Beispiel führt dies nach etwas Numerik auf die Ellipse (Kurve b) im Bild 7.6. Sie

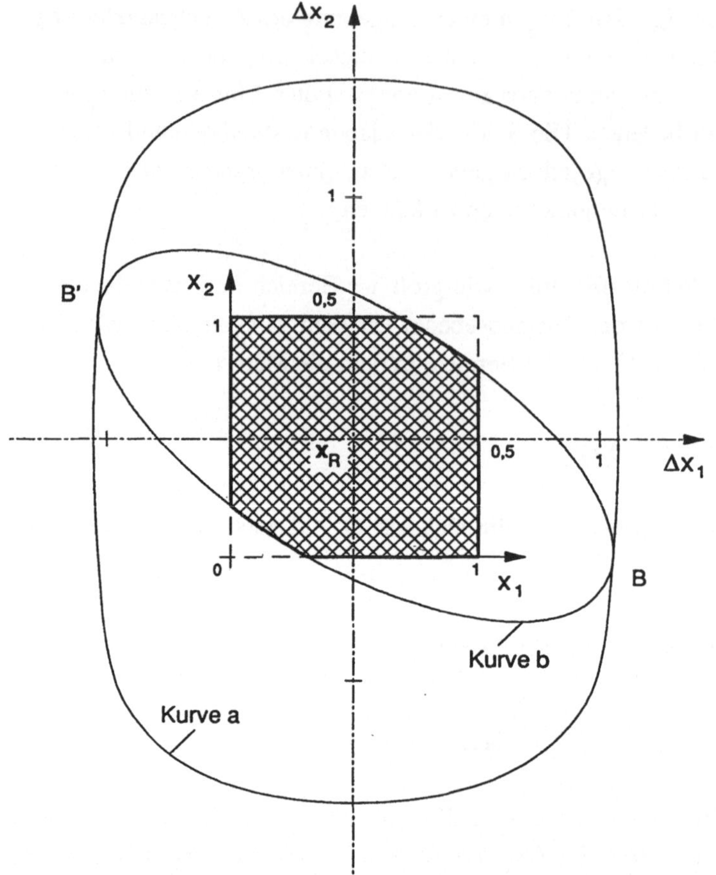



**Bild 7.6** Ergebnis der Stabilitätsanalyse mit der Ljapunow-Methode
(Schraffiert: technisch relevanter, gesicherter Einzugsbereich der asymptotischen Stabilität)

berührt die Kurve a in den Punkten B und B'. Das Innengebiet der Kurve b ist somit gesicherter Einzugsbereich der asymptotischen Stabilität der Ruhelage. Diese Ruhelage ist der Ursprung der $\Delta x_1$, $\Delta x_2$-Ebene bzw. der Punkt $x_R = (0,5;0,5)^T$ in dem ebenfalls eingetragenen ursprünglichen $x_1$, $x_2$-Koordinatensystem.

Nun ist bei dem vorliegenden Zwei-Tank-System der technisch interessante Bereich der $x_1$, $x_2$-Ebene das Quadrat (siehe Bild 7.6)

$$0 \le x_i \le 1, \qquad i = 1, 2.$$

Es sei daran erinnert, daß die $x_i$ die nach (7.25) normierten Pegel unter Verzicht auf das Symbol ($\hat{}$) sind. Wie man aus Bild 7.6 ersieht, liegt dieses Quadrat nahezu vollständig im gesicherten Einzugsbereich, abgesehen von zwei Zwickeln im Bereich der Eckpunkte $x = 0$ und $x = (1,1)^T$. Die Direkte Methode von Ljapunow sichert die asymptotische Stabilität hier also für nahezu alle technisch relevanten Anfangsstörungen!

Dabei bedarf ein Punkt noch einer Klärung. Der Rand des technisch interessanten Bereiches (im Bild 7.6 fett gezeichnet) fällt offensichtlich nur partiell mit einer Niveaulinie der Ljapunow-Funktion zusammen. Daher kann zunächst nicht ausgeschlossen werden, daß eine Trajektorie, die beispielsweise im Randpunkt $x = (1;0,5)^T$ startet, den technisch relevanten Bereich zeitweise verläßt. Dies würde vorübergehend zu einem Überschreiten des zulässigen Maximalwertes $x_{1max} = 1$ führen. Um dies sicher ausschließen zu können, hat man lediglich für die vier Geradenstücke des fett gezeichneten Randes zu überprüfen, in welche Richtung sich die dort startenden Trajektorien des geschlossenen Regelkreises bewegen.

Exemplarisch werde dies für das Randstück

$$x_1 = 1, \qquad 0 \leq x_2 \leq 0,79$$

durchgeführt. Die Gleichungen (7.34), (7.35) des geschlossenen Regelkreises,

$$x_1(k+1) = 0,4\, x_1(k) + 0,4\, x_1(k)\, x_2(k) + 0,2, \qquad (7.55)$$

$$x_2(k+1) = 0,4\, x_1(k) + x_2(k) - 0,4\, x_1(k)\, x_2(k) - 0,1, \qquad (7.56)$$

lauten auf diesem Randstück mit $x_1(k) = 1$

$$x_1(k+1) = 0,6 + 0,4\, x_2(k),$$

$$x_2(k+1) = 0,3 + 0,6\, x_2(k).$$

Welchen Wert aus dem Intervall $0 \leq x_2(k) \leq 0,79$ man auch einsetzt, der Folgezustand $x(k+1)$ liegt stets *innerhalb* des schraffierten Bereiches im Bild 7.6. Gleiches erhält man auch für die anderen kritischen Randteile. Zusammenfassend ist damit gezeigt:

*Der im Bild 7.6 schraffierte Bereich gehört zum gesicherten Einzugsbereich der Ruhelage. Trajektorien, die in diesem Bereich (einschließlich seines Randes) starten, verlassen ihn auch nicht zeitweise.*

Der Entwurf soll abschließend durch Simulation überprüft werden. Dabei interessiert auch - wie stets bei der Ljapunow-Methode - die Frage, inwieweit der tatsächliche Einzugsbereich den gesicherten übertrifft.

Wir beginnen daher versuchsweise mit dem Anfangszustand $x(0) = 0$, der nach Bild 7.6 ausgeschlossen werden muß. Einsetzen in (7.55), (7.56) ergibt den rechnerischen Folgezustand

$$x(1) = \begin{bmatrix} 0{,}2 \\ -0{,}1 \end{bmatrix},$$

dessen negative zweite Komponente in der Tat physikalisch sinnlos ist. Darin spiegelt sich der einfache Sachverhalt wider, daß bei anfangs völlig leeren Tanks die für den Zufluß verantwortlichen Pumpen P1 und P2 nicht in der Lage sind, die von Anfang an über Pumpe P3 abgesaugte Flüssigkeitsmenge nachzuliefern. Daher kann - mit welcher Ljapunow-Funktion auch immer - der Einzugsbereich niemals den Punkt $x = 0$ im Bild 7.6 enthalten. Insofern kann im nachhinein die Größe des mit Bild 7.6 gesicherten Einzugsbereiches als sehr gut beurteilt werden. Das Beispiel verdeutlicht auch nochmals, daß wissens- oder regelbasierte Entwürfe erst in Verbindung mit modellgestützten Analyseverfahren *zuverlässige* Aussagen über das Betriebsverhalten einer automatisierten Anlage ermöglichen.

Für die Anfangszustände

$$x(0) = \begin{bmatrix} 0{,}1 \\ 0{,}1 \end{bmatrix}, \begin{bmatrix} 1 \\ 1 \end{bmatrix}, \begin{bmatrix} 1 \\ 0 \end{bmatrix}, \begin{bmatrix} 0 \\ 1 \end{bmatrix}$$

ist in den Bildern 7.7 bis 7.10 das Einschwingverhalten der Fuzzy Abtastregelung wiedergegeben. Der Anfangszustand $x(0) = [0{,}1;0{,}1]^T$ liegt geringfügig außerhalb des gesicherten Bereiches aus Bild 7.6. Wie das anfängliche Unterschwingen des Niveaus $x_2$ im Bild 7.7 zeigt, ist dieser Anfangszustand kritisch, er kann aber noch toleriert werden. Der im Bild 7.8 gewählte Anfangszustand $x(0) = (1,1)^T$ kann aus Symmetriegründen (Bild 7.6) mit quadratischen Ljapunow-Funktionen nicht gesichert werden, er

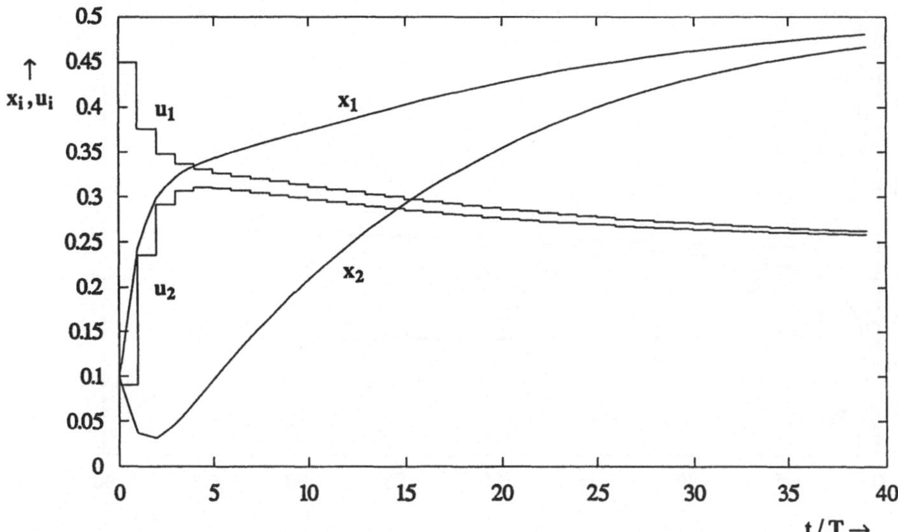

**Bild 7.7** Einschwingverhalten für den Anfangszustand $x^T(0) = (0,1;0,1)$

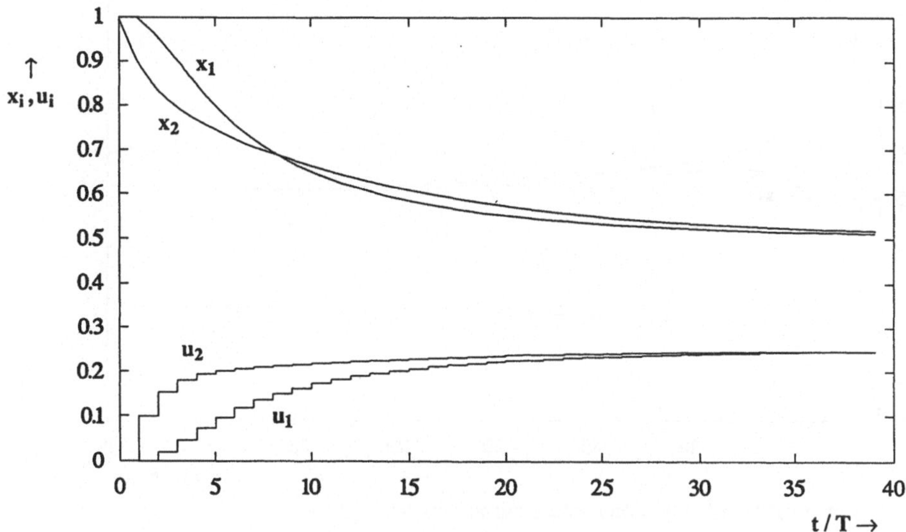

**Bild 7.8** Einschwingverhalten für den Anfangszustand $x^T(0) = (1;1)$

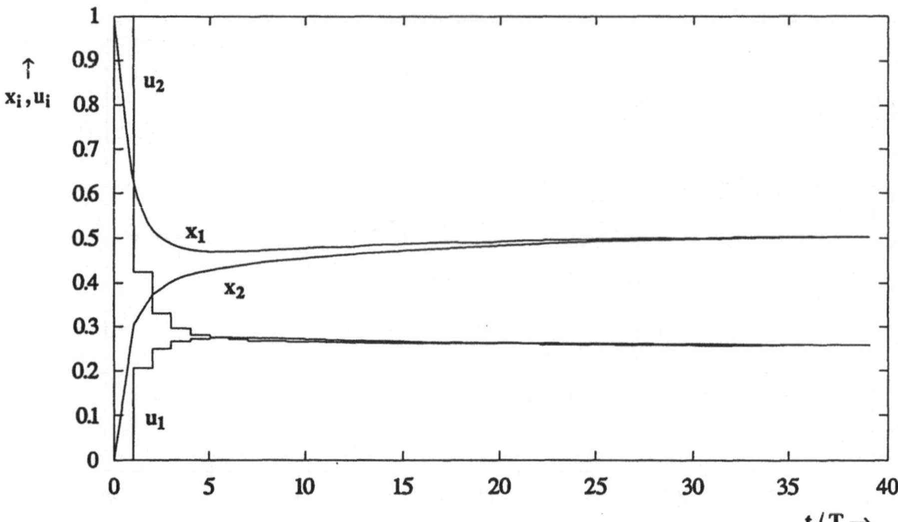

**Bild 7.9**  Einschwingverhalten für den Anfangszustand $x^T(0) = (1;0)$

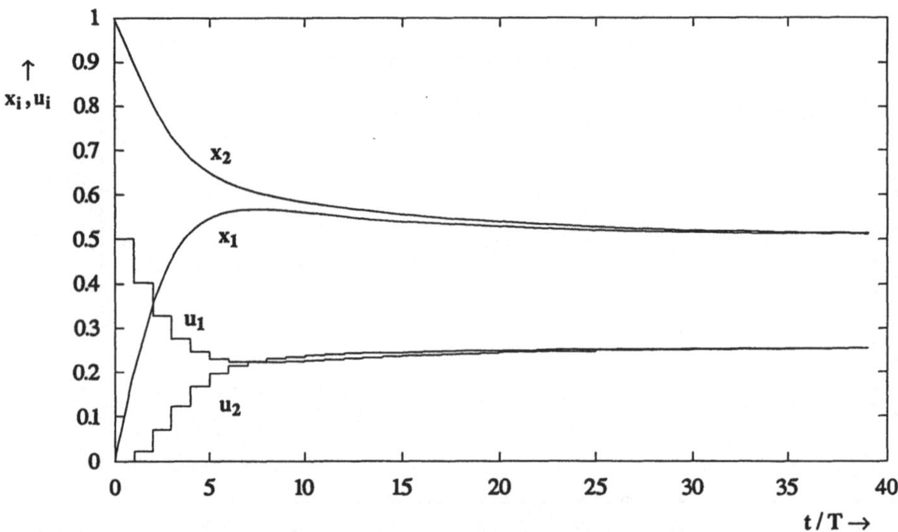

**Bild 7.10**  Einschwingverhalten für den Anfangszustand $x^T(0) = (0;1)$

gehört jedoch offenbar zum Einzugsbereich. Erwartungsgemäß unkritisch sind die Anfangszustände $x(0) = (1,0)^T$ und $(0,1)^T$ in den Bildern 7.9 und 7.10. Hier bewirkt der nichtlineare Fuzzy-Regler eine deutliche Verbesserung der anfänglichen Schnelligkeit im Vergleich zur linearen Regelung (Eigenwerte $\tilde{\lambda}_1 = 0{,}924$, $\tilde{\lambda}_2 = 0{,}476$), der sich der Regelkreis mit wachsender Zeit mehr und mehr annähert.

# 7.4  Zusammenfassung

Die Fuzzy Regelung ist nur eines von vielen erfolgversprechenden Anwendungsgebie-
ten der Fuzzy Logik, die sich derzeit einer breiten Fachdiskussion erfreut. Die Grundidee, die hinter der Fuzzy Regelung steht, ist die Nutzung heuristischen Erfahrungs-
wissens über das dynamische Verhalten der Regelstrecke mit dem Ziel, auch ohne
mathematisches Modell der Strecke einen Regler entwerfen zu können. An die Stelle
des klassischen modellgestützten Entwurfs tritt ein regelbasierter Entwurf. Da diese
Regeln linguistisch als WENN-DANN-Beziehungen formuliert werden, lassen sie sich
mit dem Booleschen Aussagenkalkül algorithmisieren (Fuzzy Logik). Das Zusammen-
spiel von Fuzzifizierung, Fuzzy Logik und Defuzzifizierung (Bild 7.4) macht den
Fuzzy Regler im allgemeinen zu einem komplex strukturierten nichtlinearen Regler,
obwohl er keinerlei Dynamikanteile enthält.

Wenngleich dieser Zugang zum Reglerentwurf unbestreitbare Vorzüge und Erfolge
insbesondere bei schwierig oder überhaupt nicht modellierbaren Prozessen vorweisen
kann, hat er doch auch Schwächen. Dazu gehört zum einen das derzeit noch ungeklär-
te Problem der Vollständigkeit, Eindeutigkeit und Widerspruchsfreiheit der Regelbasis
und zum andern der mangels Modellstützung nicht führbare Stabilitätsnachweis für die
Regelung.

In diesem Kapitel wurde eine Variante der Fuzzy Regelung vorgeschlagen, die folgende Wesensmerkmale trägt:

Das im Kapitel 2 eingeführte stetige algebraische Äquivalent Boolescher Schaltfunktionen, zunächst nur in den Eckpunkten eines Kubus definiert, wird in seinem Definitionsbereich auf den gesamten Kubus ausgedehnt. Damit erweist sich diese Beschreibungsform Boolescher Schaltfunktionen zugleich als geeignet zur logischen Verknüpfung unscharfer Mengen. Im Kontext der Fuzzy Regelung wird im ersten Schritt eine
Regelbasis für die Rückkopplungsstrategie erstellt, die sich nur auf die *Eckpunkte* des
durch die normierten Meßgrößen repräsentierten Kubus erstreckt. Da diese Regelbasis
als vollständig definierte Boolesche Schalttabelle formuliert wird, ist sie von Hause
aus vollständig, eindeutig und widerspruchsfrei. Sie legt zugleich nach Kapitel 2
eindeutig das zugehörige algebraische Äquivalent als arithmetisiertes
SHEGALKIN-Polynom fest. Dieses dient, erweitert um eine eingangsseitige Normierung und eine ausgangsseitige Entnormierung, direkt als Fuzzy Regler. In der Sprache
der sonst üblichen Vorgehensweise beim Fuzzy Reglerentwurf bedeutet diese Variante

eine äußerste Beschränkung der Anzahl der Zugehörigkeitsfunktionen auf eine einzige. Dies mag vordergründig als eine unnötig starke Beschneidung der Möglichkeiten eines Fuzzy Reglers erscheinen. Jedoch wirft der sonst übliche Ansatz einer Vielzahl von Zugehörigkeitsfunktionen unter anderem das Problem auf, die zahlreichen linguistischen Steuerregeln widerspruchsfrei in Tabellenform abzulegen. Die Erfahrung hat inzwischen gezeigt, daß bereits mit ganz wenigen Regeln und Zugehörigkeitsfunktionen erstaunlich gute Ergebnisse erzielbar sind. In diese Richtung weist auch die hier vorgestellte Variante.

Modellgestützte Stabilitätsuntersuchungen liegen außerhalb der originären Absicht des Fuzzy Reglerentwurfs. Seine Stärke liegt dort, wo ein mathematisches Streckenmodell nicht verfügbar ist und dennoch ein Regelungsproblem technisch bewältigt werden muß. Das schließt jedoch nicht den Versuch aus, den Fuzzy Entwurf in den Fällen mit einer Stabilitätsanalyse zu verbinden, wo dies anhand eines Modells der Strecke möglich ist. Eine derartige Kombination der beiden Sichtweisen wurde hier beispielorientiert vorgestellt. Wegen der Nichtlinearität eines Fuzzy Regelkreises kommt vor allem die Direkte Methode von Ljapunow für eine Stabilitätsanalyse in Frage, da sie einen gesicherten Einzugsbereich der asymptotischen Stabilität liefert. Am Beispiel der Fuzzy Regelung eines Zwei-Tank-Systems wurde gezeigt, daß dieser Bereich durchaus eine zufriedenstellende Ausdehnung hat.

Heuristisches Erfahrungswissen ist nicht gegen Irrtümer gefeit, vor allem wenn es vor unverhoffte neue Situationen gestellt wird. Der unverzichtbaren Forderung nach Zuverlässigkeit bei der Automatisierung komplexer Prozesse wird man daher auch künftig nicht ohne modellgestützte Methoden gerecht werden können.

# Literaturverzeichnis

Das Literaturverzeichnis ist in neun sich teilweise überschneidende Sachgebiete gegliedert. Jedes dieser Gebiete repräsentiert einen eigenständigen, weit entwickelten Themenkreis, so daß nur einige für das vorliegende Buch relevante Literaturstellen ausgewählt werden konnten.

## Regelungstechnik und Systemtheorie


[1]     ACKERMANN, J.: Abtastregelung, Bd. I. Springer-Verlag, Berlin, Heidelberg, New York, 2. Auflage 1983.

[2]     BAHR, U. und DIENER, G.: Chaotisches Verhalten vollständig determinierter Systeme. *wissenschaft und fortschritt* 39 (1989), S. 209-212.

[3]     BÖCKER, J., HARTMANN, I. und ZWANZIG, CH.: Nichtlineare und adaptive Regelungssysteme. Springer-Verlag, Berlin, Heidelberg, New York 1986.

[4]     FÖLLINGER, O.: Regelungstechnik. Hüthig Buch Verlag Heidelberg, 7. Auflage 1992.

[5]     FÖLLINGER, O.: Lineare Abtastsysteme. R. Oldenbourg Verlag, München, Wien, 2. Auflage 1982.

[6]     FÖLLINGER, O.: Nichtlineare Regelungssysteme, Bd. II. R. Oldenbourg Verlag, München, Wien, 3. Auflage 1980.

[7]     FÖLLINGER, O. und FRANKE, D.: Einführung in die Zustandsbeschreibung dynamischer Systeme. R. Oldenbourg Verlag, München, Wien 1982.

[8]     FRANKE, D.: Control of bilinear distributed parameter systems. In I. Hartmann (Ed.): Advances in Control Systems and Signal Processing, Vol. 1, S. 2-113, Vieweg, Braunschweig, Wiesbaden 1980.

[9]     FRANKE, D.: Systeme mit örtlich verteilten Parametern - Eine Einführung in die Modellbildung, Analyse und Regelung. Springer-Verlag, Berlin, Heidelberg, New York 1987.

[10]    FRANKE, D., KRÜGER, K. und KNOOP, M.: Systemdynamik und Reglerentwurf - Ein Zugang über verallgemeinerte Fourier-Reihen. R. Oldenbourg Verlag, München, Wien 1993.

[11]    FREUND, E. und HOYER, H.: Das Prinzip nichtlinearer Systementkopplung mit der Anwendung auf Industrieroboter. *Regelungstechnik* 28 (1980), S. 80-87 und S. 116-126.

[12]    ISIDORI, A.: Nonlinear Control Systems: An Introduction. Springer-Verlag, Berlin, Heidelberg, New York 1985.

[13]    KALMAN, R.E. und BERTRAM, J.E.: Control System Analysis and Design Via the "Second Method" of Lyapunov, II Discrete-Time Systems. *Trans ASME J. Basic Eng.* 1960, S. 394-400.

[14]    KNOOP, M.: Entwurf linearer Abtastregler durch Kollokation. Fortschr.-Ber. VDI Reihe 8 Nr. 302. VDI-Verlag, Düsseldorf 1992.

[15]    LA SALLE, J. und LEFSCHETZ, S.: Die Stabilitätstheorie von Ljapunow. Bibl. Inst. Mannheim 1967.

[16]    LEE, K.S. und CHANG, K.S.: Discrete-time modelling of distributed parameter systems for state estimator design. *Int. Journal of Control* 48 (1988), S. 929-948.

[17]    LEE, K.S., CHOW, S.N. und BARR, R.O.: On the control of discrete-time distributed parameter systems. *SIAM Journal on Control* 10 (1972), S. 361-376.

[18]    LUDYK, G.: Theorie dynamischer Systeme. Elitera-Verlag, Berlin 1977.

[19]    LUDYK, G.: Nichtlineare zeitdiskrete Systeme. *Automatisierungstechnik* 36 (1988), S. 321-330.

[20] MAHMOUD, M.S. and SINGH, M.G.: Discrete Systems. Springer-Verlag, Berlin, Heidelberg, New York 1984.

[21] ROPPENECKER, G.: Zeitbereichsentwurf linearer Regelungen. R. Oldenbourg Verlag, München, Wien 1990.

[22] SOMMER, R.: Synthese nichtlinearer, zeitvarianter Systeme mit Hilfe einer kanonischen Form. Fortschr.-Ber. VDI Reihe 8 Nr. 36. VDI-Verlag, Düsseldorf 1981.

[23] UNBEHAUEN, H.: Regelungstechnik, Vieweg-Verlag, Braunschweig, Wiesbaden, Bd. I, 7. Auflage 1992; Bd. II, 5. Auflage 1989, Bd. III 1988.

[24] WELLER, W.: Lernende Steuerungen. R. Oldenbourg Verlag, München, Wien 1985.

[25] WUNSCH, G.: Systemtheorie. Akademische Verlagsgesellschaft, Leipzig 1975.

## Digitale Schaltungstechnik

[26] BAITINGER, U.G.: Schaltkreistechnologien für digitale Rechenanlagen. W. de Gruyter, Berlin, New York 1973.

[27] DAVIO, M., THAYSE, A. und BIOUL, G.: Symbolic Computation of Fourier transforms of Boolean functions. *Philips Research Reports* 27 (1972), S. 386-403.

[28] GILOI, W. und LIEBIG, H.: Logischer Entwurf digitaler Systeme. Springer-Verlag, Berlin, Heidelberg, New York 1980.

[29] HAFERSTROH, U.: Digitale Schaltwerke - Analyse und Synthese. Lexika-Verlag, Grafenau 1977.

[30] LANGHELD, E.: Einführung in die Schwellwert- und Majoritätslogik. *Elektronik* (1976) 1, S. 46-52 und S. 73-78.

[31]    LECHNER, R.J.: Harmonic Analysis of Switching Functions. In: A. Mukhopadhyay (Ed.): Recent Developments in Switching Theory, Academic Press, New York und London 1971, S. 122-128.

[32]    LEWIS, PH. M.: Practical guide to threshold logic. *Electronic Design*, Bd. 15 (1967), 22, S. 66-77.

[33]    METZ, J. und MERBETH, G.: Schaltalgebra-Grundlage digitaler Schaltungen. Harri Deutsch, Frankfurt/M., Zürich 1970.

[34]    MORGENSTERN, B.: Elektronik, Bd. III: Digitale Schaltungen und Systeme. Vieweg-Verlag, Braunschweig, Wiesbaden 1992.

[35]    MORTIER, H.: Entwicklung von Schaltungen mit Schwellwertlogik. *Elektronik* (1981), No. 10, S. 87-89.

[36]    POSPELOV, D.A.: Analyse und Synthese von Schaltsystemen. VEB Verlag Technik, Berlin 1973.

[37]    POSTHOFF, CH.: Harmonische Analyse von Schaltfunktionen. ZKI-Informationen, AdW der DDR, 1/1975.

[38]    STÜRZ, H. und CIMANDER, W.: Logischer Entwurf digitaler Schaltungen - Leitfaden und Aufgaben. Hüthig Verlag, Heidelberg 1977.

[39]    TIETZE, U. und SCHENK, CH.: Halbleiterschaltungstechnik. Springer-Verlag, Berlin, Heidelberg, New York, 5. Auflage 1980.

## Binäre Steuerungen und Prozeßautomatisierung

[40]    AUER, A.: SPS-Aufbau und Programmierung. Hüthig Verlag, Heidelberg, 2. Auflage 1989.

[41]    AUER, A.: SPS-Programmierung, Beispiele und Aufgaben. Hüthig Verlag, Heidelberg 1989.

[42]   BERTRAND, J.W.M, WORTMANN, J.C. und WIJNGAARD, J.: Production Control - A Structural and Design Oriented Approach. Elsevier, Amsterdam, Oxford, New York 1990.

[43]   FASOL, K.H.: Binäre Steuerungstechnik. Springer-Verlag, Berlin, Heidelberg, New York 1988.

[44]   LATZEL, W.: Bemerkungen zum Beitrag "Speicherprogrammierbare Steuerungen, Abgrenzungen und Definitionen" von E. Grötsch im Heft 6/1989. *Automatisierungstechnische Praxis* 32 (1990), S. 319-320.

[45]   LAUBER, R.: Prozeßautomatisierung, Bd. I. Springer-Verlag, Berlin, Heidelberg, New York, 2. Auflage 1989.

[46]   LENSCHOW, R.: Methoden zur Modellierung und Analyse ablauforientierter Steuerungssysteme. *Automatisierungstechnik* 39 (1991), S. 316-322.

[47]   LITZ, L.: Automatisierung verfahrenstechnischer Prozesse - Anforderungen und Defizite. *Automatisierungstechnik* 37 (1989), S. 370-376.

[48]   WELLENREUTHER, G. und ZASTROW, D.: Speicherprogrammierte Steuerungen SPS. Vieweg-Verlag, Braunschweig, Wiesbaden, 3. Auflage 1988.

[49]   WELLERS, H. und WOLFF, D.: Speicherprogrammierbare Steuerungen. Girardet-Verlag, Essen 1985.

## Automatentheorie und ereignisdiskrete Systeme

[50]   ABEL, D.: Modellbildung und Analyse diskret gesteuerter Systeme mit Petri-Netzen. *Automatisierungstechnik* 36 (1988), S. 455-462.

[51]   ABEL, D.: Petri-Netze für Ingenieure; Modellbildung und Analyse diskret gesteuerter Systeme. Springer-Verlag, Berlin 1990.

[52]   AKERS, S.B.: On a theory of Boolean functions. *SIAM J.* 7 (1959), S. 487-498.

[53]    BOCHMANN, D.: Einführung in die strukturelle Automatentheorie. VEB
        Verlag Technik, Berlin 1975.

[54]    BOCHMANN, D. und POSTHOFF, C.: Binäre dynamische Systeme. R.
        Oldenbourg Verlag, München, Wien 1981.

[55]    BOCHMANN, D. und STEINBACH, B.: Logikentwurf mit XBOOLE. Verlag
        Technik, Berlin 1991.

[56]    BOOTH, T.L.: Sequential Machines and Automata Theory. J. Wiley and Sons,
        New York, London, Sydney 1967.

[57]    FRANKE, D.: A New Representation of Boolean Functions with Applications
        to Binary Process Control. Preprints of the IFAC Workshop Automatic Con-
        trol for Quality and Productivity, ACQP'92, Istanbul, Türkei, Vol. 1
        S. 225-233.

[58]    FRANKE, D.: A Novel Approach to Finite Automata with Control Applica-
        tion to Transport Systems. Proc. of the First International Conference on Intel-
        ligent Systems Engineering, Edinburgh, UK, IEE Conference Publication No.
        360 (1992), S. 71-76.

[59]    GILL, A.: Itroduction to the Theory of Finite-State Machines. McGraw-Hill,
        New York 1962.

[60]    GINSBURG, S.: Mathematical Machine Theory. Addison-Wesley, Reading,
        London 1962.

[61]    GÖSSEL, M.: Angewandte Automatentheorie, Bd. I und II, Akademie-Verlag,
        Berlin 1972.

[62]    HOMUTH, H.: Einführung in die Automatentheorie. Vieweg-Verlag, Braun-
        schweig 1977.

[63]    ICHIKAWA, A. und HIRAISHI, K.: Analysis and Control of Discrete Event
        Systems Represented by Petri Nets. Lecture Notes in Control and Inform. Sci.
        103, S. 115-134, Springer-Verlag, Berlin, Heidelberg, New York 1988.

[64]   KÖNIG, R. und QUÄCK, L.: Petri-Netze in der Steuerungs- und Digitaltechnik. R. Oldenbourg Verlag, München, Wien 1988.

[65]   MURATA, T., KOMODA, N., MATSUMOTO, K. und HARUNA, K.: A Petri Net-Based Controller for Flexible and Maintainable Sequence Control and Its Applications in Factory Automation. *IEEE Trans. Indust. Electron.* 33 (1986), S. 1-8.

[66]   PETERSON, J.L.: Petri Net Theory and the Modeling of Systems. Prentice-Hall, Englewood Cliffs 1981.

[67]   PETRI, C.A.: Kommunikation mit Automaten. Schriften des Rheinisch-Westfälischen Instituts für instrumentelle Mathematik, Universität Bonn 1962.

[68]   PICHLER, F.: Mathematische Systemtheorie. W. de Gruyter, Berlin, New York 1975.

[69]   POSTHOFF, C., BOCHMANN, D. und HAUBOLD, K.: Diskrete Mathematik. B.G. Teubner Verlagsgesellschaft, Leipzig 1986.

[70]   QUÄCK, L.: Aspekte der Modellierung und Realisierung der Steuerung technologischer Prozesse mit Petri-Netzen. *Automatisierungstechnik* 39 (1991), S. 116-120.

[71]   RAMADGE, P.J. und WONHAM, W.M.: Modular Supervisory Control of Discrete Event Systems. *Systems Control Group Report* No 8706 (1987), Dept. of Electrical Engineering, Univ. of Toronto.

[72]   RAMADGE, P.J. und WONHAM, W.M.: The Control of Discrete Event Systems. *Proc. of the IEEE*, Vol. 77 (1989), No. 1.

[73]   REISIG, W.: Systementwurf mit Netzen. Springer-Verlag, Berlin 1985.

[74]   SANDWEG-KOHMANN, A.: Koordination von Engergie- und Materialfluß in einem ereignisdiskreten Stückprozeß. Fortschr.-Ber. VDI Reihe 8 Nr. 240. VDI-Verlag, Düsseldorf 1991.

[75]　SCHEURING, R. und WEHLAN, H.: Der Boolesche Differentialkalkül - Eine Methode zur Analyse und Synthese von Petri-Netzen. *Automatisierungstechnik* 39 (1991), S. 226-233.

[76]　SCHEURING, R. und WEHLAN, H.: On the Design of Discrete Event Dynamic Systems by Means of the Boolean Differential Calculus. In D. Franke und F. Kraus (Eds.): Design Methods of Control Systems: selected papers from the IFAC Symposium Zurich, Switzerland, 4-6 September 1991, Pergamon Press, Oxford 1992, S. 463-468.

[77]　SCHNIEDER, E.: Prozeßinformatik; eine Einführung mit Petri-Netzen. Vieweg-Verlag, Braunschweig, 2. Auflage 1993.

[78]　SCHNIEDER, E. und GÜCKEL, H.: Petri-Netze in der Automatisierungstechnik. *Automatisierungstechnik* 37 (1989), S. 173-180 und S. 234-241.

[79]　STÜRZ, H. und CIMANDER, W.: Automaten-Theorie und Anwendung in der digitalen Schaltungstechnik. VEB Verlag Technik, Berlin 1974.

[80]　ZHONG, H. und WONHAM, W.M.: On the Consistency of Hierarchical Supervision in Discrete-Event Systems. *IEEE Trans. AC* 35 (1990), S. 1125-1134.

## Fuzzy Logik und Fuzzy Regelung

[81]　ABEL, D.: Fuzzy Control - Eine Einführung ins Unscharfe. *Automatisierungstechnik* 39 (1991), S. 433-438.

[82]　von ALTROCK, C.: Über den Daumen gepeilt. *c't* 1991, Heft 3, S. 188-200.

[83]　CHEN, Y.-Y.: The Analysis of Fuzzy Dynamic Systems Using Cell-to-Cell Mapping. Proc. IEEE Syst. Man Cybern., Annual Conf. 1988, S. 1408-1411.

[84]　GUPTA, M.M., SARIDIS, G.N. und GAINES, B.R.: Fuzzy Automata and Decision Processes. North Holland, New York 1975.

[85]    HETZHEIM, H. und HOMMEL, G.: Fuzzy Logik für die Automatisierungs-
        technik? *Automatisierungstechnische Praxis* 33 (1991), S. 504-510.

[86]    KISZKA, J.B., GUPTA, M.M. und NIKIFORUK, P.N.: Energetistic Stability
        of Fuzzy Dynamic Systems. *IEEE Trans. Syst. Man Cybern.* vol. SMC-15
        (1985), S. 783-792.

[87]    MAMDADI, E.H. und BAAKLINI, N.: Prescriptive methods for deriving
        control policy in a fuzzy logic controller. *Electron. Lett.* 11 (1975),
        S. 625-626.

[88]    PREUSS, H.-P.: Fuzzy Control - heuristische Regelung mittels unscharfer
        Logik. *Automatisierungstechnische Praxis* 34 (1992), S. 176-184 und
        S. 239-246.

[89]    REINFRANK, M.: Fuzzy Control - unscharfe Logik als Regelungskonzept.
        *Siemens-Zeitschrift* 5 (1991), S. 28-33.

[90]    ZADEH, L.A.: Fuzzy Sets. *Information and Control,* 1965, S. 338-353.

[91]    ZIMMERMANN, H. J.: Fuzzy Set Theory - and Its Applications. Kluwer-Nij-
        hoff Publishing, Boston 1991.

**Methoden der Künstlichen Intelligenz**

[92]    HECHT-NIELSEN, R.: Neurocomputing. Addison-Wesley, Reading, London
        1990.

[93]    LUNZE, J.: Qualitative modelling of continuous-variable systems by means of
        non-deterministic automata. *Intelligent Systems Engineering* 1 (1992),
        S. 22-30.

[94]    LUNZE, J.: Qualitative modelling of dynamical systems for on-line diagnosis.
        Proc. of the First International Conference on Intelligent Systems Engineering,
        Edinburgh, UK, IEE Conference Publ. No. 360 (1992), S. 153-158.

[95]   RUMELHART, D.E. und McCLELLAND, J.L.: Parallel Distributed Processing - Explorations in the Microstructure of Cognition. Vol. 1: Foundations. MIT Press, Cambridge, Massachusetts 1986.


## Minimax Algebra


[96]   ARNOLD, B.F.: Minimax-Prüfpläne für die Prozeßkontrolle. Physica-Verlag, Heidelberg 1987.

[97]   CUNINGHAME-GREEN, R.: Minimax Algebra. Lecture Notes in Economics and Mathematical Systems, Vol. 166. Springer-Verlag, Berlin, Heidelberg, New York 1979.

[98]   DEM'JANOV, W.F. und MALOZEMOV, W.N.: Einführung in Minimax-Probleme. Akademische Verlagsgesellschaft, Leipzig 1975.


## Wahrscheinlichkeits- und Zuverlässigkeitstheorie


[99]   BIRNBAUM, Z.W., ESARY, J.D. und SAUNDERS, S.C.: Multicomponent Systems and Structures, and Their Reliability. *Technometric* 3 (1961), S. 55-77.

[100]  REINSCHKE, K.: Zuverlässigkeit von Systemen. Band 1: Systeme mit endlich vielen Zuständen. VEB Verlag Technik, Berlin 1973.

[101]  REINSCHKE, K.: Neuere Methoden der Booleschen Zuverlässigkeitstheorie. *messen steuern regeln* 19 (1976), S. 91-94 und S. 175-178.

[102]  STÖRMER, H.: Mathematische Theorie der Zuverlässigkeit. Akademie-Verlag, Berlin 1970.

**Mathematische Grundlagen**

[103]  PESCHEL, M.: Anwendung algebraischer Methoden. Verlag Dokumentation, München-Pullach, Berlin, 2. Auflage 1971.

[104]  SHEGALKIN, I.I.: Die Arithmetisierung der symbolischen Logik. *Mat. сσ*, T.35 (1928), S. 311-377.

[105]  ZURMÜHL, R. und FALK, S.: Matrizen und ihre Anwendungen, Teil 1: Grundlagen. Springer-Verlag, Berlin, Heidelberg, New York, 5. Auflage 1984.

# Sachwortverzeichnis